beck'sche
reihe

denker

W0035393

b^{sr}

Eve-Marie Engels stellt Darwins Abstammungstheorie umfassend und verständlich dar und beleuchtet dabei auch die bislang wenig bekannte philosophische Seite des berühmten Naturforschers, vor allem sein Verständnis von Moral als Wesensmerkmal des Menschen. Anhand der Entstehungsgeschichte seines Werks und Quellen aus dem Nachlaß bietet die Autorin eine differenzierte und zugleich einführende Gesamtdarstellung von Darwins Denken.

Eve-Marie Engels ist Inhaberin des Lehrstuhls für Ethik in den Biowissenschaften an der Fakultät für Biologie und Mitglied der Fakultät für Philosophie und Geschichte der Eberhard Karls Universität Tübingen.

Die Reihe «Denker» wird herausgegeben von *Otfried Höffe*.

Eve-Marie Engels

Charles Darwin

Verlag C. H. Beck

Für Christa, Rudi und Ninchen

Originalausgabe

© Verlag C. H. Beck oHG, München 2007
Satz: Fotosatz Amann, Aichstetten
Druck und Bindung: Druckerei C. H. Beck, Nördlingen
Umschlagentwurf: +malsy, Willich
Umschlagabbildung: Charles Darwin, um 1875,
Foto: akg-images, Berlin
Printed in Germany
ISBN 978 3 406 54763 8

www.beck.de

Inhalt

Abkürzungen

PM	Barrett, P. H., Freeman, R. B. (Hrsg.): The Works of Charles Darwin, Vols. 1–29, The Pickering Masters
CCD	Burkhardt, F., Smith, S. et al. (Hrsg.): The Correspondence of Charles Darwin
LL	Darwin, F. (Hrsg.): The Life and Letters of Charles Darwin, Vols. I-III
ML	Darwin, F., Seward, A. C. (Hrsg.): More Letters, Vols. I-II
AE	The Autobiography of Charles Darwin, hrsg. von N. Barlow
AD	Charles Darwin: Mein Leben, übers. von Ch. Krüger
Marg.	M. di Gregorio, N. W. Gill (Hrsg.): Charles Darwin's Marginalia, Vol. I
ON	N. Barlow: Darwin's Ornithological Notes, in: Bulletin of the British Museum (Natural History), Historical Series 2, 1963, 201–278
RN	Red Notebook (1836–1837), in: Barrett et al. (Hrsg.) 1987: Charles Darwin's Notebooks, 17–81
A	Notebook A (1837–1839), in: Barrett et al. (Hrsg.), 83–139
B	Notebook B (1837–1838), in: Barrett et al. (Hrsg.), 167–236
C	Notebook C (1838), in: Barrett et al. (Hrsg.), 237–328
D	Notebook D (1938), in: Barrett et al. (Hrsg.), 329–393
E	Notebook E (1838–1839), in: Barrett et al. (Hrsg.), 395–455
Q&E	Questions & Experiments, in: Barrett et al. (Hrsg.), 487–516
M	Notebook M (1838), in: Barrett et al. (Hrsg.), 517–560
N	Notebook N (1838–1839), in: Barrett et al. (Hrsg.), 561–596
OUN	Old and Useless Notes (1838–1840), in: Barrett et al. (Hrsg.), 597–629
Mac	Darwin's Abstract of John Macculloch 1837 *Proofs and Illustrations of the Attributes of God* (1838) in: Barrett et al. (Hrsg.), 631–641

Zitierweise

Darwin wird nach den Pickering Masters zitiert, wobei die neue Paginierung mit der Seitenzahl *unten auf der Seitenmitte* übernommen wurde, z. B. PM 8, 50 = Band 8, S. 50. Bei den Werken *Origin* und *Descent* wurden beim ersten Zitieren jeweils dieser Titel mit hochgestellter Ziffer für die Angabe der Auflage, der Band der PM, Kapitel und Seitenzahl genannt, z. B. Origin[6], PM 16, Kap. 2, 45 = Aufl. von 1876, mit Erg. und Korr. zur 6. Aufl. von 1872, Kap. 2, S. 45.

Bei den Briefen bezeichnet die erste Zahl wiederum den Band, die zweite die Seitenzahl, z. B. CCD 5, 16 = Band 5, S. 16; LL I, 15 = Band I, S. 15.

Beim Zitieren der Notebooks bezieht sich der Buchstabe auf das Notebook und die Zahl auf die jeweils links angegebene Seitenangabe Darwins, nicht auf die der Ausgabe. So befindet sich N 5 z. B. auf S. 564 in Barrett et al. (Hrsg.) 1987.

Beim Zitieren aus Darwins Autobiographie wurden die Einzelausgaben zugrunde gelegt. AE 82, AD 87 = The Autobiography, S. 82, Charles Darwin: Mein Leben, S. 87 nach der Übersetzung von Christa Krüger.

Zur Orientierung wurden viele Querverweise im Text gemacht: Kap. II.3.1 bezieht sich auf diese Monographie, Kap. II, Abschnitt 3.1.

Die Übersetzungen der Briefe und Notizen wurden von mir angefertigt, wobei ein Kompromiß von Textnähe und Leseflüssigkeit versucht wurde. Auch bei den Werken wurde eine eigene Übersetzung bevorzugt, da die vorhandenen Übersetzungen meist altertümlich sind.

Einleitung

Kaum ein Naturforscher hat unser Verständnis vom Lebendigen und von der Stellung des Menschen im Naturganzen so einschneidend verändert und nachhaltig geprägt wie Charles Darwin. Bereits seine Zeitgenossen erkannten die revolutionäre Bedeutung seiner Theorie und verglichen ihn mit den großen Denkern der Astronomie und Physik, insbesondere mit Kopernikus und Newton. Darwins Theorie enthielt sowohl die Sprengkraft zur Befreiung der Biologie von der Theologie als auch das innovative, richtungweisende Potential für die Eröffnung neuartiger Denkhorizonte und die Beschreitung bisher nicht gewagter Forschungswege. Ludwig Boltzmann war überzeugt, daß das 19. Jahrhundert später einmal nicht das Jahrhundert des Dampfes oder der Elektrizität, sondern «das Jahrhundert *Darwins*» heißen werde (1979, 29).

Darwins theoretische Leistung und deren Wirkung beschränkt sich nicht auf die biologischen Fachdisziplinen. Vielmehr hat seine Theorie Konsequenzen für Philosophie, Geistes- und Humanwissenschaften. Für Darwin gehört der Mensch einschließlich seiner kognitiven, sozialen und moralischen Fähigkeiten von Anfang an zum intendierten Anwendungsbereich seiner Theorie. Naturphilosophie, philosophische Anthropologie, Erkenntnistheorie, Ethik, um nur die in diesem Kontext wichtigsten philosophischen Disziplinen zu nennen, müssen sich den von Darwin ergehenden Herausforderungen auch im Lichte heutiger, neuer Forschungsergebnisse stellen.

Ein besonderer Reiz der Beschäftigung mit einem Denker wie Darwin besteht darin, daß bei ihm Naturwissenschaft und Philosophie in mehrfacher Hinsicht miteinander verknüpft sind: Darwin läßt sich von der philosophischen und theologischen Diskussion seiner Zeit und der Tradition ansprechen und inspirieren, er steht in lebendiger Auseinandersetzung mit ihr. Zum einen nimmt er auf einzelne Philosophen explizit Bezug und greift ihre Ansätze und Themen positiv auf oder grenzt sich kritisch von ihnen ab. Die Ergebnisse geisteswissenschaftlicher Disziplinen fließen als unverzichtbare theoretische Bestandteile in seine naturwissenschaftliche Theorie ein. Darwin sucht auch die von der Tradition hinterlassenen Fragen im Rahmen seines evolutionären Naturalismus zu beantworten, neu zu deuten oder sie als obsolet zurückzuweisen. Mit zahlreichen philosophischen Zeitgenossen steht er in persönlichem und brieflichem Kontakt, sie sind die Mentoren des jungen Darwin und später die Kritiker des revolutionären Darwin. Zum anderen hat diese Tradition Darwins Denken implizit geprägt, sie ist in Form «stillschweigender» Annahmen noch wirksam, wie Darwin selbst schreibt, und macht sich selbst in spezifischen Charakteristika des neu entstehenden Paradigmas geltend.

Sigmund Freud zählt Darwin zu denjenigen, durch welche die «narzißtische Illusion» der Menschheit zerstört worden sei, und er spricht von den drei «großen Kränkungen» der «naiven Eigenliebe» der Menschheit, der kosmologischen Kränkung durch Kopernikus, der biologischen durch Darwin und der psychologischen durch seine eigene Theorie (Freud 1966a, 7ff., 1966b, 294f.). Diejenigen, welche die Sonderstellung des Menschen als Krone der Schöpfung durch die Konstanz der Arten gewährleistet wissen wollten, empfanden Darwins Abstammungstheorie häufig als Bedrohung. Wie kann der Mensch eine Sonderstellung in der Natur beanspruchen, wenn er von affenähnlichen Vorfahren abstammt und das Ergebnis eines blinden, ungerichteten Evolutionsprozesses ist! Diese im 19. Jahrhundert vehement geführten Diskussionen sind bis heute aktuell geblieben. Andere setzten dagegen große Hoffnungen in Darwins Theorie. Sie glaubten, mit ihr endlich den Schlüssel zum Verständnis des Fortschritts in der Hand zu haben, legte Darwin doch die Mechanismen offen, welche aus einfachen und niederen Lebensformen immer komplexere und höhere Organismen entstehen ließen, bis sie schließlich den Menschen als höchstes Lebewesen hervorgebracht hatten. Damit schien zugleich ein Rezept für die Verbesserung der Menschheit in Gegenwart und Zukunft gewonnen zu sein, da von der bewußten und gezielten Nachahmung dieser Mechanismen durch den Menschen auch ein Fortschritt im Bereich des Ethischen, Politischen und Sozialen erwartet wurde.

Auch heute noch wird Darwins Name voreilig mit «Darwinismus» assoziiert und das Verständnis von Darwinismus wiederum häufig auf einen Aspekt, nämlich den des «Sozialdarwinismus» reduziert, womit auch schon die Verbindung zu biologistischen Denkweisen hergestellt ist, die gerade bei uns in Deutschland im 20. Jahrhundert verheerende Konsequenzen hatten. Nicht selten werden Darwins Intentionen ohne Kenntnis seiner Schriften mit vulgärbiologistischen Deutungen der Begriffe «survival of the fittest», «Kampf ums Dasein» und «natürliche Auslese» identifiziert. Mit dieser einführenden Monografie soll ein von Klischees und ungerechtfertigten Vorurteilen freier Blick auf diesen außergewöhnlichen Denker, seine Persönlichkeit und sein Werk eröffnet werden. Ziel ist es, einen Eindruck von der Kreativität, Vielseitigkeit und Differenziertheit Darwins zu vermitteln und sein Werk auch einer philosophisch interessierten Leserschaft zu erschließen. Mein Buch versteht sich als Einladung, Darwin zu lesen.

Geistesgeschichtlich gehört Darwin in das 19. Jahrhundert, das für Ernst Cassirer «die erste Begegnung und die erste prinzipielle Auseinandersetzung zwischen zwei großen Erkenntnisidealen» darstellt. Dem Ideal der mathematischen Naturwissenschaft, das das 17. Jahrhundert beherrscht hat, hat sich seit Herder und der Romantik immer energischer das von Philosophie und Wissenschaft verkündete *Primat der historischen Erkenntnis»* entgegengestellt. Umgekehrt konnte das historische Denken durch Darwins Theorie eine ganz andere Stellung im Ganzen der Naturerkenntnis gewinnen. Die historische Betrachtungsweise dient nun zur Klärung von systematischen Problemen der Biologie, indem die Erklärung des Werdens von Organismen das Verständnis ihrer Struktur eröffnet (1973, 177 ff.).

Darwins Ansatz wird in seiner Besonderheit vor dem Hintergrund der philosophie-, wissenschafts- und geistesgeschichtlichen Situation des 19. Jahrhunderts und unter Einbeziehung relevanter Positionen insbesondere des 18. Jahrhunderts entwickelt und vorgestellt. Dabei müssen die vielfältigen Beziehungen zwischen seiner Theorie und der Philosophie, vor allem aber auch Darwins Verhältnis zur damals weitverbreiteten Naturtheologie herausgearbeitet werden. Nur so kann man im Detail zum Kern der Darwinschen Revolution vordringen und zeigen, worin diese eigentlich genau besteht, ja welch ungeheure Herausforderung Darwins Ansatz für seine Zeitgenossen darstellen mußte.

In dieser Monographie werden vor allem Texte und Quellen von Darwin herangezogen, die wenig bekannt, doch von besonderem philosophischen und biologischen Interesse sind. Darwin hat sich mehr als zwanzig Jahre vor der Veröffentlichung seines Werkes über die Entstehung der Arten mit zahlreichen philosophischen und biologischen Themen befaßt und hierzu Notizbücher angelegt. Die meisten Themen wurden später in seinen Schriften aufgegriffen. Anhand dieser Quellen kann man Darwins philosophische Wurzeln transparent machen, die aus seinen veröffentlichten Werken nicht unmittelbar ersichtlich sind, und die Entstehung seiner Theorie rekonstruieren. Darstellung und Diskussion von Darwins Theorie erfolgen daher stets aus einem zweifachen Blickwinkel: der Berücksichtigung der biologisch relevanten Zusammenhänge einerseits und der wissenschaftstheoretischen, ethischen sowie naturtheologischen Aspekte andererseits.

Die Gewinnung eines differenzierten Darwin-Bildes und die Einbettung von Darwins Denken in den philosophie- und wissenschaftshistorischen Kontext des späten 18. und des 19. Jahrhundert wird heute auf Grund der erheblich verbesserten Quellenlage erleichtert. So hat in den vergangenen Jahrzehnten die systematische Erschließung des handschriftlichen Nachlasses Darwins und seiner Familie die Möglichkeit einer vertieften Beschäftigung mit ihm eröffnet. Das bis heute veröffentlichte Material von und über Darwin ist inzwischen so umfangreich, daß jede Darstellung notwendigerweise lückenhaft bleiben muß. Dies gilt auch für diese Monographie, die zudem vom Umfang her dem Format der Reihe «Denker» entsprechen mußte.

Darwin ist ein durch Aufklärung und Humanität geprägter Denker. Da dies seine gesamte Familie auszeichnet, ist eine ausführliche Würdigung des familiären Hintergrundes, insbesondere auch seiner beiden berühmten Großväter, erforderlich.

Im 20. Jahrhundert wurde die Darwinsche Evolutionstheorie entscheidend weiterentwickelt. Die Biologie des 20. und 21. Jahrhunderts ist ohne Darwin nicht denkbar. Sie läßt sich nach Darwin nicht mehr auf dieselbe Weise betreiben wie vor ihm.

Eine historische Studie wie diese setzt vielfältige Unterstützung und Hilfe voraus. Ich danke Herrn Adam Perkins, dem Kurator für wissenschaftliche Manuskripte des Department of Manuscripts and University Archives der Cambridge University Library, Herrn Godfrey Waller im dortigen Darwin Manuscripts Room, den Mitarbeiterinnen des Rare Books Room und Herrn Dr. Paul White, Mitherausgeber der Darwin Correspondence in der Cambridge University Library für ihre freundliche Unterstützung bei meinen dortigen Recherchen und weiteren Nachfragen. Dem Bibliothekar der Westminster Abbey Muniment Room and Library, Herrn Dr. Tony Trowles, danke ich für die Möglichkeit der Einsichtnahme in Dokumente und seine Hilfe bei der Entzifferung schwer leserlicher Passagen. Der Kuratorin der Darwin Collection at Down House (Home of Charles Darwin) English Heritage, Frau Tori Reeve, danke ich für die Zitiererlaubnis aus dem handschriftlichen Manuskript von Bischof Goodwins Predigt. Herr Prof. Dr. Ulrich Schapka, der Direktor der Universitätsbibliothek Tübingen, und Frau Adelheid Iguchi, die Leiterin des Allgemeinen Lesesaals, haben durch ihre Freundlichkeit und Großzügigkeit im Umgang mit dem Ausleihsystem meine Arbeit hier vor Ort sehr erleichtert.

Der Darwin-Biographin Frau Prof. Dr. Janet Browne (Wissenschaftsgeschichte, Harvard University) danke ich für wichtige Hinweise zur Korrespondenz Darwins. Meinen Tübinger Kollegen Herrn Prof. Dr. Wolf-Ernst Reif (Geowissenschaftliche Fakultät) und Herrn Prof. Dr. Wolfgang Maier (Fakultät für Biologie) sowie meiner Kollegin Prof. Dr. Dr. Dietlinde Goltz (Institut für Geschichte der Medizin) verdanke ich fruchtbare Gespräche und Literaturhinweise. Herrn Dr. Alberto Jori (Philosophisches Seminar) danke ich für anregende kontroverse Diskussionen und Herrn Dr. Thomas Potthast (IZEW) für seine kritische Durchsicht von Teilen des Manuskripts.

Für dieses Buch waren umfangreiche Literaturrecherchen und -beschaffungen sowie ihre bibliographische Verarbeitung in Literaturlisten erforderlich. Nicht zuletzt danke ich daher allen meinen studentischen und wissenschaftlichen Hilfskräften, die mich in den vergangenen Jahren hierbei unterstützt haben, insbesondere Frau Dr. Cathrin Nielsen, Frau Esme Winter-Froemel M. A und Frau Nadine Schibille. Weiterhin danke ich Herrn Dipl.-Biol. Dirk Backenköhler, Frau Mechthilde Steinwand, Herrn Dipl.-Biol. Daniel Grabner und Frau Sabine Pohl. Für die redaktionelle Durchsicht des Textes danke ich Frau Dr. Andrea Hemminger. Herrn Alexander Goller danke ich für seine Unterstützung bei der Erstellung der Register. Auch danke ich allen namentlich nicht Genannten für ihre Unterstützung, wohlwollendes Interesse und Neugier auf dieses Buch.

I Person, Leben und Werk

1. Aufklärung und Humanität

Charles Robert Darwin wird am 12. Februar 1809, im Erscheinungsjahr von Lamarcks *Philosophie Zoologique*, als fünftes von sechs Kindern des beliebten und erfolgreichen Arztes Dr. Robert Waring Darwin (1766–1848) und seiner Frau Susannah Darwin, geb. Wedgwood (1765–1817), in Shrewsbury, einem kleinen Ort in Mittelengland, geboren. Er wächst mit vier Schwestern und einem Bruder auf, die zwischen 1798 und 1810 zur Welt kommen. Nach seiner Eheschließung 1796 hat R. Darwin ein großräumiges Grundstück gekauft und ein stattliches Domizil bauen lassen, *The Mount*, das 1800 fertiggestellt wird.

Darwins Eltern stammen aus wohlhabenden und angesehenen Familien des englischen Besitzbürgertums. Die beiden Großväter, der Arzt, Naturforscher, Erfinder und Dichter Erasmus Darwin (1731–1802) und der kreative Keramikfabrikant und Erfinder Josiah Wedgwood (1730–1795) sind hochgestellte Persönlichkeiten der englischen Gesellschaft und werden Fellows der Royal Society. Sie verbindet eine tiefe Freundschaft und Seelenverwandtschaft, die ihre Wurzeln in gemeinsamen humanitären Idealen, einer kritischen Einstellung gegenüber Krone und Amtskirche, einer politischen Übereinstimmung als Anhänger der liberalen Whigs, ihrer Empörung über die Sklaverei und nicht zuletzt in ökonomischen Interessen an der aufblühenden Industrie Englands haben. Die bei den Großeltern gepflegte humanitäre und aufgeklärte Grundhaltung wirkt sich prägend auf Darwins Elternhaus aus und beeinflußt damit auch seinen Denkweg. Daher sollen hier zunächst kurz die beiden Großväter vorgestellt werden.

Erasmus Darwin studiert an den Universitäten Cambridge und Edinburgh Medizin (1750–1756). Die Medizinische Fakultät steht in höchstem Ansehen, vergleichbar mit den kontinentalen Universitäten in Leiden und Padua. Edinburgh ist zudem eine Hochburg der schottischen Aufklärung. Hume, Smith und Ferguson leben und wirken hier. Auch wimmelt es geradezu von herausragenden Wissenschaftlern und Erfindern, die Geschichte machen sollten. Es heißt, daß man in wenigen Minuten am «Kreuz von Edinburgh» fünfzig Genies und Gelehrte treffen könne (Streminger 1994, 55 f.).

Zu Darwins Freunden während seiner Studentenzeit gehört A. Reimarus, der Sohn des Aufklärungsphilosophen H. S. Reimarus (1694–1768). H. S. Reimarus ist einer der bedeutendsten Vertreter des Deismus und verteidigt die Idee einer auf Vernunft gegründeten, natürlichen Religion (Gawlick 1973). Sein Sohn Albert hat Erasmus Darwins Hinwendung zum Deismus mit beeinflußt (Erasmus Darwin in King-Hele 1981, 56). Nach seiner Niederlassung 1756 als Arzt in Lichfield macht sich Erasmus Darwin schon bald weit über seinen dortigen Wirkungskreis hinaus als erfolgreicher und beliebter Arzt einen Namen. Mehrfach lehnt er das verlockende Angebot Georgs des III. ab, dessen Leibarzt zu werden. Seine Frau Mary Howard, Robert Darwins Mutter und Charles Darwins Großmutter, stirbt bereits im Alter von dreißig Jahren. Eine Tochter aus seiner zweiten Ehe mit Elizabeth Pole heiratet S. T. Galton, deren Sohn Francis Galton als Begründer der Eugenik bekannt wird.

In seiner Biographie über den Großvater hebt Charles Darwin Wohlwollen und Mitgefühl als dessen auffallendste Eigenschaften hervor (Darwin 2003, 16; King-Heele 2000, 42). E. Krause beschreibt ihn als einen der «frühesten und würdigsten Vorkämpfer» der «jetzt zu erfreulicher Wirksamkeit gediehenen Bestrebungen gegen Thierquälerei» (1879, 399).

Erasmus Darwin macht sich nicht nur als Arzt, sondern für die Nachwelt vor allem als Naturforscher und Verfasser von Lehrgedichten einen Namen. Mit seiner Poesie, vor allem mit dem Gedicht *The Botanic Garden*, erobert er die literarische Welt. Er beeinflußt auch die englischen Dichter der Romantik Wordsworth, Coleridge, Shelley und Keats (King-Hele 2000; Foakes in Coleridge 1987). In die Geschichte der Biologie geht er als einer der ersten Vertreter des Evolutionsgedankens ein, indem er sich in seiner *Zoonomia; or The Laws of Organic Life* 1794 (Teil 1) und 1796 (Teil 2) und weiteren Schriften noch vor Lamarck gegen die vorherrschende biblische Lehre einer besonderen Schöpfung jeder einzelnen Art richtet. Sein Motto lautet *E conchis omnia*, alles aus Muscheln. Zustimmend greift er die in Humes *Dialogen über natürliche Religion* (1779) von Philo verteidigte Naturauffassung auf. Ihn fasziniert der Gedanke, «daß die Welt selbst eher gezeugt als erschaffen worden sein könne; das heißt, sie könnte *allmählich* aus sehr kleinen Anfängen hervorgebracht worden sein und eher durch die Aktivität ihrer *inhärenten Prinzipien* als durch die plötzliche Entfaltung des Ganzen durch das Allmächtige ‹es geschehe› (fiat) wachsen.» (Darwin 1794, 509, Hervorh. von E.-M.E.). Krause bezeichnet Lamarck daher als einen «Darwinianer der älteren Schule», was Lamarcks Bedeutung aber nicht gerecht wird (1879, 398). Das Werk wird ins Deutsche, Italienische und Französische übersetzt. Bereits 1795 wird die Bedeutung der *Zoonomia* für die Medizin mit der von Newtons *Principia* für die Physik verglichen (Anon 1795). Nach Zöckler steht Charles Darwin direkt auf den Schultern seines Großvaters, ohne einen Lamarck benötigt zu haben (1880, 153). Auch in Deutschland genießt er hohes Ansehen (vgl. Zöckler 1880).

Allerdings ist seine *Zoonomia* nicht nur geschätzt, sondern auch umstritten und wird auf den *Index Librorum Prohibitorum* der Katholischen Kirche gesetzt. Coleridge (1772–1834) lehnt Darwins evolutionäre Vorstellungen als «Naturzustand oder die Orang-Utan Theologie des Ursprungs der Menschengattung als Ersatz für das Buch Genesis» (Coleridge 1976, 66) ab und prägt für solche Spekulationen abschätzig den Begriff *«Darwinizing»* (Coleridge in Athenaeum 1875, 423; A New English Dictionary 1897, 39). Bei Coleridge wie bei vielen anderen verbindet sich die Kritik an der Abstammungsidee mit dem Atheismus-Vorwurf. Ohne hinreichende Kompetenz äußere sich Darwin zu solch wichtigen Themen, ob wir «Ausgestoßene eines blinden Idioten namens Natur oder die Kinder eines allweisen und unendlich guten Gottes» seien, er sei «Atheist per Intuition» (Coleridge in Griggs 1956, 177). Schon Erasmus Darwin setzte sich also jenen Angriffen aus, vor denen es seinem Enkel später graut.

Bemerkenswert ist auch Erasmus Darwins Engagement für die schulische Ausbildung von Mädchen und Frauen. Seit langem mit der konventionellen Erziehung unzufrieden, richtet er für seine Töchter Susan und Mary Parker in Ashbourne in der Nähe von Derby, wo er inzwischen lebt, eine Schule ein, deren Leiterinnen sie werden. Da sie ihn um einen Leitfaden für den Unterricht bitten, verfaßt er ein kleines Buch mit dem Titel *A Plan for the Conduct of Female Education, in Boarding Schools*, das nach erfolgreicher Anwendung 1797 veröffentlicht wird. Begeistert von dieser Schrift, übersetzt, bearbeitet und erweitert der Mediziner C. W. Hufeland Darwins Buch, so daß es als ihr gemeinschaftliches Werk erscheint. Wegen seiner großen Resonanz gibt es eine zweite, aktualisierte Auflage, die F. A. von Ammon herausgibt.

Darwins Großeltern mütterlicherseits sind Josiah (1730–1795) und Sarah Wedgwood (1734–1815). Unter der Leitung des kreativen und experimentierfreudigen Josiah Wedgwood kommt das alte Familienunternehmen zur Blüte. Er baut eine neue Keramikfabrik, die «Etruria-Werke», und ist bald weit über die Grenzen Englands hinaus bekannt und begehrt, selbst das Königshaus wird sein Kunde, und er darf sich offiziell als «Königlicher Keramikmeister» («Potter to Her Majesty») bezeichnen, seine Produkte erhalten die Auszeichnung «Queen's Ware». Darwin und Wedgwood setzen sich auch für die Modernisierung Englands ein. Auf ihre Initiative hin stimmt das Parlament 1766 dem Bau eines Kanalsystems zu, das auch der Beförderung von Wedgwoods Keramikwaren zugute kommt. Beide sind Mitglieder der 1766 ins Leben gerufenen und von Darwin mitgegründeten *Lunar Society*, zu der Fabrikanten, Wissenschaftler, Erfinder wie J. Watt, B. Franklin und J. Priestley gehören. Die *Lunar Society* wird eine der Haupttriebfedern der industriellen Revolution in England. Politisch unterstützen beide Großväter die Unabhängigkeit Amerikas vom Mutterland, die Französische Revolution und die Kampagne zur Abschaffung der Sklaverei.

Wedgwood beauftragt einen unitarischen Geistlichen, in seiner Schule in Etruria zu unterrichten. Die Religionsgemeinschaft der Unitarier lehnt die Lehre von der Dreifaltigkeit ab und geht von der Einheit (unitas) Gottes aus. Unitarier grenzen sich kritisch von der offiziellen Lehrmeinung der Anglikanischen Kirche (Church of England) und ihren Dogmen ab, sie sind damit *Dissenter* oder auch *Nonkonformisten*. Charles Darwins Eltern sowie sein Onkel Josiah besuchten diese Schule (Desmond, Moore 1994, 21). Erasmus Darwin hatte dagegen wenig Achtung vor dem Unitarismus und bezeichnete ihn als «Federbett zum Auffangen eines strauchelnden Christen» (Ch. Darwin 2003, 63; vgl. Kap. II.3.1).

Gruber faßt die Gesamtheit dieses kritischen Potentials, das sich in Darwins Familie findet, mit dem Begriff der «Familienweltanschauung» zusammen (Gruber, Barrett 1974, 46). Darwins Großväter hatten ihrem Enkel damit in mehrfacher Hinsicht den Weg gebahnt.

Elternhaus und Schule Charles wird somit in ein wohlhabendes und liberales Elternhaus hineingeboren. Darwins Mutter ist bekennende Unitarierin, der Vater gilt als insgeheim ungläubig. Dennoch wird Charles in der Anglikanischen Kirche getauft.

Obwohl Robert Darwin auf Druck seines Vaters hin Arzt wird und zunächst einen Widerwillen gegen seinen Beruf hegt, ist er sehr erfolgreich und steht bald nicht nur in hohem Ansehen, sondern ist wegen seiner Großzügigkeit gegenüber ärmeren Patienten auch sehr beliebt. Auf seiner kleinen einsitzigen Kutsche besucht er Kranke im weiten Umkreis von Shrewsbury. Oft wird er von Patienten bei allen möglichen Kümmernissen als eine Art «Beichtvater» zu Rate gezogen (AE 31, AD 35). Von Charles wird er verehrt und bewundert, aber auch gefürchtet. Robert ist auch ein erfolgreicher Aktionär, der den größten Teil seines Vermögens aus Dividenden bezieht.

Susannah Darwin, eine aufgeweckte, lebendige und geschäftstüchtige Frau, nimmt aktiv am Leben ihres Mannes teil, unterstützt ihn in seiner Praxis und erfüllt als Arztgattin eine Vielfalt gesellschaftlicher Verpflichtungen. Durch die Erbschaft ihres Vaters aus den Keramikwerken ist sie finanziell unabhängig.

Darwins Eltern verbindet ein großes Interesse an der Natur und moderner Naturgeschichte (*natural history*), an Botanik und Zoologie, was auch in der ausgezeichneten Bibliothek dokumentiert wird. In ihrem Gewächshaus züchten sie seltene Pflanzen, und ihre Gärten sind für ihre auserlesenen Blumen und Sträucher berühmt. Auch ziehen sie Vögel und andere Tiere auf, und die «Schönheit, Vielfalt und Zahmheit» der Tauben von *The Mount* sind in der Stadt und weit darüber hinaus bekannt (Bowlby 1992, 46 f.). Der Wohnsitz liegt oberhalb der Stadt mit Blick über den Fluß, ein waldiger Abhang erstreckt sich bis hinunter ans Wasser. «Bobby» genießt die Großräumigkeit des Grundstücks mit seiner reichhaltigen Natur und die Nähe zum Fluß, wo er gern und ausdauernd angelt. Sein naturnahes Elternhaus bietet ihm die besten Voraussetzungen für die Entwicklung und Kultivierung einer engen Beziehung zur Natur. Ein Mitschüler erinnert sich, daß er eines Tages eine Blume mit in die Schule brachte und berichtete, seine Mutter habe ihn gelehrt, wie man den Namen der Pflanze finden könne, wenn man in das Innere der Blüte hineinsehe (F. Darwin Fn. 1, AE 23, AD 154), eine Begebenheit, die auch Huxley 1888 in seinem Nachruf auf Darwin erwähnt (1968, 253 f.).

Der Einfluß von Darwins Mutter auf ihren Sohn bleibt in der Literatur meist unerwähnt, was damit zusammenhängen mag, dass Charles sie bereits im Alter von acht Jahren verliert. Die Mutter stirbt 1817 nach schwerer Krankheit, ein Schicksalsschlag, von dem sich Darwins Vater Zeit seines Lebens nicht erholt. Nach ihrem Tod wird Susannah

Darwin im Hause nicht mehr erwähnt, die Töchter errichten eine «Mauer des Schweigens» (Bowlby 1992, 67). Charles Darwin hat an seine Mutter seltsamerweise kaum Erinnerungen, «nur ihr Totenbett, das schwarze Samtgewand und ihr merkwürdig gebauter Arbeitstisch» sind ihm noch im Gedächtnis. Er führt dies teils auf das Schweigen seiner Schwestern und teils auf die längere Krankheit seiner Mutter zurück (AE 22, AD 26). Die älteren Schwestern nehmen nun die Erziehung der jüngeren Geschwister in die Hand. Caroline fungierte während Darwins früher Lebensjahre für ihn quasi als Mutter (CCD 2, 29), er bezeichnet sie als seine «Governess» beim Bericht über den Fortschritt seiner Arbeit (CCD 2, 85).

Im Frühjahr 1817 wird Darwin in eine unitarische Tagesschule in Shrewsbury eingeschult. Bereits damals hat er eine ausgeprägte Sammelleidenschaft für Pflanzen, Insekten, Mineralien entwickelt, er beobachtet Vögel und versucht, Pflanzen zu bestimmten. Von 1818 bis 1825 besucht er in Shrewsbury Dr. Reverend Samuel Butlers Internat, eine der führenden Schulen Englands. Das Internat ist auf die Vermittlung klassischer Bildung ausgerichtet, was Darwins naturwissenschaftlichen Neigungen nicht entgegenkommt. Als Kontrast zu Dr. Butlers Ausbildung genießt er umso mehr die chemischen Versuche, die sein Bruder Erasmus gemeinsam mit ihm im alten Geräteschuppen des elterlichen Gartens macht. Auch pflegt er in dieser Zeit seine vielfältigen Neigungen und die Freude am Verstehen komplexer Themen wie der Euklidischen Geometrie. Daneben hat er auch ein großes Interesse an Dichtung. Stundenlang sitzt er in einer Fensternische in den dicken alten Schulgemäuern und liest Shakespeare, die Gedichte von Byron, Scott, Thomsons u. a. Beim Schulabschluß nimmt er eine Mittelposition in der Rangliste ein.

In seiner Familie lernt Darwin auch die Rücksichtnahme auf Tiere. In Maer, dem Wohnsitz seines Onkels, bekommt er den Hinweis, dass man die als Köder bestimmten Würmer mit Salz und Wasser töten könne. Dies nimmt er sich zu Herzen, so daß er fortan nie wieder einen lebendigen Wurm am Angelhaken aufspießt, auch wenn ihn dies wohl manchen Angelerfolg kostet (AE 27, AD 31). Auch der Einfluß der Schwestern geht in diese Richtung. Darwin hebt anerkennend hervor, es sei ganz und gar ihr Verdienst, daß er ein menschenfreundlicher Junge war, da sie ihm «Unterweisung und Beispiel gaben.» (AE 26, AD 30).

2. Studienjahre eines Individualisten

Edinburgh 1825–1827 Traditionsgemäß soll Darwin den Beruf des Arztes ergreifen. 1825 schickt der Vater seinen sechzehnjährigen Sohn zum Studium nach Edinburgh, wo auch dessen Bruder Erasmus bereits das letzte Jahr seines Medizinstudiums absolviert. Zuvor hat Charles in Shrewsbury unter Anleitung und mit Hilfe seines Vaters bereits erfolgreich mit der Behandlung von Patienten begonnen, so daß der Vater ihm prognostiziert, daß er ein guter Arzt werden könne.

Während seines Medizinstudiums ist Darwin bei zwei Operationen anwesend, ergreift jedoch die Flucht, bevor sie beendet sind. Sie werden noch ohne Narkotikum durchgeführt, Chloroform wird erst einige Jahre später entwickelt. Diese Operationen sind für Darwin noch viele Jahre später alptraumhaft. Er betreibt sein Medizinstudium nur halbherzig, mit Ausnahme der Chemievorlesung langweilen ihn die Vorlesungen. Statt dessen nutzt er die Zeit für die intensive Beschäftigung mit anderen Themen. Das geistige Klima in Edinburgh ist für ihn äußerst stimulierend. Es zieht ihn in die Naturgeschichte und philosophisch-naturwissenschaftliche Grenzgebiete. Im zweiten Jahr seines Studiums lernt er den Meereszoologen Dr. R. E. Grant (1793–1874) kennen, der informell einer der einflußreichsten und prägendsten Tutoren Darwins wird. 1827 wird Grant Professor für vergleichende Anatomie und Zoologie an der Universität London, 1836 Fellow der *Royal Society*. Er ist Freidenker und Kosmopolit, hat bereits verschiedene europäische Universitäten besucht und wird in Edinburgh Darwins Gesprächspartner und Wandergefährte. Grant ist bereits ein überzeugter Anhänger des Evolutionsgedankens und bewundert Lamarck. Von ihm wird Darwin auch in die Meereszoologie eingeführt, unter seiner Anleitung lernt er, genaue Beobachtungen und Notizen zu machen. Das von Darwin 1827 begonnene *Edinburgh Notebook* zeigt, daß er sich auch intensiv mit der zoologischen Fachliteratur befaßt, was er während seines Studiums in Cambridge fortsetzt (Notebook in Barrett et al. 1987, 475–486).

Durch Grant wird Darwin auch in die Versammlungen der nach dem deutschen Geologen A. G. Werner (1750-1817) benannten *Wernerian Natural History Society* eingeführt. Er nimmt aktiv am studentischen und wissenschaftlichen Leben teil und wird Mitglied der *Plinian Society* und der *Royal Medical Society*. Die *Plinian Society* besteht aus Studenten, die sich regelmäßig in einem Kellerzimmer der Universität treffen, wo sie diskutieren, sich gegenseitig ihre Essays vorlesen und besprechen. Dort werden auch philosophische Themen erörtert, staatskirchliche Dogmen in Zweifel gezogen und abweichende wissenschaftliche Meinungen verfochten (Desmond, Moore 1994, Kap. 3). Man setzt sich kritisch mit der Naturtheologie auseinander, unter anderem mit Charles Bells Abhandlung *The Anatomy and Physiology of Expression* (1806). Bell vertritt die These, daß der Mensch vom Schöpfer mit einzigartigen Gesichtsmuskeln ausgestattet worden sei, um seinen Mitmenschen seine Gefühle mitteilen zu können. Hiergegen wendet sich Darwin später in einem eigenen Werk *The Expression of the Emotions in Man and Animals*. In der Gruppe wird auch die Frage nach dem Verhältnis von Geist und Materie sowie von Mensch und Tier diskutiert. W. Browne und W. Greg lehnen einen prinzipiellen Unterschied zwischen Tier und Mensch ab. Solche Ideen werden wir später bei Darwin wiederfinden. In der *Plinian Society* stellt er in einem kurzen Vortrag, seinem ersten öffentlichen Auftritt, auch eigene Forschungsergebnisse vor, allerdings über einen anderen Gegenstand, die Selbstbeweglichkeit der Eier der *Flustra* (Moostierchen). Darwin wird in den Vorstand der Gesellschaft gewählt.

Eine weitere für Darwin wichtige Begegnung findet im Sommer 1827 im Haus seines von ihm verehrten Onkels und späteren Schwiegervaters J. Wedgwood II in Maer statt. Dort lernt er den Philosophen und Historiker Sir J. Mackintosh kennen, dessen Gesprächsthemen Darwin brennend interessieren, da sie neu für ihn sind. Aus Mackintoshs Abhandlung (1837) wird er später viele Anregungen für seine ethischen Überlegungen in *Descent of Man* schöpfen.

Cambridge 1828–1831   Als Darwins Vater klar wird, daß sich sein Sohn nicht mit dem Gedanken anfreunden kann, den Beruf des Arztes zu ergreifen, schlägt er ihm vor, Geistlicher zu werden. Die Vorstellung, Landpfarrer zu werden, gefällt Darwin, und an der wörtlichen Wahrheit der Bibel hegt er noch keinen Zweifel (AE 57, AD 61). Zur Auffrischung seiner Kenntnisse in den alten Sprachen nimmt er zunächst Privatunterricht und beginnt sein Theologiestudium daher erst im Januar 1828 am Christ's College in Cambridge.

Auch in Cambridge werden gleichsam auf Nebenschauplätzen die entscheidenden Weichen für Darwins geistige Entwicklung und sein gesamtes weiteres Leben gestellt. Er widmet sich mit großem Engagement seinen naturwissenschaftlichen Interessen, wofür ihm Cambridge ein ideales Umfeld bietet. Er begegnet hier den renommiertesten Denkern, besucht ihre Lehrveranstaltungen und wächst zwanglos in ihre *scientific community* hinein.

J. St. Henslow (1796-1861), Professor für Botanik in Cambridge, fasziniert Darwin in seinen Vorlesungen und Exkursionen, die er regelmäßig besucht. Auch assistiert er freiwillig in dessen Praktika. Henslow wird für Darwin zu einer fast unerschöpflichen Wissensquelle und zu einem seiner wichtigsten Mentoren und Freunde, was nach Darwins eigenen Worten seine ganze Laufbahn mehr als alles andere beeinflußte (vgl. Kohn et al. 2005). Wie zahlreiche andere Naturwissenschaftler seiner Zeit ist Henslow Geistlicher, religiös und orthodox.

Wichtig für Darwins geistige Entwicklung sind auch der Geologieprofessor und Geistliche A. Sedgwick (1785-1873) und der Wissenschaftsphilosoph, Mathematiker und Historiker W. Whewell (1794–1866), Tutor und später Master am Trinity College, dazwischen einige Jahre lang Professor für Mineralogie an der Cambridge University. Da Darwin sein Studium in Cambridge nicht wie üblich im Oktober, sondern erst im darauffolgenden Januar begonnen hat, muß er nach seinem Abschluß in Theologie aus formalen Gründen noch zwei Semester Vorlesungen hören. So studiert er auf Henslows Rat hin bei Sedgwick Geologie. Dieser nimmt ihn auch auf eine geologische Exkursion durch Nordwales zur Untersuchung von Gesteinen mit.

In seinem letzten Jahr in Cambridge liest Darwin A. von Humboldts persönlichen Reisebericht, der 1814–1829 in englischer Übersetzung in London erschien. Dieses Werk und *A Preliminary Discourse on the Study of Natural Philosophy* (1831) des Astronomen und Wissenschaftsphilosophen Sir J. Herschel begeistern ihn und entfachen in ihm den brennenden Wunsch, «wenigstens einen kleinen Stein zum großartigen Bauwerk der Naturwissenschaften beizutragen. Nie wieder hat ein einzelnes Buch, nicht einmal ein Dutzend Bücher zusammengenommen, auch nur annähernd so viel Wirkung auf mich gehabt wie diese beiden.» (AE 67f., AD 72). Darwin sendet Humboldt später sein 1839 erschienenes *Journal of Researches*. In seinem ausführlichen Dankbrief prophezeit Humboldt dem jungen Darwin einen sicheren Platz in der *scientific community*.

Doch zunächst gehört die intensive Beschäftigung mit der Naturtheologie noch zu Darwins Pflichtprogramm als Examenskandidat der Theologie (vgl. Kap. II.3.1). Für die Vorbereitung muß er gründlich die Werke von William Paley studieren. Die Logik der *Evidences of Christianity* und Paleys *Natural Theology* begeistern ihn ebenso wie Euklid. Darwin bezweifelt damals nicht im mindesten die Angemessenheit von Paleys Prämissen und ist daher von seiner langen Argumentationskette angetan und überzeugt.

Im Januar 1831 legt Darwin sein Examen ab, Prüfungsthemen sind die Klassiker (Homer und Vergil), Mathematik (Euklid, Arithmetik und Algebra), Naturtheologie (Paley) und Philosophie (Lockes *An essay concerning human understanding*). Darwin erhält die Note «bestanden» und wird auf Platz zehn von 178 plaziert (CCD 1, 112).

Mit Blick auf seine spätere Bedeutung als Denker, der die Biologie revolutioniert, gilt es als Kuriosum festzuhalten, daß das Theologiestudium Darwins einzige akademische Ausbildung ist, die er zum Abschluß bringt. Die für sein weiteres wissenschaftliches Leben entscheidenden Voraussetzungen werden durch den freiwilligen Besuch von Veranstaltungen zur Naturkunde und vor allem durch persönliche Gespräche und die enge Zusammenarbeit mit einzelnen herausragenden Wissenschaftlern geschaffen. Die wichtigsten Wegbereiter Darwins sind ausgewiesene Experten in ihren Fächern und meist auch Geistliche der Anglikanischen Kirche. Möglicherweise liegt der Schlüssel zu Darwins Erfolg gerade darin, daß er formal in den naturwissenschaftlichen Fächern, in denen er nicht immatrikuliert war, ein Außenseiter war, was ihm umso größere Freiräume eröffnete, hier seinen Interessen nachzugehen und seinen Gedanken freien Lauf zu lassen. Auf diese Weise mußte er sich nicht den von L. Fleck und Th. S. Kuhn beschriebenen Ritualen unterwerfen, so daß ihm Türen und Tore offenstanden.

3. Die Beagle-Reise – «Das wichtigste Ereignis meines Lebens»

Nach seiner Rückkehr von der Exkursion mit Sedgwick findet Darwin im Haus seines Vaters einen Brief von Henslow vor, in dem ihm mitgeteilt wird, daß Kapitän R. FitzRoy (1805–1865), Vizeadmiral, Hydrograph und Meteorologe, bereit sei, seine Kabine mit einem jungen Mann zu teilen, sofern dieser unentgeltlich als Naturforscher die Reise der *H.M.S. Beagle* mitmachen wolle. Der Zweck dieser

Abb. 1: Die H. M. S. «Beagle» in der Magellanstraße

Reise ist der Abschluß von Vermessungsarbeiten des südamerikanischen Kontinents, die vor fünf Jahren mit dem Ziel begonnen haben, einen reibungslosen Handel mit Südamerika zu ermöglichen, das einen riesigen Markt für gewerbliche Produkte und eine Schatzkammer von Rohstoffen darstellt. Um einen mühelosen Zugang zu den Häfen zu eröffnen, müssen die Inseln und Küstenlinien kartographisch erfaßt und bereits existierende Seekarten überprüft und ergänzt werden. Auch soll eine Reihe chronometrischer Messungen rund um die Erde vorgenommen werden. Darwin möchte das Angebot spontan annehmen, stößt bei seinem Vater jedoch zunächst auf Widerstand. Mit Unterstützung seines Onkels J. Wedgwood gelingt es ihm schließlich, die Erlaubnis zu dieser Reise zu bekommen. (Abb. 1).

Daß nun FitzRoy auf seinen ausdrücklichen Wunsch hin ein zweites Mal als Kapitän eingesetzt wird, hat einen speziellen Grund, der nicht nur etwas über dessen eigene Persönlichkeitsstruktur aussagt, sondern auch drastisch vor Augen führt, daß das Bewußtsein für allgemeine Menschenrechte im 19. Jahrhundert noch nicht weit entwickelt war: Auf der ersten Reise stahlen einige Feuerländer ein Boot, mit dem FitzRoys Leute an Land gekommen waren. Daraufhin wurden vier Feuerländer als Geiseln gefangengenommen, zwei Männer, ein

Junge und ein Mädchen. Den Jungen kaufte FitzRoy für einen Perlmutterknopf! Er beschloß, ein Experiment zu wagen, und nahm die Geiseln mit nach England zurück, um sie zu zivilisieren und anschließend als Missionare in ihre Heimat zurückzubringen. Einer von ihnen starb an den Pocken, die anderen drei, York Minster, Jemmy Button (benannt nach dem von FitzRoy dafür bezahlten Preis) und Fuega Basket, lebten bei Freunden der kirchlichen Missionsgemeinschaft. Durch Vermittlung eines Onkels hat FitzRoy nun das Kommando über diese zweite Beagle-Reise erhalten, so daß er bei dieser Gelegenheit die Feuerländer in ihre Heimat zurückbringen kann (CCD 1, 130 Fn. 2).

Vor dem Start rät der «weise Henslow» Darwin, sich den kürzlich erschienenen ersten Band von Lyells *Principles of Geology* (1830) zu besorgen und zu lesen, aber auf keinen Fall die darin vertretenen Ansichten zu übernehmen. Wie die meisten Geologen ist Henslow Anhänger der *Katastrophentheorie*, während Lyell Vertreter des von ihm mitbegründeten *Aktualismus* ist (vgl. Kap. II.1). Den zweiten Band der *Prinzipien* erhält Darwin 1832 in Montevideo. Er steckt auch Lyrik ins Reisegepäck. *Das verlorene Paradies* des Dichters J. Milton (1608–1674) wird sein Lieblingsbuch, das er auch häufig auf Exkursionen mitnehmen wird.

Am 27. Dezember 1831 sticht die Beagle in See. Aus den ursprünglich geplanten zwei Jahren werden fünf. An Bord befindet sich neben Darwin auch noch ein offizieller Naturforscher, der Chirurg R. McCormick. Während der Reise quittiert er jedoch den Dienst, weil er sich zurückgesetzt fühlt. Fortan ist Darwin auf dem Schiff der offizielle Naturforscher. Der «Philosoph», wie man ihn nennt, ist insgesamt beliebt. Das Zusammensein mit dem Kapitän in der winzigen Kabine verläuft jedoch nicht immer harmonisch; es gibt auch Auseinandersetzungen über zentrale Fragen, in denen Darwin keine Kompromisse zuläßt (AE 73 f., AD 78 f.). Der Kapitän ist zwar kein Anhänger der Sklaverei, kann ihr aber etwas abgewinnen, wenn es Sklaven unter ihren Herren besser geht, als in Armut zu leben, während Darwin die Sklaverei wie alle Mitglieder seiner Familie verabscheut (Browne 1995, 196–199, 213 f., 244–246).

Die Beagle-Reise führt an Teneriffa vorbei zum Kapverdischen Archipel, von dort aus geht es an die Ostküste Brasiliens (Bahia), anschließend an der Küste entlang nach Süden mit einem Abstecher zu den Falkland Inseln und weiter um Feuerland und Patagonien herum an der Westküste entlang in Richtung Norden. Auf der Höhe von Lima fährt die Beagle zu den Galapagos-Inseln, anschließend nach Tahiti. Die nächsten Ziele sind Neuseeland und Australien, dann geht es zu den Kokos-Inseln und Mauritien, nach Südafrika ans Kap der Guten Hoffnung, von wo aus die Beagle erneut die Nordostküste Südamerikas ansteuert und schließlich von dort aus nach England zurückfährt. Am Kap der Guten Hoffnung besucht Darwin Herschel, der dort von 1834–1838 astronomische Beobachtungen durchführt (zum Verlauf der Reise CCD 1, App.).

Darwins Aufgaben als Naturforscher betreffen ganz unterschiedliche Fächer der Naturgeschichte. Er muß sich als Geologe, Botaniker, Zoologe und Fossilforscher bewähren. Die geologischen Formationen aller angelaufenen Orte müssen untersucht und beschrieben, Schichtungsverläufe, Beschaffenheit des Gesteins und Fossilien erfaßt werden. Eine weitere Aufgabe ist, eine möglichst große Vielfalt von Tieren und Pflanzen aller Art zu sammeln. Hierfür unternimmt er an einzelnen Orten ausgedehnte, manchmal wochenlange Exkursionen ins Landesinnere zu Pferd oder mit Booten, wo er Entdeckungen macht, die für seine spätere Theoriebildung wesentlich sind. Darwin ist dabei fachlich auf sich allein gestellt, er besitzt nur Literatur, seine Beobachtungsgabe, Phantasie und ein brennendes Interesse an seiner Aufgabe, aber keine Experten, die ihm dabei behilflich sein könnten. Längere Expeditionen führen ihn im Osten durch Argentinien und Uruguay, eine weitere mit Kapitän FitzRoys Expedition auf dem Rio Santa Cruz. Im Westen macht er eine Expedition auf der Insel Chiloe, zwei weitere Expeditionen schließen sich an. Darwin studiert zudem Gesang, Verhalten und Nistplätze von Vögeln, er beobachtet, vergleicht und seziert Tiere, untersucht Knochen, Felle, Häute sowie Eingeweide. Besonders berühmt geworden sind seine Beobachtungen und Funde auf den Galapagos-Inseln. Es ist jedoch eine populäre Legende, daß er beim Anblick der Variationsbreite der Schnabelformen bei den dortigen Finken deren Bedeutung für seine Theorie erkannt hat (vgl. Kap. II.2).

Einen nachhaltigen Eindruck übt die Begegnung mit den einheimischen Bewohnern von Feuerland auf ihn aus, die er anläßlich der Rückkehr von York Minster, Jemmy Button und Fuega Basket in ihre Heimat macht, und wo er einige Tage gastiert. Darwin ist zugleich schockiert und beeindruckt, weil er hier zum ersten Mal direkt die ungeheuren Unterschiede zwischen Ureinwohnern und Zivilisierten erlebt. Anders als die drei Feuerländer an Bord sind die Einheimischen fast nackt, mit nichts anderem als mit einer Guanako-Haut bekleidet, die sie über die Schulter geworfen tragen. Sie sind bunt bemalt und stimmen ein lautes Geschrei an, als das Schiff vorbeifährt. Jemmy Button hat zudem früher berichtet, daß seine Landsleute im Winter manchmal vor lauter Hunger lieber ihre alten Frauen als Hunde essen, wobei Darwin nicht sicher ist, ob er das glauben kann. Jedenfalls scheint Kannibalismus hier nicht ausgeschlossen, und in *Origin* schildert er diesen als Tatsache (Origin[1], PM 15, Kap. 1, 27). Ihn frappiert die Kluft, die sich zwischen wilden und zivilisierten Menschen auftut und die ihm die Variationsbreite menschlicher Unterschiede vor Augen führt. Sie sind für ihn größer als die zwischen wilden und domestizierten Tieren, weil der Mensch über eine größere Veredelungsfähigkeit verfügt als Tiere (PM 1, 109). Gerade diese Formbarkeit des Menschen wird ihm im Vergleich zwischen den drei aus England zurückkehrenden Feuerländern und ihren Landsleuten auf krasse Weise bewußt.

Ebenso unvergeßlich bleiben ihm die Naturerlebnisse in Südamerika, die «Herrlichkeiten der tropischen Vegetation» und die «Empfindung des Erhabenen» beim Anblick der ausgedehnten Wüstengebiete Patagoniens und der bewaldeten Berge von Feuerland.

Darwin bezeichnet die Reise mit der Beagle als das bei weitem wichtigste Ereignis seines Lebens, das seine ganze Berufslaufbahn bestimmt hat (AE 76f., AD 81). Sein umfangreiches Gesamtwerk wäre ohne die während dieser Reise gemachten Erfahrungen gar nicht denkbar. Von unterwegs schickt er Tier- und Pflanzensammlungen sowie Fossilien an Henslow. Sie finden auch bei den Paläontologen beträchtliche Aufmerksamkeit. Gegen Ende der Reise erreicht ihn ein Brief seiner Schwestern, die berichten, Sedgwick habe Darwins Vater besucht und ihm gesagt, Charles Darwin sei ein Platz unter den führenden Wissenschaftlern sicher. Er sollte recht behalten.

Rückkehr – ein herzlicher Empfang   Bei Darwins Rückkehr nach England im Oktober 1836 heißt ihn die *scientific community* herzlich willkommen. In Cambridge und London ist sein Name vielen bereits durch seine Briefe mit den beeindruckenden Schilderungen seiner Reiseerlebnisse und durch seine spektakulären Megatherium-Fossilien (Riesenfaultiere), die er bereits nach England geschickt hat und die auf der Sitzung der *British Association* in Cambridge Aufsehen erregt haben, bekannt. In London stellt er sich verschiedenen Experten vor und besucht diverse wissenschaftliche Gesellschaften. Die renommierte *Geological Society of London* wählt ihn gleich nach seiner Rückkehr zu ihrem Mitglied, und bereits im Januar 1837 hält er dort einen geologischen Vortrag über die chilenische Küste. Im März 1837 zieht er nach London, wo er bis zum Umzug nach Down im Jahr 1842 lebt. Hier knüpft er Kontakte zu Experten, die seine Funde klassifizieren oder ihn dabei unterstützen Diese Zusammenarbeit ist für die Entstehung von Darwins Theorie eminent wichtig. Während der Londoner Jahre macht er die Bekanntschaft zahlreicher Wissenschaftler, mit denen er noch jahrzehntelang in engem Kontakt stehen wird, die ihn fördern und unterstützen. Hierzu gehört der Geologe Charles Lyell, von dessen *Principles of Geology* er bereits zuvor fasziniert war.

Die kommenden beiden Jahre sind für Darwin eine wichtige Orientierungsphase, in der er nach einem theoretischen Rahmen sucht, um seine vielfältigen auf der Reise gemachten Erfahrungen zu systematisieren und einzuordnen. Sein Bedürfnis nach klaren Argumentationsketten und präzisen Schlußfolgerungen gibt ihm den Antrieb zur Beschäftigung mit theoretischen und insbesondere philosophischen Fragen. In dieser Zeit beginnt er auch seine *Notebooks* zu geologischen Fragen, zur Entstehung von Arten und zu philosophischen Themen (vgl. Kap. I.5, II.3). Zur zeitgenössischen geologischen Diskussion leistet Darwin maßgebliche Beiträge und stellt vor der Geologischen Gesellschaft von London mehrere Papiere vor, die in den Publikationsorganen der *Geological Society* erscheinen. Auch entstehen seine bedeutenden Arbeiten über die Korallenriffe (1842, PM 7) und über Vulkaninseln (1844, PM 8). Lyells Interesse an Darwins Hypothese über die Entstehung von Korallenriffen beflügeln den jungen Forscher. Drei Jahre lang ist Darwin ehrenhalber einer der beiden Sekretäre der Geologischen Gesellschaft. Seine Deutung der Parallelstraßen von Glen Roy, die in den *Philosophical Transactions of the Royal Society* veröffentlicht werden, nachdem er sie in dieser Gesellschaft zweimal vorgestellt hat, erweist sich jedoch als falsch. Durch Agassiz' Gletschertheorie wird er eines Besseren belehrt (AE 84, AD 89).

Während der Londoner Jahre lernt Darwin auch den Botaniker J. D. Hooker (1817-1911) kennen, den späteren Direktor des dortigen Botanischen Gartens (*Kew Garden*) und Spezialist für Pflanzengeographie. Hooker wird Darwins unerschütterlicher Freund (AE 105, AU 109). Auch der Zoologe und vergleichende Anatom Th. H. Huxley (1825–1895) wird einer von Darwins besten Freunden, ‹Darwin's Bulldog›, die tragende Säule der Deszendenztheorie, auch wenn er nicht alle Ansichten Darwins teilt (zu Darwins Beschreibung von Huxley s. AE 106, AD 110). Auf der spektakulären Sitzung der *British Association of the Advancement of Science* in Oxford im Juni 1860, an der Darwin aus gesundheitlichen Gründen nicht teilnehmen kann, kommt es zu einer Konfrontation zwischen Bischof Wilberforce mit Huxley und Hooker, die als Darwins Advokaten auftreten (CCD 8, App. VI). Wilberforce tut Darwins Konklusionen als Hypothese ab, die höchst unphilosophisch zur Würde einer Kausaltheorie erhoben werde, Huxley und Hooker bieten ihm mit wissenschaftstheoretischen Argumenten Paroli (CCD 8, 595). Als der Bischof sich zu der Frage hinreißen läßt, ob Huxley lieber großväterlicherseits oder großmütterlicherseits vom Affen abstamme, bevorzugt dieser den Affen statt einen mit Begabung und Einfluß ausgestatteten Mann, der diese Fähigkeiten nutze, um eine ernsthafte wissenschaftliche Diskussion ins Lächerliche zu ziehen (CCD 8, 271 f.; LL II, 320 f.). Wilberforce zog in seiner Rezension von *Origin* eine Parallele zwischen den Spekulationen von Charles Darwin und denen seines «genialen Großvaters» (Wilberforce 1860, 90 ff.).

Häufig trifft Darwin auch den vergleichenden Anatomen R. Owen (1804–1892), der nach Darwins Veröffentlichung von *Origin of Species* dessen erbitterter Feind wird. Darwin begegnet bei einer Frühstückseinladung auch dem «berühmten Humboldt» (A. von Humboldt), der ausdrücklich den Wunsch geäußert hatte, ihn zu sehen. Auch H. Spencer (1820–1903) lernt er kennen.

Am 29. Januar 1839 heiraten Darwin und seine Cousine Emma Wedgwood (1808-1896), die Tochter seines Onkels Josiah und Nichte seiner Mutter. Während ihrer Londoner Jahre werden ihnen zwei Kinder, William (27.12.1839) und Anne (2.03.1841), geboren. Darwin hat nicht nur ein väterliches, sondern auch ein wissenschaftliches Interesse an seinem Sohn. Von Anfang an macht er Notizen über die verschiedenen Ausdrucksformen des Säuglings, weil er deren allmähliche Entstehung verfolgen will, und publiziert sie später (Darwin 1877).

4. Das Dorf Down als Mittelpunkt der Welt

Im September 1842 zieht die Familie nach Down, einem Dorf südlich von London, wo sie bis zu Darwins Tod im Jahre 1882 lebt. Als wohlhabender Besitzbürger kann Darwin trotz der ständig wachsenden Familie das privilegierte Leben eines Privatgelehrten führen. In der ländlichen Abgeschiedenheit, weg vom hektischen und geschäftigen London und dennoch nicht weit davon entfernt, kann er ungestört seinen wissenschaftlichen Interessen nachgehen. Seine Absicht, Pfarrer zu werden, hat er nie ausdrücklich widerrufen. Wie der Wunsch seines Vaters starb sie während der Beagle-Reise «eines natürlichen Todes» (AE 57, AD 61). In der Pfarrgemeinde von Down sind Charles und Emma Darwin respektierte Mitglieder, Darwin übernimmt hier auch Aufgaben des Landpfarrers. Ihre Kinder werden dort in der *Church of England* getauft, die gesamte Familie besucht regelmäßig den Gottesdienst. Obgleich Charles Darwin im Laufe der Zeit daran nicht mehr teilnimmt, unterstützt er die Arbeit der Gemeinde. Auch außerhalb der Pfarrei erfüllt er wichtige Funktionen. 1857 wird er Friedensrichter, ein Amt, das er bis zu seinem Tode innehat (Moore 1985). Gemeinsam mit seiner Frau engagiert er sich für den Tierschutz, setzt sich im Kampf gegen die grausame Behandlung von Haustieren, wie Arbeits- und Kutschenpferden, ein und verfaßt mit Emma einen Aufruf (*appeal*) an Landbesitzer gegen die Aufstellung von Tierfallen aus Stahl in Wildgehegen, in denen Tiere aller Art nach stundenlanger Qual elend verenden (App. IX «An Appeal» in CCD 11, 776–781). Das Pamphlet wird verbreitet und im *Brombley Records* und *Gardeners' Chronicle* veröffentlicht. In der umstrittenen Frage zur Antivivisektionsgesetzgebung fordert er einen Ausgleich zwischen den Interessen der Physiologie im Dienste des medizinischen und therapeutischen Erkenntnisgewinns und dem Schutz von Versuchstieren vor unnützem Leiden (LL III, 200f.; Descent[2]I, PM 21, 74). Darwin spricht hier nicht pro domo, er ist kein Physiologe und hat nie einen Versuch am lebenden Tier gemacht (ML II, 436). Tierversuche aus «verdammenswerter und abstoßender Neugier» lehnt er ab. Das ganze Thema macht ihn «vor Entsetzen krank» (zur Vivisektion LL III, 199–210; ML II, 435 f.; Huxley in Huxley, L. 1900, I, 438; Bowlby 1992, 420 f., 436; zu Tierexperimenten White 2006). Darwins Humanität gegenüber Tieren ist in seiner Nachbarschaft bekannt, wo man sich zum Wohle der Tiere darauf einstellt. Francis Darwin hebt das starke Gefühl seines Vaters für das Leiden von Mensch und Tier hervor, das sich in großen und kleinen Dingen zeigte (LL III, 199).

Emma und Charles Darwin haben insgesamt zehn Kinder, vier Töchter und sechs Söhne, von denen sieben die Eltern überleben und teilweise ein beträchtliches Alter erreichen (Bowlby 1992, 261, 443 ff.). Zwei Kinder sterben im Alter von drei Wochen und achtzehn Monaten. Über den Tod seiner Tochter Annie, die mit zehn Jahren stirbt, kommt er Zeit seines Lebens nicht hinweg.

Darwin wird als liebenswert, einfühlsam, sensibel und verletzbar sowie als großzügig und höflich beschrieben. Sein Sohn erinnert sich, daß sich der Vater rührend um seine Kinder kümmerte und mit ihnen spielte. Er führt ein unspektakuläres und solides Privatleben, wie bereits Großvater und Vater brandmarkt auch er übermäßigen Alkoholgenuß und ist seinen Kindern ein Vorbild. Darwin geht mit eiserner Disziplin seiner Arbeit nach. Er hält sich an einen strikten Tagesplan mit festen Arbeits- und Mußezeiten. Francis Darwin berichtet, daß man die Uhrzeit am Öffnen seiner Tür und dem Hinabsteigen der Treppe ablesen konnte, wenn er seinen Nachmittagsspaziergang machte (LL I, Kap. 3; Bowlby 1992, Kap. 4). Nur seine Krankheit kann ihn manchmal davon abhalten, sein sich selbst auferlegtes Pensum zu erfüllen.

Bereits 1837 stellen sich nach Darwins Rückkehr von der Beagle-Reise Krankheitssymptome ein, die sich ab 1839 verstärken und ihn phasenweise dreißig Jahre lang tagsüber wie nachts immer wieder plagen (F. Darwin LL I, III). Bis heute sind Ursachen und Art der Krankheit ungeklärt, und es gibt eine Reihe unterschiedlicher Hypothesen darüber (siehe Bowlby 1992, Prolog und App.; Barlow in AE 240–243, AD 276–279.). Darwin leidet unter Schwächeanfällen, Magenschmerzen, Übelkeit und Erbrechen, klagt über erhöhten Pulsschlag und gesteigerte Atmung (Darwin in Bowlby 1992, 6). In den akuten Phasen leben die Darwins sehr zurückgezogen. Gleichwohl besucht Darwin regelmäßig die Sitzungen der *Geological Society* in London. 1842 unternimmt er die letzte kleinere Exkursion nach Nordwales, danach fühlt er sich hierfür nicht mehr stark genug. Auch die Prognosen seines Vaters für die nächsten Jahre sind ungünstig, so daß er die bittere Kränkung «verdauen» muß, daß «das Wettrennen für die Starken» ist und er sich vermutlich damit begnügen muß, die wissen-

Abb. 2: Emma Darwin, geb. Wedgwood

schaftlichen Fortschritte anderer zu bewundern (CCD 2, 298). Zur
Linderung seiner Beschwerden besucht er häufig Kuren und Bäder.
Die führenden Ärzte können keine organische Ursache feststellen.
Erst in jüngerer Zeit wurde die Hypothese formuliert, es könne die
Chagas-Krankheit sein, eine häufig in Südamerika auftretende Infek-
tionskrankheit, die durch Insektenstiche übertragen wird. Andere
diagnostizierten das Da Costa- oder auch Hyperventilationssyndrom,
bei dem physiologische und psychische Faktoren zusammenspielen.
Da Darwins Gesundheitszustand während bestimmter Perioden
seines Lebens, in denen er auch unter starken psychischen Anspan-
nungen stand (Erwartung des ersten Kindes, Krankheit und Tod des

Abb. 3: Charles Darwin mit seinem ältesten Sohn William

Vaters usw.), besonders schlecht war, ist zumindest von einer starken psychosomatischen Komponente seiner Krankheit auszugehen. Erklärungshypothesen, die auf dieser Linie liegen, führen den frühen Tod der Mutter an, die unbewußte Abwehr der übermächtigen Vatergestalt, die Furcht vor Konflikten durch die Veröffentlichung seiner Theorie.

Emma ist ihm während all dieser Jahre eine treu sorgende, liebevolle Gattin, sein «größter Segen», und erträgt «mit unüberbietbarer Geduld» sein «ständiges Klagen über angegriffene Gesundheit und Unwohlsein» (AE 96 f., AD 101). Insgesamt führt die Familie ein harmonisches Leben, Kinder und Eltern lieben und respektieren einander. Darwins Familienglück ist jedoch überschattet von seiner Furcht vor Erbkrankheiten, die seine Kinder treffen könnten. Großmutter und Mutter hat er früh verloren, und er selbst kränkelt viel. Da die Grundlagen der Vererbung noch nicht bekannt sind, verstärkt dies Unsicherheit und Furcht.

Trotz seiner Krankheit schafft er es, seine bahnbrechenden Arbeiten zu schreiben und darüber hinaus mit seinen Werken einen substantiellen Beitrag zu ganz unterschiedlichen Themen der Naturgeschichte zu leisten. Er ist Mitglied der *Royal Society* und steht bei seinen Zeitgenossen bereits vor der Veröffentlichung seines revolutionären Werkes von 1859 in hohem Ansehen. Er pflegt einen regen geistigen Austausch mit Wissenschaftlern in aller Welt, mit Kollegen und Freunden, aber auch mit Lesern seiner Werke, die Fragen an ihn haben. Darwins Tor zur Welt ist sein Briefwechsel (Browne 1995, 2002; Harvey 1995). Von diesem profitieren nicht nur die anderen, sondern auch er, weil er für seine Arbeit auf Experteninformationen aus den verschiedensten Bereichen der Empirie und Theorie angewiesen ist. Obwohl ihm seine Frau bei der Organisation dieser Korrespondenz hilft, ist es rätselhaft, wie Darwin diese Vielzahl an Briefen bewältigen kann. Darwin macht auch regelmäßig mehrmals am Tag Spaziergänge auf dem berühmten Sandweg seines Grundstücks. Im Garten wird ein Gewächshaus eingerichtet, wo er botanische Experimente anstellt. Auch sein Buch *Die Bildung der Ackererde über die Tätigkeit der Würmer* (PM 28) entsteht in diesem Garten.

Darwin genießt im In- und Ausland große Achtung. Die Universitäten Bonn und Breslau verleihen ihm Ehrendoktortitel in Medizin und Chirurgie, Leiden in Medizin und Cambridge in Jura. In zahlreichen Ländern wird er Ehrenmitglied wissenschaftlicher Gesellschaften. Die *Royal Society* verleiht ihm 1864 ihre höchste Auszeichnung, die *Copley Medaille*.

Nachdem er in den letzten Monaten unter Schwächeanfällen und Herzbeschwerden gelitten hat, stirbt Darwin am 19. April 1882 friedlich zu Hause im Kreise seiner Familie. Zwei Tage zuvor hat er für seinen Sohn Francis während dessen kurzer Abwesenheit noch den Fortgang eines botanischen Versuches protokolliert, an dem dieser arbeitete.

Feierliche Beisetzung in der Westminster Abbey   Darwins Familie hatte ursprünglich die Beisetzung in der Familiengruft auf dem Friedhof von St. Mary's Church neben Darwins älterem Bruder Erasmus geplant. Galton, Darwins Halbvetter, ergriff jedoch mit Huxleys Unterstützung die Initiative, eine Beisetzung in der Westminster Abbey zu ermöglichen.

Am 26. April 1882 findet die feierliche Beisetzung in Anwesenheit prominenter Trauergäste statt. Vertreter von Frankreich, Deutschland, Italien, Spanien und Rußland sind gekommen, um Darwin das letzte Geleit zu geben (LL III, App. I, 360 f.). Er wird neben Herschel und in der Nähe von Isaac Newton beigesetzt. Der Chor singt Händels Hymne «His body is buried in peace but his name liveth evermore.» Am Sonntag zuvor wurde Darwin morgens, nachmittags und abends auf den Hauptkanzeln Londons gewürdigt, und H. Goodwin, der Bischof von Carlisle, hielt eine Predigt in der Westminster Abbey zu seinen Ehren. Darin äußerte er seine Überzeugung, daß Darwins Beisetzung in der Westminster Abbey «in Übereinstimmung mit dem Urteil der weisesten seiner Landsleute geschieht ... Es wäre unglücklich gewesen, wenn irgendetwas geschehen wäre, um der närrischen, von einigen emsig verbreiteten Vorstellung Gewicht und Geltung zu verleihen, für die Herr Darwin aber nicht verantwortlich war, daß es notwendigerweise einen Konflikt zwischen der Erkenntnis der Natur und dem Glauben an Gott gibt.» (Goodwin 1882) Zahlreiche Zeitungen kommentieren die Beziehung zwischen Darwins Theorie und der Religion und sehen keinen Konflikt zwischen ihnen, «die Konfrontation zwischen Huxley und Bischof Wilberforce 1860 liest sich heute», so die *Times* vom 21. April, wie eine Szene aus der «antiken Geschichte» (zit. nach Moore 1982, 102). Wahre Christen können die Hauptfakten der Evolution ebenso annehmen, wie sie sie der Geologie und Astronomie akzeptieren, schreibt der konservative *Standard*. Die *Times* hebt das Ansehen hervor, das der englischen Wissenschaft durch Darwins Werke verliehen wurde (*The Times*, 27. April 1882). Die Beisetzung wird vom *Guardian* als «glückliche Strophe der Versöhnung zwischen Glauben und Wissenschaft» bewertet, die «neuen Wahrheiten» der Biologie seien «harmlos», ihr Autor ein «nationaler Heiliger» (zit. nach Moore 1982, 103).

5. Schriften und Nachlaß

Zu Darwins Lebzeiten veröffentlichte Schriften Darwins Name ist so untrennbar mit *Origin of Species* (1859) verbunden, daß wenig bekannt ist, welch umfangreiches Œuvre er hervorgebracht hat. Dabei hat er sein hohes Ansehen unter seinen naturwissenschaftlichen Kollegen nicht einmal durch dieses revolutionäre Werk begründet. Bedeutend sind hierfür vielmehr zahlreiche andere Veröffentlichungen mit sorgfältigen empirischen Detailstudien und neuen Hypothesen bzw. Theorien, die *Origin* vorangingen. Die Erträge seiner Beagle-Reise, seine Erfahrungen und Funde, eröffneten auch den bereits etablierten Wissenschaftlern eine ganz neue Welt und bildeten die Voraussetzung dafür, daß *Origin* eine solch ungeheure Wirkungskraft entfalten konnte: Darwin mußte man ernst nehmen, er hatte sich bereits in verschiedenen Bereichen der Naturgeschichte und Geologie einen Namen gemacht.

Darwin hat zu einem derart breiten Spektrum biologischer und geologischer Themen publiziert, dass hier nur seine wichtigsten Werke erwähnt werden können. Zu seinen Fachgebieten gehörten die Botanik, Zoologie, Verhaltensforschung, Anthropologie, Ökologie, Biogeographie und innerhalb dieser noch Spezialgebiete wie die Entomologie und Ornithologie. In diesen Bereichen machte er gründliche systematische Studien. In enger Verbindung damit qualifizierte er sich auch als Geologe (PM 7–9; Herbert 2005). Philosophischen Fragen widmete er sich vor allem in seinen Notizbüchern und seinem Werk über die *Abstammung des Menschen*.

Darwin hat seine auf der Beagle-Reise gemachten Erfahrungen sorgfältig und ausführlich dokumentiert. Während der Reise trug er alles für ihn Bemerkenswerte in 18 kleinformatige Notizbücher (Pocketbooks) ein. Nach diesen Notizen verfaßte er sein umfangreiches Tagebuch (*Diary*), das 1933 posthum von seiner Enkelin, Nora Barlow, veröffentlicht wurde (PM 1). Auf dessen Grundlage schrieb er seine mehrfach überarbeiteten und veröffentlichten Reisebeschreibungen (PM 2–3), die in gekürzter und nochmals überarbeiteter Fassung 1845 erschienen. Die Schrift wurde bereits zu Darwins Lebzeiten in verschiedene Sprachen übersetzt (AE 116, AD 120). Von 1839–1843 erschien unter seiner Herausgeberschaft das fünfteilige Werk *Zoology of the H.M.S. Beagle*, in dem die von ihm mitgebrachten Säugetierfossilien und Exemplare von vier Wirbeltierklassen von einschlägig ausgewiesenen Experten ausgewertet und beschrieben werden (PM 4–6; vgl. Kap. II.2).

Besondere Anerkennung erwarb sich Darwin durch seine Studie über die Rankenfüßer (Cirripedien), eine Gruppe von winzigen Krebsen, auf die er an der chilenischen Küste gestoßen war. Nach umfangreichen, minutiösen Studien an der gesamten Tiergruppe und fossilen Formen kam er schließlich zu einer neuen Klassifikation dieser Tiergruppe und konnte zeigen, daß Rankenfüßer nicht zu den Mollusken (Weichtieren) gehören, wie weitgehend noch vermutet wurde, sondern zu den Krebsen (Crustaceen) (PM 11–14). Bereits Lamarck war zu dem Schluß gekommen, daß Cirripedien weder Anneliden noch Mollusken sind, subsumierte sie aber nicht unter die Krebse (Lamarck 1990 I, 83). Die achtjährige Arbeit an diesem Thema (1846–1854) begründete Darwins Ansehen als Wissenschaftler, der einen bedeutenden Beitrag zur zoologischen Klassifikation geleistet hatte. 1853 erhielt er von der *Royal Society* eine Auszeichnung, die *Royal Medal*, für seine Arbeit über die Korallenriffe und den ersten Band seiner *Cirripedia* (1853). Zahlreiche Kollegen, unter ihnen auch R. Owen, sandten ihm ihre Glückwünsche (vgl. auch Huxleys Würdigung CCD 4, 402). Die Studie über die Cirripedien war auch eine ideale Vorbereitung für die Arbeit an *Origin*, weil die Rankenfüßer ein besonders augenfälliges Beispiel für die Variationsbreite von Formen darstellen und sich an ihnen die Schwierigkeit einer Unterscheidung zwischen Arten, Unterarten und Varietäten zeigen ließ (Bowlby 1992, Kap. 20). Sie hatte einen bedeutenden methodologischen Stellenwert für Darwins Gesamtwerk (Ghiselin 1969, Kap. 5).

Als Botaniker und Blütenökologe machte sich Darwin einen Namen durch seine Arbeiten über die *Orchideen*, genauer, über die verschiedenen Einrichtungen, durch welche Orchideen von Insekten befruchtet werden (PM 17). Darwin ließ sich durch C. K. Sprengels (1750–1816) «wunderbares Buch» *Das entdeckte Geheimnis der Natur* inspirieren (AE 127, AD 132). Dabei wandte er seine zuvor entwickelte Theorie der natürlichen Selektion zur Erklärung der wechselseitigen Anpassungen zwischen Blüten und den sie aufsuchenden Insekten an. Der Botaniker Hooker hob 1862 die überraschenden Entdeckungen Darwins in der Botanik und die Originalität des Orchideen-Buches hervor (Bowlby 1992, 369). Darwin löste damit eine Vielzahl von Untersuchungen aus (Kap. VI). Mit dem für die Evolutionstheorie wichtigen Thema der Befruchtung befaßt er sich auch in dem Buch über die *Wirkungen der Kreuz- und Selbstbefruchtung im Pflanzenreich* (PM 25). Beachtung fanden weiterhin seine Schriften über *Kletterpflanzen* (PM 18), *insektenfressende Pflanzen* (PM 24), über bimorphe und trimorphe Pflanzen innerhalb derselben Art (PM 26) sowie über das Bewegungsvermögen der Pflanzen (PM 27). Die meisten erschienen zunächst im renommierten *Journal of the Linnean Society*.

Als wissenschaftlicher Revolutionär ging Darwin durch sein Buch *Origin of Species* (PM 15, PM 16) in die Geschichte ein (vgl. Kap. III). In enger Verbindung damit steht das zweibändige Werk über das *Variieren der Tiere und Pflanzen unter den Bedingungen der Domestikation* (PM 19–20), in dem Darwin auch eine eigene Hypothese über die Vererbung, seine «vielgeschmähte Pangenesis-Hypothese», vorstellt (AE 129 f., AD 135), die sich nicht durchsetzen kann. Seine in *Origin* vorgestellte Theorie der natürlichen Selektion hat Darwin auch zur Erklärung der Entstehung des Menschen angewandt. In seinen Büchern über die *Abstammung des Menschen* (PM 21–22) und den *Ausdruck der Gefühle bei den Menschen und den Tieren* (PM 23) widmet er sich vor allem dem Verhältnis von Tier und Mensch.

Darwins Werke wurden in zahlreiche Sprachen übersetzt. Die erste deutsche Gesamtausgabe stammt von J. V. Carus. Bei diesen Übersetzungen ist aber Vorsicht geboten, da durch sie neue Bedeutungsnuancen oder andere Bedeutungen entstehen können, als ursprünglich vorgesehen (vgl. Kap. III.5).

Nachlaß Zum Verständnis Darwins ist der handschriftliche Nachlaß unverzichtbar. In den vergangenen Jahrzehnten hat dessen systematische Erschließung die Möglichkeit einer vertieften Beschäftigung mit Darwin eröffnet. Korrespondenz, Notizbücher und Randbemerkungen verschaffen einen Einblick in die spannungsreichen, teilweise dramatischen Szenen hinter den Kulissen, die Darwins Veröffentlichungen nur erahnen lassen. Sie ermöglichen auch einen vielseitigen Einblick in den geistesgeschichtlichen und wissenschaftshistorischen Kontext des späten 18. und des 19. Jahrhunderts und die Diskussionszusammenhänge, in die Darwin eingebettet ist und die wesentlich zur Formierung seiner Theorie beitragen.

Darwins *Notizbüchern* (*Notebooks*) aus den Jahren 1836–1844 kommt in dieser Monographie ein besonderer Stellenwert zu (Kap. II.3). Der von Barrett et al. 1987 herausgegebene Band umfaßt Darwins Notizbücher zu geologischen und zoologischen Themen, zum Artenwandel B bis E (*transmutation of species*), die unter philosophischen Aspekten besonders interessanten Aufzeichnungen über «metaphysische» Fragen (M und N, OUN, Mac) sowie einige kleinere weitere Notizbücher. Das Notizbuch *Questions & Experiments* gibt einen Einblick in Darwins Methode, auf systematische Weise Expertenmeinungen von Züchtern und Landwirten zur Variation und Vererbung einzuholen. Zwischen Januar und März 1839 verfaßt er einen Fragebogen mit dem Titel *Fragen über die Tierzucht* mit Fragen und möglichen Experimenten zur Kreuzung von Pflanzen und zur Tierzucht (Reprint in CCD 2, 446–449; vgl. auch «Fragen für Mr. Wynne in Gruber, Barrett 1974). Die *Notizbücher B* bis *E* über den Artenwandel wurden zunächst von Sir G. de Beer 1960/61 und 1967 herausgegeben. De Beers Ausgabe enthält auch *Darwin's Journal* (1959), ein kleines Tagebuch, das dieser bis kurz vor seinem Tod führte, sowie seine von der Enkelin Nora Barlow herausgegebenen *Ornithologischen Notizen* (1963). Die *Notizbücher B* bis *E* wurden später von D. Kohn neu transkribiert und herausgegeben (Barrett et al. 1987). Die von Barrett et al. herausgegebenen Notizbücher über metaphysische Fragen erschienen bereits 1974 in dem von H. Gruber und P. Barrett edierten Band *Darwin on Man*. Der erste Teil von *Darwin on Man*, eine *Psychological Study of Scientific Creativity*, ist eine ausführliche Einführung von Gruber in den geistesgeschichtlichen Hintergrund von Darwins Schaffen und eine Interpretation der Notizbücher. Der zweite Teil sind die von Barrett transkribierten metaphysischen bzw. philosophischen Notizbücher. Weitere Notizbücher warten auf ihre Erschließung und Edition (Bailey, Gosse, 1960 und ff.; van Wyhe 2006). Aufschlußreich sind auch Darwins handschriftliche Kommentare und Anstreichungen in den von ihm gelesenen Büchern. Band I dieser «Randbemerkungen» (*Marginalia*) ist verfügbar (di Gregorio, Gill 1990), ein zweiter Band in Arbeit.

Origin gingen ein *Sketch* (1842) sowie ein *Essay* (1844) der Theorie voraus. Beide Texte wurden posthum von Francis Darwin 1909, dem 100. Geburtsjahr seines Vaters und dem 50jährigen Jubiläum der Erstausgabe von *Origin*, herausgegeben (PM 10; Kap. II.4). F. Darwin gab auch die dreibändige Ausgabe *Life and Letters of Charles Darwin* (1887) und gemeinsam mit A. C. Seward die zweibändigen *More Letters of Charles Darwin* (1903) heraus. Darin sind auch Darwins Autobiographie (1876) und die «Erinnerungen an meines Vaters tägliches Leben» (LL I) sowie eine Bibliographie von Darwins Veröffentlichungen (LL III) enthalten. Diese für Frau und Kinder bestimmte Autobiographie enthielt auch sehr persönliche Äußerungen einschließlich eines längeren Abschnitts über Darwins religiöse Überzeugungen. Diese und andere Passagen fielen jedoch der Familienzensur zum Opfer, aus Achtung für die Gefühle von Freunden und aus Angst, sie würden Darwins Ansehen schaden, nicht zuletzt, weil angenommen wurde, er selbst wäre entschieden gegen ihre Publikation gewesen. Erst Darwins Enkelin N. Barlow veröffentlichte die Autobiographie in ihrer vollständigen Form (zur kontroversen Diskussion innerhalb der Darwin-Familie im 19. Jahrhundert über die Streichungen siehe Barlow AE 11 f., AD 18 f.). Auch Darwins Biographie seines Großvaters Erasmus Darwin, die C. Darwins Tochter Henrietta auf seinen Wunsch hin kritisch durchgesehen und gekürzt hatte, ist inzwischen in ihrer Gesamtlänge verfügbar (Darwin 2003).

Die von Francis Darwin herausgegebenen Briefe umfassen jedoch nur einen Bruchteil des umfangreichen Briefwechsels. Seit 1985 sind in dem an der *Cambridge University Library* angesiedelten *Darwin Correspondence Project* 15 Bände erschienen, 30 sind insgesamt geplant (CCD 1–15). Darwins Briefwechsel dokumentiert eindrucksvoll das Netzwerk von Freunden, Kollegen, an seiner Arbeit interessierten Fremden und manchmal auch beunruhigt Fragenden, in dem Darwin der Hauptakteur ist. Die ausgedehnte Korrespondenz verdeutlicht auch, welch große Rolle die *scientific community* für Darwins Erfolge spielte, daß wissenschaftliches Erkennen unbeschadet aller Kreativität des Einzelnen auf ein Denkkollektiv angewiesen ist.

II. Die Entstehung der Abstammungstheorie

1. Das «Geheimnis der Geheimnisse»

Darwins brennender Wunsch ist es, das «Geheimnis der Geheimnisse» zu lüften, wie es von einem «unserer größten Philosophen» bezeichnet worden ist (Origin[1], PM 15, 1). Dieses Ziel treibt ihn an, seitdem sein Glaube an die göttliche Schöpfung jeder einzelnen Art ins Wanken geraten ist. Hinter dem Philosophen verbirgt sich John Herschel, den Darwin bewundert und den er sich zum Vorbild nimmt (vgl. Kap. I.2). Darwin bekräftigt sein Anliegen mehrfach.

In einem denkwürdigen Brief aus Südafrika an seinen Freund Lyell vom 20. Februar 1836 dankt Herschel diesem für die Zusendung der Neuauflage seiner *Principles of Geology* und prognostiziert dem Werk die Wirkung einer «vollständigen Revolution in ihrem Gegenstandsbereich». Herschel spielt hier auch auf das «Geheimnis der Geheimnisse» an, den «Ersatz ausgestorbener Arten durch andere», und äußert die Vermutung, daß der Schöpfer bei der Erschaffung der Arten wie in allen anderen Bereichen durch eine Reihe von «Zwischenursachen» (*intermediate causes*) wirkt und daß sich folglich die Hervorbringung neuer Arten (*origination of fresh species*), sofern sie uns zur Kenntnis käme, als natürlicher statt übernatürlicher (*miraculous*) Prozeß erweisen würde. Allerdings fügt er hinzu, daß wir derzeit keine Anzeichen irgendeines solchen Prozesses wahrnehmen. Auszüge aus diesem Brief wurden 1837 in Babbage abgedruckt (Herschel in Babbage 1989). Darwin kommentiert enthusiastisch: «Herschel bezeichnet das Erscheinen neuer Arten als Geheimnis der Geheimnisse & hat eine großartige Passage über das Problem! Hurrah. – ‹Zwischenursachen›.» (E 59; vgl. auch CCD 2, 8 f.).

Zur Orientierung: Darwins Interesse ist *naturwissenschaftlicher* Art im Sinne der Baconschen Tradition. Die vorherrschende Lehre von der Sonderschöpfung (*special creation*) jeder einzelnen Spezies ist für ihn wissenschaftstheoretisch unbefriedigend. Sein Ziel ist es jedoch nicht, letzte metaphysisch-theologische Fragen zu klären oder gar die Nichtexistenz Gottes zu beweisen. Hierzu ist der Mensch mit seiner fehlbaren Vernunft nach Darwin gar nicht in der Lage. Wir werden später darauf zurückkommen, wie sein revolutionärer Lösungsvorschlag dennoch philosophische und religiöse Fragen berührt.

Uniformitarianismus versus Katastrophentheorie Herschel bezieht sich in seinem Brief auf Lyells revolutionäre Theorie des *Uniformitarianismus*. Diese geht von einer Uniformität, das heißt Gleichförmigkeit der in Vergangenheit und Gegenwart wirkenden erdgeschichtlichen Kräfte aus und nimmt an, daß das jetzige Erscheinungsbild der Erde durch die gleichförmige Summierung vergangener Veränderungen entstanden ist. Damit richtet er sich gegen die zeitgenössische britische Geologie, die unter dem Einfluß von Georges Baron de Cuvier (1769-1832) und dessen britischem Schüler W. Buckland (1784–1856) steht. Cuviers Schriften gelten als die «wissenschaftliche Bibel der Katastrophentheorie» (Gillispie 1996, 98). Er nimmt an, daß die Gestalt der Erde durch plötzliche, im Laufe der Erdgeschichte vielfach aufgetretene Revolutionen, «Katastrophen», entstanden sei, die von den gegenwärtig wirksamen Kräften verschieden waren (Cuvier 1830). Gewaltige mechanische Kräfte seien am Werk gewesen, die die Kontinente aus dem Meer hoben und Gebirge wie die Pyrenäen, Alpen und Anden emporstemmten. Erosionen und Ablagerungen deuteten für ihn darauf hin, daß diesen Hebungen sintflutartige Überschwemmungen folgten. Cuvier setzt die von ihm als Wissenschaft begründete vergleichende Anatomie als methodisches Instrument zur Erforschung der Erdgeschichte ein und kann unter Anwendung dieser Methode auch als erster nachweisen, daß Arten aussterben, was damals umstritten ist. Es gelingt ihm nicht nur zu zeigen, daß der indische und der afrikanische Elefant zwei verschiedene Spezies sind, sondern auch, daß sich die Knochenreste fossiler Elefanten, der Mammuts, von beiden rezenten Elefantenarten unterscheiden und daher Reste einer weiteren, inzwischen ausgestorbenen Elefantenart sind (Rudwick 1997, 18–24). Damit wird er zum Begründer der modernen Paläontologie.

Das Aussterben von Arten führt er auf Naturkatastrophen zurück, welche die Lebewesen der davon betroffenen Regionen auslöschten. Anschließend wurden diese Gebiete nach Cuvier von Tieren und Pflanzen anderer Erdregionen neu besiedelt. Da diese an ihre dortigen Lebensbedingungen angepaßt waren, unterschieden sie sich von den ausgestorbenen Arten, so daß für Cuvier damit die Unterschiede zwischen fossilen und rezenten Formen erklärbar werden. Er behauptet nicht, daß es sich bei diesen Nachfolgearten um Neuschöpfungen Gottes handelt. Die Frage nach dem Ursprung der Arten läßt er offen. Daß er mit seiner Theorie die biblische Schöpfungsgeschichte bestätigen wollte, wie oft vermutet wird, läßt sich nicht belegen (vgl. Gillispie 1996; Rudwick 1997). Für ihn ist die Erde weitaus älter als die biblischen 5000 bis 6000 Jahre. Auch die Annahme wiederholter Katastrophen findet in der Bibel, die von einer einmaligen Sintflut ausgeht, keine Entsprechung, so daß er und Buckland sich sogar der Kritik der Zeitgenossen aussetzen (Cannon 1961, 301). Dies schließt jedoch nicht aus, daß Cuvier von Gott als der Erstursache der unbelebten und belebten Natur ausging. Daß sich nach Cuvier unter den von ihm bestimmten Fossilien keine menschlichen Überreste fanden, ist Gegenstand lebhafter Diskussionen (Müller 1990; Backenköhler 2002). Obwohl Lyell selbst zunächst kein Anhänger der Theorie des Artenwandels war, bildete seine Theorie eine wichtige Voraussetzung für Darwins Abstammungstheorie. Da für die Entstehung von Arten sehr lange Zeiträume erforderlich sind, müssen entsprechende erdgeschichtliche Bedingungen gegeben sein, eine Kontinuität der Entwicklungsmöglichkeiten statt zahlreicher plötzlicher Katastrophen. Die durch Darwin angestoßene Revolution in der Biologie setzte also eine Revolution in der Geologie voraus.

Lamarcks Theorie der Artentstehung Bereits vor Darwin gab es vereinzelt die Vorstellung der Entstehung neuer Arten durch Artenwandel. Buffon, Erasmus Darwin, Lamarck, E. Geoffroy Saint-Hilaire, Grant, Leopold von Buch, Meckel, Tiedemann u. a. vertraten solche Ideen. Keiner von ihnen konnte jedoch einen überzeugenden Mechanismus des Artenwandels angeben.

Am bekanntesten waren Lamarcks Ideen, wie er sie in seiner *Zoologischen Philosophie* (1809) formulierte. Lamarck lehnt explizit die Vorstellung einer einmaligen Kreation jeder einzelnen Art mit konstanter Organisation und unveränderlicher Gestalt durch den Schöpfer ab und geht statt dessen von einer sukzessiven Entstehung aller Arten aus (Lamarck 1990 I, 203). Dabei nimmt er eine stufenweise Höherentwicklung vom Einfachen zum Komplexen an. Zunächst entstehen einfache, unvollkommene Organismen wie Infusorien und Würmer durch Urzeugung (*generatio spontanea*). Aus ihnen entwickeln sich allmählich immer vollkommenere Arten. Dieser Artenwandel wird durch Veränderungen der Umweltbedingungen der Organismen ausgelöst, welche in diesen veränderte Bedürfnisse hervorrufen. Zur Befriedigung der neuen Bedürfnisse ändern die Organismen ihre Gewohnheiten. Dadurch werden bereits vorhandene Organe stärker gebraucht als zuvor und somit verändert oder neue Organe durch Anstrengungen des «inneren Triebs» der Organismen entwickelt. Diese gewohnheitsmäßig verfestigten neuen Eigenschaften werden an die nächste Generation vererbt, so daß sie sich fixieren können. Funktionslos gewordene Organe bilden sich allmählich zurück und verschwinden schließlich ganz. Auf diese Weise entstehen neue Organismenarten (184 f.). Dies ist für Lamarck die «wahre Ordnung der Dinge», die er in Form von zwei «Naturgesetzen» formuliert, dem Gesetz über die Wirkung von Gebrauch und Nichtgebrauch von Organen und dem Gesetz der Vererbung erworbener Abwandlungen (ebd.). «*Die Gewohnheiten werden also zur zweiten Natur*» (186). Neue Arten entstehen somit im Zuge der Herausbildung neuer Anpassungen an veränderte Umweltbedingungen. Da der Prozeß der Höherentwicklung jeweils einen langen Zeitraum voraussetzt, sind nach Lamarck die höchstentwickelten Organismen die ältesten, die einfachsten die jüngsten. Sie sind durch erneute Urzeugung entstanden und stehen nun am Anfang eines Prozesses stufenweiser Höherentwicklung. Alle lebenden Organismenarten sind danach also die jeweils letzte Stufe getrennt voneinander entstandener Entwicklungslinien. *Innerhalb* jeder einzelnen dieser Linien gibt es einen Zusammenhang der Arten, aber nicht *zwischen* den Arten *unterschiedlicher Linien*. Diese haben keine gemeinsamen Vorfahren, was bedeutet, daß Lamarck keine Theorie der gemeinsamen Abstammung vertritt (siehe auch Lefèvre 1984, 34–39; Junker, Hoßfeld 2001, 53 f.). Hierin und in einigen anderen zuvor genannten Grundannahmen Lamarcks besteht ein entscheidender Unterschied zwischen seiner und Darwins Theorie. Lamarck gebührt aber das Verdienst, als erster den Versuch gemacht zu haben, die Entstehung von Arten durch natürliche Vorgänge und Naturgesetze zu erklären, was Darwin ausdrücklich anerkennt (Origin[6], PM 16, xiii). Als Ursache dieser Naturordnung setzt Lamarck den «ERHABENEN URHEBER aller Dinge» voraus, von dem die Natur die «Gesamtheit der allgemeinen und besonderen

Gesetze», der sie unterworfen sei, als Mittel der Hervorbringung von Ordnung erworben habe (118).

Lyell lehnte die Idee eines Artenwandels, d.h. die Annahme, daß die Nachkommen gemeinsamer Eltern «unbeschränkt von ihrem Originaltyp abweichen» können (Lyell 1832 II, 2), zunächst ab und wandte sich damit explizit gegen Lamarck. Anhänger des Artenwandels bevorzugen es nach Lyell, das sukzessive Vorkommen neuer Arten in den «geologischen Monumenten» auf Zweitursachen (*secondary causes*) zurückzuführen und auf die Annahme des wiederholten Eingriffs einer Ersten Ursache (*First Cause*) möglichst zu verzichten (18). Es ist bemerkenswert, wie sich die mittelalterliche Begrifflichkeit Thomas von Aquins, die Unterscheidung zwischen der «causa prima» und den «causae secundae», bis in die Wissenschaftssprache des 19. Jahrhunderts hinein erhalten hat. Lyell selbst geht vom Schöpfer als Ersturschache aus und nimmt an, daß der «*Author of Nature*» bei der Erschaffung von Pflanzen und Tieren alle möglichen Lebensbedingungen, unter denen ihre Nachkommen leben sollten, vorhersah und ihnen eine Organisation verlieh, die der Art unter all diesen vielfältigen Bedingungen für eine bestimmte Zeitperiode Fortbestand und Überleben ermöglichen würde (23 f., 124). Die Annahme der Konstanz der Arten und fixer Artgrenzen ist für Lyell durchaus vereinbar mit der Vorstellung, daß es innerhalb einer Art eine beträchtliche Variationsbreite von Merkmalen geben kann (36 f.; vgl. auch 5. Aufl. 1837, II).

Darwin begab sich mit seinem Wunsch, das «Geheimnis der Geheimnisse» zu lüften, also in verschiedene zeitgenössische Kontroversen und hatte sich viel vorgenommen. Folgendes sollte dabei im Auge behalten werden: Darwins Hurrah-Ruf gilt der Entkräftung einer bestimmten Schöpfungslehre, der Idee der *Sonderschöpfungen*. Statt dessen bevorzugt er die auch von seinem Vorbild Herschel spekulativ autorisierte Schöpfungsvariante von «Zwischenursachen». Darwins Denken bewegt sich zunächst noch im Rahmen der Naturtheologie, die er später jedoch auch preisgibt. Die Entstehung und Entwicklung seiner Theorie ist begleitet von einem Wandel seiner expliziten und impliziten religiösen Überzeugungen. Dieser drückt sich in wissenschaftstheoretischer Hinsicht in den jeweiligen Deutungen aus, die Darwin der Ersturschache im Verhältnis zu den Zweitursachen gibt und an der sich die Rolle Gottes in der Natur, wie Darwin sie sieht, ablesen läßt.

2. Faultiere, Finken und Spottdrosseln –
Eine Bestandsaufnahme unter Kollegen

Darwin nennt drei Entdeckungen, die ihn während der Beagle-Reise besonders tief beeindruckten: 1) Er findet in Argentinien in der Pampaformation riesige Tierfossilien, die die gleichen Panzer wie die noch heute dort lebenden kleineren Gürteltiere tragen. 2) Nahe verwandte Tiere lösen einander im Laufe des Vorrückens über den Kontinent nach Süden hin ab. Dies entdeckte er in Argentinien und Uruguay. 3) Die meisten auf dem Galapagos-Archipel vorkommenden Tier- und Pflanzenarten haben einen spezifisch südamerikanischen Charakter. Das heißt, sie unterscheiden sich von Tieren und Pflanzen anderer Orte, selbst von solchen, die hinsichtlich ihrer geologischen und physikalischen Bedingungen ähnlich sind, wie die Kapverdischen Inseln, die ebenfalls Vulkaninseln sind. Vor allem zeigen Tier- und Pflanzenarten auf jeder der Inseln des Galapagos-Archipels leichte Verschiedenheiten trotz derselben geologischen und physikalischen Bedingungen. Genaugenommen handelt es sich bei den Erfahrungen auf den Galapogos-Inseln um zwei unterschiedliche Beobachtungen. Die erste erstreckt sich auf die Beziehungen zwischen der südamerikanischen Tier- und Pflanzenwelt und der auf dem Archipel, die zweite auf die Variationsbreite der Lebewesen auf dem Archipel selbst. Für Darwin lag es auf der Hand, daß sich derartige Tatsachen wie viele andere durch die Annahme erklären lassen könnte, daß Arten sich allmählich verändern. Dieses Thema ließ ihm keine Ruhe mehr (AE 118, AD 123) Die Erfahrungen auf den Galapagos-Inseln brachten ihn dem «Geheimnis aller Geheimnisse» näher (1892, 139; 1993a, 265).

Es gibt verschiedene Hypothesen darüber, wann genau Darwin den Gedanken des Artenwandels zum ersten Mal faßte, ob zu Beginn, während oder nach der Beagle-Reise. Die meisten Darwin-Forscher gehen inzwischen davon aus, daß diese «Konversion» nach der Rückkehr nach England erfolgte (CCD I, 282; Desmond, Moore 1994, 240–242). Doch findet sich schon 1835 in seinem *Ornithologischen Notizbuch* zumindest die Eintragung, unter welchen Bedingungen die Annahme der Artkonstanz unterminiert würde, nämlich wenn sich herausstellen würde, daß die von ihm beobachteten Schildkröten und Vögel auf den Galapagos-Inseln nicht Varietäten, sondern Arten wären (ON 262; zur Datierungsfrage Sulloway 1982b). Varietäten sind Untereinheiten von Arten, die über charakteristische Merkmale verfügen können, so daß es häufig schwierig ist zu entscheiden, ob es sich um die Varietät einer bestimmten Art oder um eine eigene Art handelt. Auch in seinem *Red Notebook*, mit dessen Aufzeichnungen Darwin noch gegen Ende seiner Reise 1836 begann, thematisiert er bereits die Möglichkeit des Artenwandels. Der zentrale theoretische Begriff ist der «repräsentativer Arten» oder «‹Repräsentation› von Arten» (*representation of species*) (RN, 130), d. h. die Art und Weise, «wie nahe verwandte Tiere im Lauf des Vorrückens über den Kontinent nach Süden einander ablösen» (AE 118, AD 123). Darwin fragt sich, ob solche repräsentativen Arten wie die beiden südamerikanischen Straußenarten einen gemeinsamen Vorfahren haben (RN 153). Zu diesem Zeitpunkt geht er jedoch noch nicht von einem graduellen Artenwandel aus. Wenn sich eine Art in eine andere wandele, dann sprunghaft (RN 130).

Nach seiner eigenen Erinnerung kam Darwin 1837 oder 1838 zu seiner Überzeugung des Artenwandels (AE 130, AD 135; Brief an Zacharias ML I, 367). Nachdem er im März 1837 vom Charakter der südamerikanischen Fossilien und den Arten des Galapagos-Archipels tief beeindruckt worden war, begann er im Juli 1837 mit seinem ersten *Notizbuch* und legte bis Juli 1839 die vier *Notizbücher B, C, D* und *E* an. Die hier gemachten Aufzeichnungen bilden eine wesentliche Grundlage für sein Werk *Origin of Species* und für die damit verbundenen Themen anderer Werke wie *Variation* (PM 19–20). Was war im März 1837 geschehen?

Im Januar 1837 hatte Darwin der Zoologischen Gesellschaft von London an die 500 Tiere, Säugetiere und Vögel, übereignet, die er von seiner Reise mitgebracht hatte, und sein Geschenk an die Bedingung geknüpft, daß alle Exemplare präpariert und taxonomisch eingeordnet würden. Dies war eine Aufgabe für Museumsleute und Experten, die in der Identifikation fossiler und rezenter Tierarten auf Grund ihrer langjährigen Erfahrung Routine erworben hatten. Darwin fand für seine Funde und Präparate die besten Experten.

Owen entdeckte bei der Auswertung der ihm von Darwin überlassenen Fossilien Überreste riesengroßer Tiere, die er als Riesenfaultier (Megatherium), Riesengürteltier, Riesenlama und als Riesennager bestimmte und damit Darwins Klassifikation bestätigte. Im Februar 1837 stellte Lyell vor der Geologischen Gesellschaft Londons mit Zustimmung Owens die wichtigsten Ergebnisse vor, zu der dieser bei seiner Bestimmung von Darwins Fossilfunden gelangt war. Lyell formulierte auf der Grundlage der von Owen klassifizierten Funde die wesentlichen Implikationen, die Darwin die Bedeutung dieser Fossilien erst vor Augen führten.

In Südamerika gab es bestimmte rezente Tiergruppen, die ausschließlich dort lebten. Hierzu gehörten das Gürteltier (Armadillo) und das Lama (Guanako). Darwins Funde stützten nach Lyell nun die «Tatsache, daß der eigentümliche Organisationstyp, der für südamerikanische Säugetiere nun charakteristisch ist, auf jenem Kontinent während einer langen Zeitperiode entwickelt wurde, die zumindest für das Aussterben vieler großer Vierfüßerarten ausreicht.» (Lyell 1837 in 1838, 511). Lyell verwies dabei auf ähnliche Verhältnisse in Australien, wo Fossilien riesengroßer Känguruhs und anderer Beuteltierarten gefunden worden waren, also von Tieren, die für diesen Kontinent spezifisch sind. Nach Lyell erhellen die südamerikanischen Tatsachen ein «*allgemeines Gesetz*», das zuvor bereits aus den Beziehungen zwischen rezenten und ausgestorbenen Vierfüßern Australiens abgeleitet worden war. Dies ist das Gesetz der «Nachfolge von Typen» (de Beer 1963, 79). «Säugetiere werden auf jedem Kontinent durch ihre eigenen Verwandten ersetzt.» (Desmond, Moore 1994, 242). Über das *Wie* der Nachfolge war damit jedoch noch nichts ausgesagt. Es konnte sich um Neuschöpfungen handeln (de Beer 1963, 79) oder um Varietäten ein und derselben Art. Bei Lyell ist davon auszugehen, daß er noch nicht an einen abstammungsgeschichtlichen Zusammenhang zwischen ausgestorbenen und lebenden Arten dachte.

Von Januar bis März 1837 präsentierte Gould in mehreren Sitzungen der Zoologischen Gesellschaft von London besonders auffällige Exemplare der Vögel, die Darwin von den Galapagos-Inseln mitgebracht hatte. Dabei handelte es sich auch um diejenigen Finkenarten, die später als «Darwin-Finken» in die Biologiegeschichte eingegangen sind. Darwin selbst hatte diese mit recht unterschiedlichen Schnäbeln ausgestatteten Tiere für Vertreter verschiedener Gattungen oder sogar Familien gehalten, sie als Finken, Kernbeißer und Ikterusse klassifiziert und ihnen während der Reise keine besondere Bedeutung beigemessen (ON, 263; Sulloway 1982a, 8 f.). Gould ließ sich durch die Variationsbreite der Schnabelformen nicht irritieren und erkannte bald, daß es sich bei allen diesen Exemplaren um Finkenarten handelte. Sie waren so eigentümlich, daß er sie zu einer neuen Finkengruppe mit vierzehn Arten zusammenfaßte, die er unter vier nahe verwandte Gattungen subsumierte und deren Auftreten auf die Galapagos-Inseln beschränkt zu sein schien (Proceedings 1837, 4–7). Bezüglich der Rhea hatte Darwin schon vermutet, neue Arten vor sich zu haben, was von Gould bestätigt wurde (Herbert in Barrett et al 1987, 18 f.).

Ausschlaggebend für Darwins Zweifel an der Konstanz der Arten war auch Goulds Bestimmung einer Gruppe von Vögeln der Galapagos-Inseln als Spottdrosseln. Während Darwin angenommen hatte, er habe Varietäten einer einzigen Art vor sich, bestimmte Gould diese Vögel als drei neue, voneinander getrennte Arten (Proceedings 1837, 26 f.). Hinzu kam, daß diese mit den auf dem amerikanischen Kontinent lebenden Spottdrosselarten nahe verwandt waren.

Im März 1837 fand Darwins erstes Treffen mit Gould statt, bei dem dieser ihm seine Ergebnisse mitteilte. Darwin war tief davon beeindruckt: In seinem *Ornithologischen Notizbuch* hatte er zwar die Bedingung formuliert, unter der die Konstanz der Arten unterminiert würde. Aber erst mit Goulds Unterstützung konnte er die ihm zur Verfügung stehende Empirie, seine Vogelpräparate, richtig *deuten* und dieses Ergebnis nun für die Konzeption seiner Theorie fruchtbar machen. Nicht seine reinen Beobachtungen auf der Beagle-Reise also, sondern erst deren Identifikation und Einordnung in das biologische Klassifikationssystem durch Spezialisten wie Owen und Gould führten ihm die Bedeutung seiner Funde für die Frage der Entstehung von Arten vor Augen. Darwins Finken wurden also entgegen der Legende erst nach Abschluß der Beagle-Reise zu Darwins *Finken* (Sulloway 1982a). In denselben Protokollen der Zoologischen Gesellschaft von London wird auch die von Darwin gefundene neue Straußenart erwähnt, der Gould den Namen Rhea Darwinii gab (Proceedings 1837, 35 f.). Darwin selbst war an der Entwicklung dieser Legende nicht beteiligt. Im Vorwort seines 1845 erschienen *Journal of Researches* werden diese fünf Personen unter Angabe ihres jeweiligen Beitrags namentlich angeführt, sie sind auch die Autoren des von Darwin herausgegebenen fünfteiligen Werkes *Die Zoologie der Reise der H.M.S. Beagle* (PM 4–6).

3. Theoriewerkstatt – Wissenschaft, Philosophie und Metaphysik in den Notizbüchern

Darwins *Notizbücher* eröffnen einen Einblick in das breit gefächerte Spektrum an Literatur, mit dem sich der junge Darwin befaßt, das er geradezu verschlingt. Er rezipiert, exzerpiert und kommentiert Autoren aus Medizin, Psychologie, Naturwissenschaften, Philosophie, Theologie, politischer Ökonomie, Geschichte und anderen Disziplinen. Daher haben die Notizen einen fragmentarischen Charakter. Sie geben Darwins Gedanken wieder, die ihm beim Lesen und Reflektieren kommen, auch Gedankenexperimente zur Auslotung der theoretischen Möglichkeiten. Wir können seine Gedanken «fast am Flügel fangen» (Gruber, Barrett 1974, xv). Infolgedessen dürfen diese Notizen nicht an den Maßstäben philosophischer und philologischer Textkritik gemessen werden. Trotzdem sind sie in mehrfacher Hinsicht aufschlußreich.

Sie zeigen Darwins intellektuelle Unabhängigkeit und Unerschrockenheit beim Durchbrechen von Denktabus. In diesen privaten Notizbüchern, die er ausschließlich für seinen persönlichen Gebrauch anlegte, war es nicht erforderlich, auf mögliche Empfindlichkeiten anderer Rücksicht zu nehmen und auf Reinschrift zu achten. Hier begegnen wir dem jungen Darwin und seinen Äußerungen zu theologischen und philosophischen Fragen in einer Unmittelbarkeit und Radikalität, die sich in seinen späteren Veröffentlichungen nicht mehr findet. Auch sind die Notizen für die Rekonstruktion der Entstehung von Darwins Abstammungstheorie und das Verständnis seines philosophischen und geistesgeschichtlichen Hintergrundes unverzichtbar. Obwohl sie häufig wie Aphorismen erscheinen, sind Darwins philosophisches Programm, seine Forschungslogik und die Auseinandersetzung mit der traditionellen Naturtheologie und Metaphysik in viel stärkerem Maße diesen *Notizbüchern* und dem Briefwechsel als *Origin of Species* zu entnehmen. Auch verdeutlichen sie einprägsam, daß der Mensch von Anfang an zum intendierten Anwendungsbereich seiner Theorie gehört. Schließlich eröffnen die *Notizbücher* einen Einblick in die damals aktuelle naturwissenschaftliche Literatur und ihre Verflechtung mit theologischen und philosophischen Fragen und sind damit ein bedeutendes zeitgeschichtliches Dokument.

Die *Notizbücher M* und *N* über metaphysische Untersuchungen (*metaphysical enquiries*) tragen die Aufschriften «Dies Buch voll mit Metaphysik über Moral und Spekulationen über den Ausdruck» (M) und «Metaphysik & Ausdruck» (N). Sie wurden parallel zu *D* und *E* geführt und behandeln vor allem Themen, die in Darwins Werken *Abstammung des Menschen* und *Der Ausdruck der Gefühle beim Menschen und den Tieren* aufgegriffen werden. Auf weitere *Notizbücher* über Moral und Metaphysik wird später zurückgegriffen. Die metaphysischen Untersuchungen, mit denen Darwin im Juli 1838 im Hause seines Vaters in Shrewsbury begann, berühren ein breites Spektrum philosophischer Themen. Er erörtert darin Fragen und Ideen zur Entstehung des Menschen einschließlich seiner geistigen, sozialen und moralischen Fähigkeiten aus vormenschlichen Lebewesen, die Stellung des Menschen in der lebendigen Natur, das Verhältnis von Gehirn und Geist, die Frage der Willensfreiheit, die Rolle von Angeborenem und Erfahrung beim Erkennen und Handeln und anderes. Diese Themen behandelt er vor allem in einem naturwissenschaftlichen Rahmen. In Darwins *Notizbüchern* wird auch die große Bedeutung seines Vaters für die Gewinnung eines Einblicks in die Variationsbreite mentaler Phänomene deutlich. Als Arzt konnte Robert Darwin seinem Sohn ein reiches Erfahrungswissen über den Verlauf von Krankheiten einschließlich psychischer und Geisteskrankheiten vermitteln, was Charles Darwin insbesondere unter dem Aspekt der Vererbung interessierte.

Die Notizen enthalten viel Zündstoff und wären von der Mehrheit der zeitgenössischen Leserschaft Darwins wohl als Provokation empfunden worden. Darwin äußert sich hier ebenso spontan wie unbefangen zu den großen Themen und Denkern der Philosophie (Platon, Locke, Herschel, Whewell, Hume, Kant u. a.). Obwohl er kein Philosoph im engeren Sinne ist, lassen sich seine Gedanken als Anregung aufgreifen, sich mit diesen Philosophen aus einem anderen Blickwinkel als dem der traditionellen Philosophie zu befassen. Mit Darwins evolutionärem Denkstil eröffnet sich eine neue Gesamtperspektive auf den Menschen.

3.1 Wissenschaft und Naturtheologie in der britischen Tradition und Humes Kritik

Zum Verständnis von Darwins Diskussionskontext, der Naturtheologie als Rahmen wissenschaftlicher Theoriebildung, ist ein kurzer historischer Rückblick in das 18. Jahrhundert notwendig. Die Entstehung der neuzeitlichen Naturwissenschaft ist eng mit der Kritik an der Idee naturimmanenter Zweckursachen verbunden, die ihren beispielhaften Ausdruck in Francis Bacons vielzitiertem Diktum gefunden hat, daß die Erforschung von Finalursachen (Zweckursachen) «unfruchtbar» oder «wie eine gottgeweihte Jungfrau» sei (Bacon 1605, 109), eine Anspielung auf die vestalischen Jungfrauen. Die Untersuchung von Zweckursachen stellt nach Bacon bei der Erforschung der Natur ein Hemmnis dar und blockiert die Suche nach den eigentlichen physikalischen Ursachen (Bacon 2001, 93 f.). Damit lehnt er die Erforschung dieser Ursachen jedoch nicht prinzipiell ab, sondern unterscheidet streng nach Zuständigkeitsbereichen. Die Untersuchung von Zweck- und Formursachen gehöre in den Aufgabenbereich der Metaphysik, während die Physik «Zweitursachen» zu erforschen habe (Bacon 2001, 9). Letzteres führe jedoch nicht zum Atheismus, sondern zur Religion.

Die im 17. Jahrhundert in England entstehende Physikotheologie (*physico-theology*) setzt sich das Ziel, Gottes Weisheit, Allmacht und Güte in seiner Schöpfung, der Zweckmäßigkeit und Harmonie der Natur, zu demonstrieren (als Überblick s. Lorenz 1989). Die bekanntesten Vertreter sind J. Ray und W. Derham. Im 19. Jahrhundert wird vorzugsweise der Begriff *Naturtheologie* verwendet. Paleys *Natural Theology* (1802) ist mit ihrem «*argument from design*» deren Standardwerk. Paley greift auf viele Beispiele aus der Anatomie zurück, um Gottes wohlwollendes Wirken in jedem Detail des Körpers aufzuspüren. Sein Design*modell* ist die Uhr, deren Dasein und Funktionsweise eines Uhrmachers bedarf: «Es kann kein Design ohne einen Designer; Erfindung ohne einen Erfinder; Ordnung ohne Wahl; Organisation ohne etwas, was zur Organisation fähig ist; Dienlichkeit und Zweckbezogenheit ohne etwas, das einen Zweck beabsichtigen könnte; zweckdienliche und zweckerfüllende Mittel ohne Zwecküberlegung oder Mittelanpassung geben.» (Paley 1802, 3). Für Paley sind die «Zeichen des *Design* zu stark, als daß sie übergangen werden könnten. Design muß einen Designer gehabt haben. Jener Designer muß eine Person gewesen sein, Jene Person ist GOTT.» (111). Paley weist die deistische Vorstellung zurück, wonach Gott die Welt erschaffen und sie mit Gesetzen ausgestattet, sich aber danach zurückgezogen habe. In Paleys christlicher Naturtheologie wirkt Gott durch seine universellen Gesetze und bleibt damit als Regent der Natur allgegenwärtig (112).

Zahlreiche Wissenschaftshistoriker und Philosophen wie Hooykaas, Gillispie, Brooke und Durant haben die jahrhundertelange enge Allianz zwischen Wissenschaft und Religion aufgezeigt. In der Naturtheologie war Wissenschaft als Suche nach Kausalgesetzen und Wirkursachen zugleich Gottesdienst, indem sie ihre Aufgabe darin sah, die Spuren der Güte, Weisheit und Allmacht des Schöpfers im minutiösen Studium seiner Schöpfung nachzuweisen. «Wissenschaft *war* in einem gewissen Sinn Religion.» (Browne 1995, 129). Vom 17. Jahrhundert an gab es führende Wissenschaftler und Wissenschaftsphilosophen, die Naturtheologen waren, unter ihnen Bacon, Newton, Priestley und Whewell. Obwohl sich Darwin schon bald kritisch von der Metaphysik der Naturtheologie abgrenzt, schätzt er stets die Sorgfalt ihrer Vertreter (vgl. Kap. I.2). Die Akribie naturwissenschaftlicher Beobachtung und empirischer Detailforschung, auf die es ihm ankommt, wurde durch das erkenntnisleitende Interesse der Naturtheologie ja geradezu gefördert.

Die Bridgewater Treatises   Zur Unterstützung dieses naturtheologischen Weltbildes hatte der achte und letzte Earl of Bridgewater, selbst Geistlicher, dem Präsidenten der *Royal Society* für einen oder mehrere Wissenschaftler 8000 Pfund hinterlassen, die aus der Perspektive ihres Faches die Wahrheit der natürlichen Religion bekräftigen sollten. In der Erläuterung hieß es, daß der jeweilige Autor ein Werk «Über die Macht, Weisheit und Güte Gottes, wie sie sich in der Schöpfung manifestiert» verfassen und diese Attribute Gottes auf vielfältige Weise demonstrieren sollte, etwa durch Gottes Schöpfungen im Tier-, Pflanzen- und Mineralreich, die Konstruktion der menschlichen Hand, durch alte und moderne Entdeckungen in den Künsten und Wissenschaften. Acht Autoren von Rang und Namen wurden nominiert (Gundry 1946, 144). Zu ihnen gehören William Whewell, der Anatom und Chirurg Sir Charles Bell, der Geologe William Buckland und der Landgeistliche William Kirby, Mitbegründer der *Zoological Society* und erster Präsident der *Entomological Society*.

Die *Bridgewater Treatises* erlebten mehrere Auflagen und wurden auch übersetzt. Die meisten Autoren hoben Gott nicht nur als Schöpfer der Natur und ihrer Gesetze hervor, sondern auch als aktuellen Regenten der Welt (Gillispie 1996, 19). Darwin wurde während seines Theologiestudiums in dieser Tradition ausgebildet, die Sprache der Naturtheologie gehörte hier zum Alltagsleben (vgl. Kap.I.2). Sie bildet auch den Hintergrund für die Entwicklung seiner Theorie, mit der er die Naturtheologie schließlich überwindet.

Die Kritik am «argument from design» in Humes Dialogen über **Natürliche Religion**   Allerdings waren Paleys *Evidences of Christianity* (1794) und seine *Natural Theology* (1802) nach Gaskin, dem Herausgeber von Humes 1779 posthum veröffentlichten *Dialogen über die natürliche Religion*, bereits durch diesen widerlegt, bevor Paley sie überhaupt geschrieben hatte (zur Publikationsgeschichte der *Dialoge* s. Gawlick in Hume 1993b, IX-XIII).

Die Dialoge sind eine kritische Auseinandersetzung mit dem teleologischen Gottesbeweis der «natürlichen Religion», ihrem «argument from design», und zugleich eine Zurückweisung der Offenbarungsreligion. Drei Personen, Philo, Cleanthes und Demea, führen einen Dialog über die Rolle Gottes in der Natur und die Frage, ob und wie Gottes Dasein in der Natur und die Art und Weise seines Wirkens, wie also seine Existenz und Attribute, bewiesen werden können. Philo, der Skeptiker, trägt Argumente vor, mit welchen er eine zweifache Stoßrichtung verfolgt und die Positionen seiner beiden Diskussionspartner, welche diesen Beweis auf unterschiedliche Weise zu führen versuchen, in Frage stellt. Sein Ziel ist es, sowohl die Argumente *a posteriori* für einen weisen und wohlwollenden göttlichen Schöpfer und Lenker der Natur (Cleanthes), als auch die hierfür angeführten Argumente *a priori*, die auf rein theoretischen, deduktiven Beweisführungen beruhen (Demea), zu entkräften.

Das Argument a posteriori (*argument from design*) behauptet, daß wir aus unserer Erfahrung der Zweckmäßigkeit in der Natur durch Analogie zum menschlichen Verstand auf die Präsenz eines intelligenten, weisen Schöpfers schließen können, der alles entworfen hat. Denn diese «wunderbare Anpassung (*adapting*) von Mitteln an Zwecke in der ganzen Natur gleicht genau, wenn sie auch weit darüber hinausgeht, den Hervorbringungen menschlicher Kunst, menschlicher Absicht, Weisheit und Einsicht.» Da gleiche Wirkungen per Analogie auf gleiche Ursachen schließen lassen, können wir durch «diesen Beweis *a posteriori* ... zugleich das Dasein einer Gottheit und ihre Ähnlichkeit mit menschlichem Geist und Verstand» begründen (Hume 1993b, 20).

Der Skeptiker Philo stellt dieses Argument in Frage, indem er erstens den *Ausgangspunkt* des Analogieschlusses und zweitens den *Analogieschluß als solchen* hinterfragt. Das Muster für Ordnung und Organisation ist für ihn nicht die Uhr, sondern ein Lebewesen, ein Tier oder eine Pflanze. Aus der tagtäglichen Erfahrung wissen wir, daß deren Ursache Zeugung und Wachstum sind, ohne daß hier eine planende und organisierende Vernunft vorausgesetzt werden muß (Hume 1993b, 60). «Ein Baum verleiht dem Baum, der aus ihm entspringt, Ordnung und Organisation, ohne von der Ordnung zu wissen; ebenso ein Tier seinen Nachkommen, ein Vogel seinem Nest: Beispiele von dieser Art sind in der Welt noch häufiger als Beispiele einer Ordnung, die aus Vernunft und Erfindung entspringt.» (62) Aus Erfahrung allein, a posteriori, läßt sich jedoch nicht beweisen, daß diese Organisation, die von einer Generation auf die nächste übertragen wird, zuletzt aus Absicht hervorgeht. Dies anzunehmen hieße, das zu Beweisende vorauszusetzen («*begging the question*»).

Auch ein Beweis a priori scheitert hier. Dieser müßte zeigen können, daß die Ordnung der Natur untrennbar mit Denken verbunden ist und daß sie der Materie nie *von selbst* oder durch *ursprüngliche, unbekannte Prinzipien* angehören kann (62 f.). Doch läßt sich eine unbekannte materielle Ursache nicht schwerer als Ursprung der Ordnung vorstellen als eine unbekannte geistige Ursache (23). Daher erscheint es Philo nicht weniger plausibel, Ordnung und Organisation der Natur durch Zeugung (*generation*) und Wachstum (*vegetation*) als durch Vernunft (*reason*) und Absicht (*design*) zu erklären. Im Gegenteil, da unzählige Male die Beobachtung gemacht wurde, daß Vernunft aus Zeugung entspringt und nicht umgekehrt, hat diese Erklärung für ihn einigen Vorteil gegenüber der Erklärung der Natur aus Vernunft und Absicht. Darüber hinaus fragt Philo kritisch, mit welchem Recht überhaupt «diese kleine Bewegung des Gehirns, die wir Denken nennen», ein so schwaches und begrenztes Prinzip wie Vernunft und Absicht von Lebewesen, «zum Modell des ganzen Universums» gemacht wird (25 f.).

Auch Kant widerlegt später den physikotheologischen Gottesbeweis (Kant KdrV A 620, B 648–A 630, B 658). Swinburnes Versuch einer Modernisierung dieses Beweises ist, wie Mackie überzeugend zeigt, fehlgeschlagen. Denn auch wenn die Natur eine Maschine darstellt, die Maschinen hervorbringt, ist nicht bewiesen, daß «Maschinen produzierende Maschinen ausschließlich Ergebnisse von Planung sind» (Mackie 1985, 232 f.).

3.2 Darwins Forschungsprogramm –
Die Suche nach Zweitursachen

Darwins Zielsetzung ist es, die Entstehung von Arten und Anpassungen in der Natur auf eine naturwissenschaftliche Grundlage zu stellen, d. h., Zweitursachen oder auch Naturgesetze (*secondary laws*) hierfür zu finden. Die biblische Lehre der Sonderschöpfungen weist für ihn erhebliche wissenschaftstheoretische Schwächen auf. Es gibt zu viele Phänomene in der Natur, die sich mit ihr nicht erklären lassen, und sie hat auch keine Prognosekraft, da wir Gottes Willen nicht kennen (Mac 55ʳ). Auch vermag sie nicht, Phänomene in einen systematischen Zusammenhang zu bringen. Darwins kritische Bemerkungen gegen Theologie und Metaphysik rühren daher, daß diese für sich eine Lösungshoheit für Probleme in Gegenstandsbereichen in Anspruch nehmen, welche andere Methoden und Theorien erfordern. Damit steht er in der Tradition von Bacon. Wenn Darwin die Metaphysik auf eine stabile Grundlage stellen, sie «aufblühen» lassen möchte (M 84e), so ist damit nicht gemeint, daß er Theologie und Metaphysik durch Naturwissenschaften zu fundieren beansprucht, sondern vielmehr, daß er zur Erklärung von Phänomenen des Lebendigen, die bisher aus metaphysischer Perspektive behandelt wurden, einen naturalistischen Zugang wählt.

Bei seiner Forderung orientiert sich Darwin an anderen erfolgreichen Naturwissenschaften wie der Astronomie und Physik. Die Erforschung des Lebendigen soll den Anschluß an das in den Wissenschaften der unbelebten Natur bereits erzielte Niveau erreichen, nämlich Phänomene und Prozesse des Lebendigen durch Naturgesetze zu erklären, statt sie auf den direkten Eingriff Gottes zurückzuführen. Und diese Gesetze, so nimmt der junge Darwin zunächst noch an, sind von Gott geschaffen und tragen seinen Stempel. Hier orientiert er sich noch an seinen naturtheologischen Kollegen aus den Wissenschaften von der unbelebten Schöpfung, in der Gott durch seine Naturgesetze wirkt. Nach Darwin ist Gottes Macht einfacher und erhabener, wenn die Anziehungskraft nach bestimmten Gesetzen wirkt. Ebenso soll zugestanden werden, daß Tiere nach feststehenden Entwicklungsgesetzen erschaffen werden, ebenso ihre Nachkommen (B 101; vgl. auch B 196). Von welch miserabel begrenzter Sichtweise zeuge es, wenn der Schöpfer seit dem Kambrium fortfahre, Tiere nach derselben allgemeinen Struktur zu erschaffen (B 216)! Auguste Comtes Dreistadiengesetz, wonach der Mensch in der Entwicklung seines Geistes drei Stadien durchläuft, das theologische, das metaphysische bis hin zum wissenschaftlichen Stadium, hält Darwin für eine großartige Idee zur Einordnung des gegenwärtigen Stadiums der Biologie: «Die Zoologie selbst ist heutzutage rein theologisch.» (N 12). Nun galt es, die Erforschung des Lebendigen aus diesem Zustand zu befreien.

Darwin stützt sich bei seiner Kritik an der Lehre von den Sonderschöpfungen auch auf ein beliebtes Argument: Wir sollten uns von Gott kein Bild nach Maßgabe unseres eigenen, begrenzten Verstandes machen. Es ist Gottes würdiger, ihn als Urheber einfacher, aber raffinierter Gesetze zu sehen. Darwin hat sich nun kein geringeres Ziel gesteckt, als die «Gesetze des Lebens» zu finden (B 229; vgl. B 114, M 154).

Sein Interesse gilt jedoch nicht der näheren Bestimmung der Erstursache, sondern der Konzentration auf Zweitursachen. Deren gründliche Erforschung ist bei ihm im Unterschied zu zahlreichen naturtheologischen Zeitgenossen nicht mit der Absicht verbunden, damit die göttliche Erstursache zu beweisen.

Darwin und Aristoteles Bei der Verwendung des Zweckbegriffs zum Verständnis von Lebewesen sind zwei Aspekte voneinander zu unterscheiden, einmal die Erforschung der Zweckmäßigkeit oder Funktion von Merkmalen (Organen, physiologischen Prozeßen u. a.) eines Organismus für dessen Erhaltung, Lebensvollzug und Wohlbefinden, zum anderen die Erklärung der Entstehung dieser Zweckmäßigkeit. Ersteres ist keineswegs «steril», wie Bacon behauptet, sondern eine unverzichtbare Voraussetzung für das Verständnis lebendiger Organismen. Hier ist Aristoteles auch im 21. Jahrhundert nach wie vor aktuell. Beim zweiten Aspekt, der Erklärung der Entstehung von Zweckmäßigkeit, ist dies nicht mehr der Fall. Aristoteles nahm hierfür einen eigenen Ursachentyp, die Zweckursache (*causa finalis*) an, die naturimmanent wirkt. Diese

darf nicht mit dem Schöpfergott der christlichen Tradition gleichge-
setzt werden. Auch ist Aristoteles' Zufallsbegriff ein anderer als der
Darwins (Engels 2007).

Darwin zeigt, wie die Zweckmäßigkeit im Lebendigen ohne die
Annahme naturimmanenter, spezieller Finalursachen erklärbar wird.
Es ist jedoch davon auszugehen, daß er keine Kenntnis von Aristoteles' Lehre der vier Ursachen und seiner Teleologiekonzeption aus
erster Hand, wenn überhaupt, hatte. Daher tritt er auch nicht explizit als dessen Kritiker auf. Dennoch vollzieht er gegenüber dem
Aristotelischen Ansatz in mehrfachem Sinne einen Paradigmen-
wechsel. Anders als Darwin ging Aristoteles neben der Zweckursache als einer eigenen Ursachenart auch noch von der Ewigkeit und
Konstanz der Arten aus.

Zwar gehörte Aristoteles zu denjenigen Autoren, deren Lektüre
sich Darwin bereits 1838 vorgenommen hatte. Er wollte ihn lesen,
um zu sehen, ob irgendeine seiner eigenen Ansichten «sehr alt» wäre
(Darwins Liste der zu lesenden Bücher in Barrett et al. 1987, 325).
Offensichtlich blieb es jedoch bei diesem Vorsatz. Wie aus Darwins
Brief an J.A. Crawley vom 12. Februar 1879 hervorgeht, muss Crawley Darwin um Auskunft über Aristoteles gebeten haben. Darwin
antwortet, daß er keine Informationen geben könne; er müsse «zu
seiner Schande» gestehen, daß er die Werke des Aristoteles nie gelesen habe, daß er aber von Auszügen her zu urteilen, die er gesehen
habe, uneingeschränkten Respekt vor Aristoteles als einem der größten, wenn nicht dem größten Beobachter habe, der jemals existierte.
Schließlich gibt es wenige Monate vor Darwins Tod zwischen William Ogle und Darwin eine Korrespondenz über Aristoteles. Mit
Brief vom 17. Januar 1882 sendet Ogle Darwin ein Exemplar seiner
englischen Übersetzung von Aristoteles' *De Partibus Animalium*.
In seinem Schreiben bringt Ogle einen gewissen Stolz darüber zum
Ausdruck, daß er den «Vater der Naturforscher» seinem «großen
modernen Nachfolger» vorstellt. Ogle malt sich aus, wie sich eine
persönliche Begegnung zwischen Aristoteles und Darwin wohl gestalten würde. In Briefen vom 17. Januar 1882 und vom 22. Februar
1882 bedankt sich Darwin bei Ogle für dessen Übersetzung mit der
von ihm verfaßten Einleitung. Linné und Cuvier, seine beiden Götter, seien «gegen den alten Aristoteles nur Schuljungen gewesen».
Gleichwohl äußert Darwin seine Verwunderung über Aristoteles'
Unwissenheit in einigen Punkten (LL III, 252). Schließlich ist noch

Darwins erste Fußnote aus dem *Historical Sketch of the Progress of Opinion on the Origin of Species* zu erwähnen, die seit der 4. Auflage von *Origin* 1866 – in der 3. Aufl. ist sie noch nicht enthalten – hinzugefügt ist. Darwin bezieht sich hier auf eine Passage aus Aristoteles' *Physik* II 8 (198b23–31), wo dieser die Position des Empedokles referiert, scheint aber – möglicherweise durch ein Mißverständnis in der Korrespondenz mit C. J. Greece – anzunehmen, daß dies Aristoteles' eigene Position ist und das Prinzip der natürlichen Selektion hier seine Schatten vorauswerfe (vgl. auch Byl 1973). Doch wie wenig Aristoteles dieses Prinzip verstanden habe, fährt er fort, zeigten seine Bemerkungen über die Zähne. Die deutschen Übersetzer von *Origin*, J. Victor Carus wie auch Carl W. Neumann, haben kommentarlos Darwins Text abgeändert: «Aristoteles führt in den ‹Physicae auscultationes› (Buch 2, Cap. 8) die Ansicht des Empedokles an, dass …» (Darwin 1992, 1). Empedokles wurde in der Literatur auch als «Darwin der Griechen» bezeichnet (Sentz 1877).

Kant, Whewell und Darwin   Kant hat das Teleologieproblem zentral in seiner *Kritik der teleologischen Urteilskraft* (1790) abgehandelt. Nach ihm haben wir zur Erklärung von Gegenständen der Natur so weit wie möglich deren Kausalverbindungen, ihre «wirkenden Ursachen» und mechanischen Gesetzmäßigkeiten aufzuspüren. Nun gibt es aber besondere Naturobjekte, von denen wir uns nicht einmal eine Vorstellung, einen Begriff machen könnten, wenn wir Zweck-Mittel-Beziehungen nicht als Beurteilungsprinzip dieser Objekte voraussetzen würden. Dies sind lebende Organismen, die Kant auch als «Naturzwecke» bezeichnet. *«Ein organisirtes Product der Natur ist das, in welchem alles Zweck und wechselseitig auch Mittel ist.* Nichts in ihm ist umsonst, zwecklos, oder einem blinden Naturmechanism zuzuschreiben.» (Kant 1968, 376 (296)). Der Begriff eines Gegenstandes als Naturzweck ist für Kant ein regulatives Prinzip der reflektierenden Urteilskraft, kein konstitutives Prinzip. Er dient als «Leitfaden» zum Verständnis von Organismen. Während bei einem Kunstgegenstand oder einem Gegenstand der Technik der vom Menschen gesetzte Zweck, die Idee des Ganzen, Form und Beziehung der Teile untereinander bestimmt und damit Ursache und Konstruktionsprinzip des Ganzen ist, können wir in der Natur nicht von einer derartigen Ursache ausgehen. Wenn wir bei der Erforschung von Organismen zunächst einmal als Einstiegshypothese voraussetzen, daß an diesen «nichts umsonst» ist, wir sie also so beurteilen, als seien sie zweckmäßig organisiert, können wir die Funktionen der Organe und Teile aufspüren und damit auch zum Verständnis ihrer Struktur gelangen. Der Zweckbegriff ist hier also kein Realgrund, sondern ein «Erkenntnisgrund» (Kant 1968, 373 (291)). Dies bedeutet nicht, daß sich bei näherer Untersuchung tatsächlich jedes Detail als zweckmäßig erweisen muß. Als heuristische Leithypothese ist diese Annahme zur Verfolgung bestimmter Fragen jedoch unumgänglich. Nun gibt es eine Stelle in der *Kritik der Urteilskraft*, die unter dem Stichwort «Newton des Grashalms» eine lange und andauernde Diskussion ausgelöst hat. Einige von Kants Bemerkungen geben Anlaß zu der Deutung, daß er nicht nur die Bildung des *Begriffs* eines Organismus von teleologischem Denken abhängig macht, sondern daß er darüber hinaus die *Erklärbarkeit* von Organismen nach rein wirkkausalen Mechanismen prinzipiell bestreitet. Man könne «dreist sagen»: «Es ist für Menschen ungereimt, auch nur einen solchen Anschlag zu fassen, oder zu hoffen, daß noch etwa dereinst ein Newton aufstehen könne, der auch nur die Erzeugung eines Grashalms nach Naturgesetzen, *die keine Absicht geordnet hat*, begreiflich machen werde; sondern man muß diese Einsicht den Menschen schlechterdings absprechen.» (Kant 1968, 400 (337 f.)). Daß Kant dies für unmöglich hält, hängt mit der besonderen Beschaffenheit des menschlichen Verstandes (diskursiv statt urbildlich) zusammen, doch auch damit, daß die damals bekannten Gesetze, die der klassischen Mechanik, tatsächlich nicht zur Erklärung der Besonderheiten des Lebendigen ausreichen. Möglicherweise hätte Kant einen «Darwin des Grashalms» akzeptieren können. Bereits für seine Zeitgenossen war Darwin «dieser unmögliche Newton» (Haeckel 1902 I, 95), der «Newton der Naturgeschichte» (Wallace 1891, 9), da es ihm gelungen war, die Entstehung von Anpassung, also Zweckmäßigkeit, ohne die Inanspruchnahme spezieller Finalursachen zu erklären.

Der Kantianer Whewell möchte dem Zweckbegriff im Sinne von Kants Definition des Naturzwecks, die er im Abschnitt «Die Lehre von den Zweckursachen» seiner *Geschichte der induktiven Wissenschaften* zitiert, einen festen Platz in der wissenschaftlichen Forschung garantieren. Obwohl er Anhänger Bacons ist, weist er dessen These von der Sterilität teleologischen Denkens für den Bereich des Lebendigen zurück und hebt auch am Beispiel Cuviers dessen besondere Leistung in der Anwendung einer teleologischen Perspektive bei der Aufdeckung solcher Zweck-Mittel-Zusammenhänge hervor (Whewell 1837b III, 471). Kants Ansatz wird von Whewell anläßlich der Auseinandersetzung zwischen Cuvier und Geoffroy Saint Hilaire um die Rolle teleologischen Denkens in der Biologie positiv aufgegriffen. Der Naturtheologe Whewell möchte zudem zeigen, daß selbst jene, die wie Kant einen physikotheologischen Gottesbeweis für unmöglich halten, dennoch den Zweckbegriff als notwendigen Leitfaden für das Studium von Organismen voraussetzen (468 ff.). Die Lehre vom Blutkreislauf konnte nur unter der vorausgesetzten Annahme entwickelt werden, daß der Zirkulationsapparat einen Zweck erfülle. Die vergleichende Anatomie entstand als Studium der Anpassung der Strukturen eines Organismus an die von ihnen zu erfüllenden Funktionen, ihren Zweck. Finalursachen in *diesem* Sinne sind nach Whewell ein unverzichtbares Element der «zoologischen Philosophie». Der Zweckbegriff ist dabei unser «Masterprinzip», der «goldene Faden» bei der Erforschung von Organismen. Whewell argumentiert hier wissenschaftstheoretisch. Er will hervorheben, daß die Biologie als Wissenschaft nicht auf den Zweckbegriff verzichten kann.

Darwin, der Whewells Abschnitt «Die Lehre von den Zweckursachen» liest, kommentiert am Rand das Kant-Zitat mit den Worten, daß all diese Auffassungen hinfällig würden, «wenn wir Tiere aus meiner Sichtweise betrachten» (Marg. 868). Dabei hätte er Kants und Whewells Verständnis vom Organismus sehr wohl unterschreiben können. Sein Ausgangspunkt sind ja gerade Organismen als zweckmäßig strukturierte Ganzheiten, die durch ihre jeweilige Organisation an ihre Lebensbedingungen angepaßt sind. Wogegen sich Darwin hier wendet, ist der im Zitat scheinbar zum Ausdruck kommende Anspruch einer perfekten Zweckmäßigkeit, in organisierten Wesen sei «nichts umsonst», es geschehe «nichts von ungefähr». Bei Kant ist dies jedoch nur im Sinne eines heuristischen Leitfadens zu verstehen. Zudem ertappen wir auch den jungen Darwin bisweilen dabei, eine «perfekte Anpassung» anzunehmen.

3.3 Entstehung von Arten und Anpassungen

Darwin sammelt unentwegt Bausteine für eine Theorie, welche die Entstehung von Arten und Anpassungen mit Hilfe von Naturgesetzen erklären kann. Er wendet sich hier nicht nur gegen die biblische Schöpfungsidee, sondern geht auch über den evolutionären Ansatz von Lamarck hinaus und betont, daß sich «seine Theorie sehr von der Lamarcks unterscheidet» (B 214). Wie Lamarck ist auch Darwin an den Mechanismen des Artenwandels interessiert, doch lehnt er dessen Idee, daß sich neue Organe in Anpassung an veränderte Umweltbedingungen durch einen «inneren Trieb» des Tieres herausbilden, als «absurd» ab. Angesichts dessen, was von Buch, Humboldt, E. Geoffroy Saint-Hilaire und Lamarck bereits geschrieben haben, beansprucht er für seine Ideen jedoch keine «Originalität», obwohl er unabhängig dazu gelangt sei (D 69). Gleichwohl zeigt sich bereits in der frühen Phase der Theorieentstehung, *vor* der Entdeckung des Mechanismus der natürlichen Selektion und seiner Funktionsweise, das innovative Element bei Darwin gegenüber diesen anderen Ansätzen. Darwin erkennt, daß die Kombination der verschiedenen Elemente, die er bereits in seinen Notizbüchern thematisiert, wie Fortpflanzung, unbegrenzte Variation, Distribution, geographische und reproduktive Isolation, Barrierenbildung, repräsentative Arten, Divergenz, Aussterben u. a. in Verbindung stehen und in einer Theorie des Artenwandels in einen systematischen Zusammenhang zu bringen sind (de Beer 1963, 95 f.; vgl. auch Kohn in Barrett et al. 1987, 238). Bei einigen dieser Elemente zeigt sich der unmittelbare Einfluß von Darwins Reiseerfahrungen. Obwohl er keine Originalität beansprucht, spricht er bereits in den *Notizbüchern B* und *C* wiederholt von «my theory», noch bevor er den Mechanismus der natürlichen Selektion durch den «struggle for life» entdeckt. Er ahnt, daß seine Theorie der vergleichenden Anatomie rezenter und fossiler Lebewesen, der Instinktforschung und anderen Forschungszweigen, ja der gesamten Philosophie «Würze» verleihen würde (B 228). Darwin zieht in Erwägung, daß Säugetiere und Fische gemeinsame Vorfahren haben (B 97) und daß die vorwiegend an ihr jeweiliges Element (Wasser, Erde, Luft) angepaßten Klassen von Lebewesen in einem geringen Grade auch an die anderen Elemente angepaßt sind (B 45). Fast klingt es, als hätte er hier bereits den heutigen Gedanken der Exaptation vorweggenommen, d. h. die Idee, daß Strukturen beim Wechsel in neue Umgebungen zusätzliche Funktionen zu ihren ursprünglichen Funktionen erfüllen können. Organismen verfügen also über Redundanzspielräume, die die Grundlage für neue Anpassungen bilden können. Darwin beschreibt auch bereits das Aussterben von Arten durch mangelnde Anpassung an die Lebensbedingungen sowie den Reproduktionserfolg durch eine günstige Ausstattung unter den jeweiligen Umständen. Auch die Notwendigkeit der Isolation von Varietäten im Anpassungsprozeß an ihre Umwelt wird thematisiert (B 37 f.; C 152). Mit Hilfe seiner Theorie vermag er auch eine «große offensichtliche Anomalie in der Natur» zu erklären, die Sterilität von Hybriden, wie des Maulesels (C 135 f.). In dem von Darwin eröffneten Denkrahmen stellen sich viele neue Fragen wie die nach der Beziehung zwischen Anpassung und Vererbung, Artenwandel und Artkonstanz, evolutionärem Wandel und Kontinuität. Obwohl er den Einfluß seines Großvaters herunterspielt und sich teilweise kritisch über dessen *Zoonomia* äußert, zeigt *Notebook B*, daß ihn dessen Gedanken über die Fortpflanzung inspirieren. Der Beginn seines *Notebooks B* ist sogar mit *Zoonomia* überschrieben und beginnt mit der Eintragung über die Existenz zweier Fortpflanzungsweisen, der geschlechtlichen und ungeschlechtlichen. Darwin sucht hier nach den Mechanismen der Anpassung und zieht die Fortpflanzung «als Mittel der Variation oder Anpassung … an eine sich *verändernde* Welt» (B 3, B 4) in Erwägung.

In *Notebook B* spekuliert Darwin bei der Frage nach den Gesetzen des Lebens zunächst mit dem Gedanken, daß sich komplexere Organismen aus «Monaden», d. h. elementaren «lebenden Atomen» entwickeln, die nach bestimmten Gesetzen fortwährend entstehen (hierzu Gruber, Barrett 1974, Kap. 7; vgl. auch Ruse 1996). Diese Hypothese verfolgt er jedoch nur wenige Monate und setzt in seinen Überlegungen dann bei bereits existierenden komplexen Lebensformen, Varietäten und Arten an. Später hebt er wiederholt hervor, daß er über den Beginn des Lebens als solches keinerlei Aussagen mache.

Besondere Beachtung verdienen auch Darwins Diagramme, mit denen er seine Idee der Artentstehung in seinem ersten *Notebook* visualisiert (Gruber, Barrett 1974, 141 ff., Gruber 1987; Voss 2003, 2007; Bredekamp 2005). Sie zeigen, wie er seine Theorie in lebendiger Auseinandersetzung mit und in Abgrenzung von bisherigen

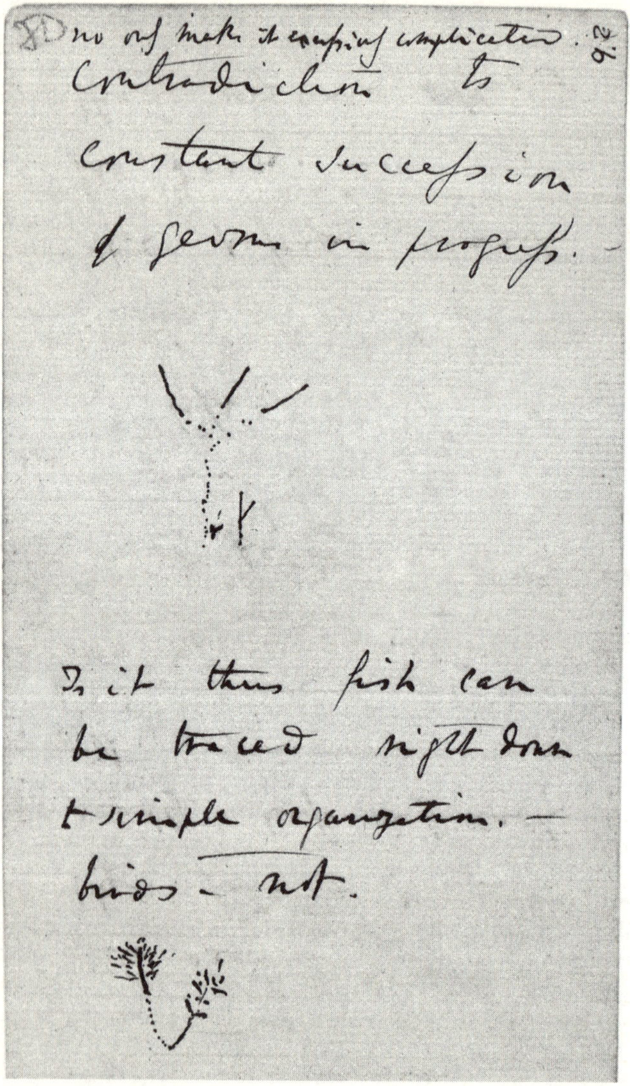

Abb. 4: Darwins Korallenskizzen zur Veranschaulichung fehlender Übergangsformen

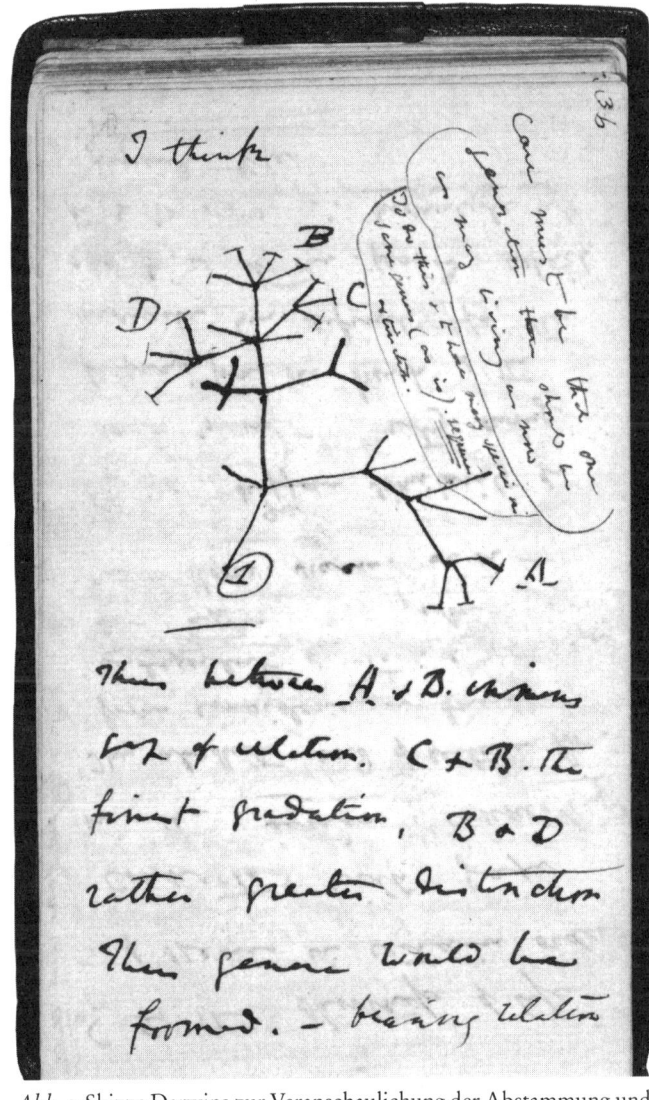

Abb. 5: Skizze Darwins zur Veranschaulichung der Abstammung und Divergenz von Arten

Modellen der Artentstehung und der naturphilosophischen Tradition herausbildet. Dort sind vor allem die Metaphern der Stufenleiter der Natur, der Kette der Wesen und des Baumes geläufig. Bereits im Laufe des 18. Jahrhunderts führten die in der Natur entdeckten Lücken zu einer Verzeitlichung der Kette der Lebewesen. Gegen Ende des 18. Jahrhunderts war die Idee der Kette verblaßt und im 19. Jahrhundert der Ausdruck nur noch eine *façon de parler* (Lovejoy 1964; Gillispie 1996, 18).

Zur Veranschaulichung seiner Idee der Evolution verwendet Darwin gern die Metapher vom Baum des Lebens und bedient sich auch in seiner Auseinandersetzung mit den Zeitgenossen des Bildes der Verzweigung. Nur einmal zeichnet er ein anderes Bild, das der Koralle, in Form von zwei Skizzen. «Der Baum des Lebens sollte vielleicht als Koralle des Lebens bezeichnet werden, wobei das Fundament der Zweige tot ist» (B 25). (Abb. 4). Die drei durchgezogenen Linien in der ersten Skizze repräsentieren die lebenden Arten der drei Naturreiche der Luft, des Landes und des Wassers (B 23), während die ausgestorbenen, nur als Fossilien überlieferten Arten als Punktlinien dargestellt sind. Die dritte, von Darwin mit «I think» überschriebene Skizze (Abb. 5) veranschaulicht sein Bild von Evolution in Form von Verzweigungsarten, -richtungen und -abständen. Bemerkenswert ist, daß es sich hierbei nicht um ein Baummodell mit zentralem Stamm handelt, sondern um das Modell eines Gewächses, dessen Äste sich nach allen Richtungen hin verzweigen. Es ist also weder Stufenleiter, noch Baum, noch Kette. Auch sind die Abstände, Lücken zwischen den Genera unterschiedlich groß. Eine Symmetrie ist nicht auszumachen. Das Diagramm veranschaulicht die Anpassung der Lebensformen an wechselnde und jeweils unterschiedliche Lebensbedingungen (B 38). 1844 schreibt er an Hooker, der Himmel möge ihn vor «Lamarcks Unsinn einer ‹Fortschrittstendenz›» (*tendency to progression*) bewahren (CCD 3, 2). Soll damit auch die zweitausendjährige naturphilosophische Annahme einer Hierarchie unter den Lebewesen untergraben werden (vgl. Kap. III.4)? Bemerkenswert ist auch, daß Darwin hier von einem Gleichgewicht zwischen lebenden und ausgestorbenen Arten ausgeht (B 36, vgl. Gruber, Barrett 1974, 141 ff.). Dies ist ein Gedanke von Malthus, den Darwin übernimmt.

Thomas Robert Malthus Darwin war bei seiner Theoriebildung von dem britischen Geistlichen und Nationalökonomen Thomas R. Malthus beeinflußt. Am 28. September 1838 fiel es ihm bei der Lektüre von Malthus' *Essay über das Bevölkerungsgesetz* (6. Aufl. 1826) wie Schuppen von den Augen. Malthus war wiederum durch den deutschen Pfarrer, Mediziner und Bevölkerungsstatistiker Johann Peter Süßmilch (1707–1767) und dessen wegweisendes Werk *Die göttliche Ordnung* (1741) beeinflußt. Auch führt er Hume, Smith und einige andere als Vorläufer an. Malthus' Bevölkerungsprinzip besagt, daß die Zunahme der Nahrungsmittel nicht mit der Vermehrungsrate einer Bevölkerung Schritt halten kann, wenn diese nicht gehemmt wird. Während die Zunahme der Ressourcen einer *arithmetischen* Reihe (1,2,3,4,5,6 usw.) folgt, würde die Vermehrungsrate *geometrisch* (1,2,4,8,16,32 usw.) anwachsen (Malthus 1989 I, 15). Damit würde sich die Bevölkerung alle fünfundzwanzig Jahre verdoppeln, was zu einem krassen Mißverhältnis zwischen verfügbaren Lebensmitteln und der Anzahl der ernährungsbedürftigen Personen führen würde. Bisher halte sich die Bevölkerungsrate im großen und ganzen jedoch auf einem Niveau, das im Einklang mit den verfügbaren Subsistenzmitteln stehe. Malthus führt dies auf die konstante Wirkung eines *Naturgesetzes* zurück, das mit mehr oder weniger großer Kraft in jeder Gesellschaft wirksam ist und der Bevölkerungszunahme einen Riegel vorschiebt. Beim Menschen geschieht dies auf zwei verschiedene Weisen, durch Präventivkontrollen («*preventive checks*») und durch faktisch vorkommende, tatsächliche Hemmnisse («*positive checks*») (Malthus 1989 I, Kap. 2). Die Präventivkontrollen, zu denen Spätheirat und Enthaltsamkeit gehören, sind dem Menschen auf Grund seiner ihn auszeichnenden geistigen Fähigkeiten eigen. Zu den «tatsächlichen Hemmnissen» gehören Kriege, Exzesse, Epidemien und hohe Kindersterblichkeit. Malthus betrachtet dieses Bevölkerungsgesetz als ein von Gott eingerichtetes Naturgesetz, das mit Hilfe der Offenbarungsreligion und durch Naturerfahrung erkannt werden könne.

Marx' und Engels' Einwand, Darwin habe dieses von Malthus am Beispiel menschlicher Gesellschaften entwickelte Bevölkerungsgesetz auf die gesamte Natur übertragen und anschließend auf die Geschichte der Gesellschaft zurückprojiziert, ist unberechtigt. Malthus war zwar vorwiegend an der menschlichen Gesellschaft interessiert, doch sah er das Bevölkerungsgesetz in der «gesamten belebten Natur» wirksam und bezog sich dabei auf Benjamin Franklin (Malthus 1989 I, 10). Daß Marx Darwin sein *Kapital* widmen wollte, ist ein weiterer hartnäckiger Mythos (Colp 1982).

Darwin hat durch Malthus nicht die Idee der natürlichen Selektion selbst kennengelernt, sondern wurde durch ihn vielmehr auf die Idee gebracht, wie das Selektionskonzept auf die unter natürlichen Bedingungen existierenden Lebewesen anwendbar ist. Die Rolle der Selektion als Schlüssel zum Erfolg des Menschen bei der Züchtung nützlicher Tier- und Pflanzenrassen kannte er bereits durch die Pflanzen- und Tierzucht. Nach der Eröffnung seines ersten *Notizbuchs* 1837 begann er systematisch mit deren Erforschung und sammelte so viel wie möglich an Einzeldaten. Er las viel zum Thema, sprach und korrespondierte mit Pflanzen- und Tierzüchtern und verschickte Fragebogen. Doch nicht nur die künstliche Selektion lernte er auf diese Weise besser kennen, sondern er stieß bei seiner Lektüre auch auf die Selektion bei Tieren im «Naturzustand». In J. Sebrights Abhandlung von 1809, die Darwin las (C 133 f.), wird eine Analogie zwischen der Selektion bei domestizierten Tieren und solchen im Naturzustand gezogen (Sebright 1808 in Barrett et al. 1987, 279; Ruse 1975a, 1975b). Doch blieb es Darwin zunächst «ein Rätsel», wie das Selektionsprinzip auf Organismen im Naturzustand anwendbar sei (AE 119f., AD 124). Erst durch die Lektüre von Malthus kam ihm dieser Gedanke (Brief an Wallace, 6. April 1859, CCD 7, 279; Darwin in Barrett et al. 1987, 331). «Jetzt hatte ich endlich eine *Theorie, mit der ich arbeiten konnte.*» (AE 120, Hervorh. E.-M.E.).

In einem längeren Kommentar bezieht sich Darwin auf folgenden Satz von Malthus: «Es kann daher sicher behauptet werden, daß sich die Bevölkerung ohne Kontrolle alle 25 Jahre verdoppeln wird oder in einem geometrischen Verhältnis wächst.» (Malthus 1989 I, 12). Darwin läßt sich hierdurch inspirieren. Malthus liefert ihm das fehlende theoretische Element, das «missing link». Aus seiner Eintragung geht hervor, daß er von einem Gleichgewicht in der Natur ausgeht, das durch Tod und Geburt reguliert wird: »Bei jeder Spezies muß Jahr für Jahr im Durchschnitt dieselbe Anzahl getötet werden durch Falken, Kälte u. a. – selbst wenn eine Falkenart in der Anzahl abnimmt, muß sich dies sofort auf alles übrige auswirken. – Man kann sagen, daß es eine Kraft wie hunderttausend Keile (*wedges*) gibt, die versucht, jede angepaßte Struktur in die Lücken

des Naturhaushalts zu zwingen, oder eher Lücken zu bilden, indem
Schwächere herausgestoßen werden. ‹Die Zweckursache all dieses
Hineinzwingens (wedging) muß es sein, die geeignete Struktur aus-
zusortieren & sie an die Veränderung anzupassen.›» (D 135e). Darwin hat hier zum ersten Mal seine Annahme der natürlichen Selektion als Ursprung von Anpassung formuliert (Kohn in Barrett et
al. 1987, 376). Auf diese wedge-Metapher greift er auch später zurück, in seinem Sketch von 1842 (PM 10, 6) ebenso wie in Origin[1]
(PM 15, Kap. 3, 50).

Darwin formuliert seine neue Theorie unter Malthus' Einfluß –
«meine Malthusischen Ansichten» (E 136) – im Notizbuch E weiter
aus. Es sei ein «beautiful part» seiner Theorie, daß domestizierte
Rassen mit denselben Mitteln gemacht werden wie Arten (E 71).
Doch wirke die Natur «bei weitem perfekter und unendlich langsamer». Hier geht Darwin von einer Überlegenheit der Natur gegenüber der Kunst aus. Dies führt uns zum nächsten Abschnitt.

3.4 Zweckursachen als «Anomalie» –
Darwins Revolution in der Teleologie

Bemerkenswert ist Darwins Beschreibung der natürlichen Selektion
in der Sprache der Teleologie (final cause). In den Notizbüchern bedient er sich wiederholt noch sehr unbeschwert des Begriffs «Zweckursache» (final cause), indem er das Mittel der Fortpflanzung als
«Zweckursache des Lebens» bezeichnet (B 5, vgl. auch B 49, C 236).
Seine Theorie liefere die «große Zweckursache ‹Ich möchte nicht
nur Ursache sagen, sondern eine große Zweckursache …›» der zwei-
geschlechtlichen Vermehrung (E 48).

Während seiner Arbeit am Notizbuch E 1838/39 überprüft er die
philosophische Bedeutung seiner Theorie in seinem Abriß (Abstract) über J. Maccullochs Beweise und Illustrationen der Attribute
Gottes (1837). Dieser Abriß verdeutlicht unmißverständlich Darwins Abschied von der biblischen Lehre der Sonderschöpfung.
Doch will er «keine Gesetze leugnen. – Das ganze Universum ist
voll von Anpassungen.– aber diese sind, so glaube ich, nur die direkten Konsequenzen noch höherer Gesetze.– ich glaube dann nicht,
daß der Pappus [Haarkranz] irgendeines Samens DIREKT zum
Zweck des Transports erschaffen wurde. Er folgt aus irgendeinem
allgemeineren Gesetz.» (Mac 53ʳ) Gegen Macculloch hebt er die

Rolle von Naturgesetzen zur Erklärung von Anpassungsphänomenen hervor und nennt seine Theorie die «Theorie körnchengroßer Vorteile» (Mac 53^v). – Barrett 1987 transkribiert «gain», Barrett 1974, 416 «grain» of small advantages. Ich übernehme Barrett 1974, da Darwin an zahlreichen Stellen «grain» verwendet. Schon ein winzigkleiner Vorteil eines Individuums könne gegenüber einem anderen für den Selektionserfolg ausschlaggebend sein. Jede Anpassung sei die Überlebende von zehn, tausend Versuchen (Mac 58^v). («grain» in PM 10, 6 u. 180; Origin^1, PM 15, Kap. 14, 332; Origin^2, PM 16, Kap. 15, 428).

Darwin argumentiert hier wissenschaftstheoretisch mit der mangelnden Erklärungs- und Prognosekraft der Lehre der Sonderschöpfungen. Der Wille Gottes kommt für ihn als Erklärung dieser Phänomene nicht in Frage, weil eine solche Erklärung nicht den Charakter eines physikalischen Gesetzes habe. Sie erlaube keine Vorhersage. Da wir über Gottes Willen nichts wissen, nicht wie er wirkt, ob konstant oder unbeständig wie der des Menschen, sind derartige Erklärungen «höchst nutzlos» (Mac 55^r). Wir ziehen den Schöpfer auf das Niveau seiner schwachen Geschöpfe herab, wenn wir bei allem Zweckmäßigen in der Natur seine direkte Wirkung anstelle von Naturgesetzen zugrunde legen. Darwin geht hier noch von der Idee einer «perfekten Anpassung von Lebewesen an alle Situationen» aus, «wo sie in Übereinstimmung mit bestimmten Gesetzen leben können», eine Anpassung, die er mit seiner Theorie erklären könne (Mac 54^r, E 57). In seinem Kommentar zu Macculloch notiert er nun, daß seine Verwendung des Begriffs «Finalursache» eine «Anomalie» darstelle, und er ermahnt sich, dies zu bedenken, «diese unfruchtbaren Jungfrauen» (*barren Virgins*) zu bedenken (Mac 58^r).

Wie ist Darwins Warnung nun im Hinblick auf sein Verständnis von der Rolle Gottes in der Natur zu deuten? Aus dem jeweiligen Kontext der Begriffsverwendung geht hervor, daß er unter «final cause» die biologische Rolle, Funktion oder Zweckmäßigkeit für die Anpassung versteht. Da er gleichzeitig der Auffassung ist, daß Gott nicht direkt in die Schöpfung eingreift, sondern durch Gesetze wirkt (B 98), könnte man geneigt sein, anzunehmen, daß Darwin mit dem Begriff «Zweckursache» die Idee verbindet, daß Gott mittels seiner Gesetze seinen Plan verfolgt. Dann wäre das *«argument from design»* mit der Annahme von Naturgesetzen vereinbar.

Diese Lesart ist jedoch versperrt: Darwins *Abstract* über Macculloch ist in seiner wissenschafts- und geistesgeschichtlichen Bedeutung kaum zu überschätzen. Darwin verabschiedet sich hier nicht nur von der biblischen Form der Naturtheologie, sondern implizit auch von ihrer Gesetzesvariante. Dies wird erst auf den zweiten Blick deutlich, weil er hier und auch später noch «den Schöpfer» erwähnt. Vielleicht ist ihm die revolutionäre Bedeutung seiner Notiz selbst nicht einmal bewußt. Doch trifft sein wissenschaftstheoretischer Einwand, daß der Rückgriff auf Gottes Willen keine Erklärungen und Prognosen erlaube, auch die Gesetzesvariante der Naturtheologie. Da wir nicht wissen, ob Gottes Wille beständig oder unbeständig (!) wie der des Menschen ist (Mac 55^r), können wir letztlich auch seine Gesetze nicht kennen. Darwins spektakuläre Eintragung ist Ausdruck seines beginnenden Agnostizismus, welcher die Verwendung des Begriffs «Zweckursache» zur Anomalie werden läßt. Seine Revolution ist vor allem eine solche in den philosophischen Grundlagen der Biologie. In der Naturforschung ist Darwins Rede vom Schöpfer und von Finalursachen nur noch eine *façon de parler*. Dennoch nimmt er Attribute des Schöpfers mit in das neue Paradigma: Die Idee der *perfekten Anpassung* setzt den allmächtigen, allweisen und allgütigen Schöpfer voraus. Perfekte Anpassung stellt uns jedoch vor ein biologisches Problem: Die natürliche Selektion hat keinen Angriffspunkt, wenn Organismen perfekt an ihre Umgebung angepaßt sind. Doch weiß Darwin um die Probleme perfekter Anpassung, wie sein Kommentar zu Henslow zeigt (Marg. 369), und geht später von einer relativen Anpassung aus (vgl. Ospovat 1979, 1981). Dabei übt das naturtheologische Paradigma auf ihn jedoch noch stillschweigend seine Wirkung aus (Descent^2 I, PM 21, Kap. 2, 65).

3.5 Vererbung individuell erworbener Eigenschaften

Für Darwins Theorie des Artenwandels ist es unverzichtbar, daß Merkmale und Merkmalsänderungen von einer auf die nächste Generation übertragen werden können. Er sammelt unzählige Details hierzu und sucht nach Hinweisen, um die Annahme der Vererbung bei Pflanze, Tier und Mensch zu erhärten. Daher thematisiert er Vererbung in den verschiedensten Kontexten und mit Bezug auf die unterschiedlichsten körperlichen, geistigen und charakterlichen Merkmale und Vermögen sowie beim Verhalten.

Unter Darwins Ansätzen zur Erklärung der Variation nimmt die

Theorie der Vererbung individuell erworbener Eigenschaften einen wichtigen Stellenwert ein. Sie wird immer mit dem Namen Lamarck in Verbindung gebracht, war aber zu Darwins Zeiten weitverbreitet und hielt sich auch nach der Entdeckung und Veröffentlichung der Vererbungsgesetze durch Mendel 1866 bis in das 20. Jahrhundert hinein. Während Darwin die Hypothese der Anpassung durch einen inneren Willen und den Progressionismus Lamarcks ablehnt, gehört die Theorie der Vererbung individuell erworbener Eigenschaften von Anfang an zu seiner Theorie und ist bis zum Schluß eines ihrer zentralen Elemente. Er versucht, sie beim Menschen auch an Krankheiten und mentalen Funktionen zu überprüfen. Vor allem die Frage der Vererbbarkeit von *Gewohnheiten* ist für ihn von besonderer Relevanz (N 63), denn sie berührt auch das Verhältnis von Intelligenz und Instinkt, das ihn in *Descent* beschäftigt. Zur Erklärung der Fixierung von Merkmalen und Merkmalsänderungen stützt er sich auf das Gesetz des Zoologen William Yarrell («*Yarrell's law*»). Es besagt, daß ein Merkmal umso fester in einer Varietät verankert wird, je länger diese es besitzt oder je größer die Anzahl der Generationen ist, durch die hindurch es erhalten bleibt. Da Darwin annimmt, daß die Trägersubstanz für Merkmale im Blut ist, faßt er Yarrell's Gesetz in die Worte: «Was lange im Blut gewesen ist, wird dort bleiben, und umgekehrt.» (D 13; vgl. Kohn in Barrett et al., 238 und Ospovat 1981, 46 mit der dort angegebenen Literatur).

3.6 Evolutionäre Kontinuität und Ähnlichkeit von Tier und Mensch

Bereits Darwins *Notizbücher* über den Artenwandel (*transmutation of species*) enthalten Eintragungen über die Stellung des Menschen im Verhältnis zu anderen Lebewesen. Darwin legt hier den Grundstein für seine *evolutionäre Anthropologie* (Kap. IV, V) und vertritt dezidiert den Standpunkt einer evolutionären Kontinuität, eines verwandtschaftlichen Zusammenhangs von Tier und Mensch, der ihm gleichzeitig als Grundlage für eine *Kritik am Anthropozentrismus* und der *menschlichen Arroganz* dient. Er relativiert die Position des Menschen als höchstem Lebewesen, indem er diesen Anspruch auf die Verabsolutierung seiner Vermögen durch ihn selbst zurückführt. Dagegen stellt er die Gemeinsamkeiten von Mensch und Tier auch hinsichtlich ihres Ausdrucksvermögens in den Vordergrund. Die folgenden Notizen sprechen für sich:

«Es ist absurd zu sagen, daß ein Tier höher als ein anderes steht. – *Wir* betrachten jene, deren Gehirnstrukturen, intellektuelle Fähigkeiten, am weitesten entwickelt sind, als höchste. – Eine Biene würde es zweifellos tun, wenn die Instinkte es wären.» (B 74). Darwin schreibt hier die Worte «Hirnstrukturen» und «intellektuelle Fähigkeiten» übereinander und verbindet sie durch eine Klammer.

«Wenn alle Menschen tot wären, wären die Affen Menschen – die Menschen wären Engel.» (B 169)

«In seiner Arroganz hält sich der Mensch für ein großes Werk, das des Eingreifens Gottes würdig ist, bescheidener & ich glaube zutreffend ist die Annahme, daß er aus Tieren hervorgebracht wurde.» (C 196)

«Die Affen verstehen die Verwandtschaft des Menschen besser als der prahlerische Philosoph selbst.» (M 138)

«Unsere Abstammung ist also der Ursprung unserer bösen Leidenschaften!! – Der Teufel in Gestalt des Pavians ist unser Großvater! –» (M 123)

«Welche Bedingungen mögen für die Entstehung des Menschen notwendig gewesen sein! … der Mensch … hätte vielleicht nicht gelebt, wenn bestimmte andere Tiere leben würden, die ausgestorben sind.» (C 78 f.; vgl. auch E 68)

«Der Mensch soll den domestizierten Orang Utan besichtigen, sein ausdrucksstarkes Wimmern hören, seine Intelligenz betrachten, wenn man ihn anspricht, als ob er jedes Wort verstünde – seine Zuneigung zu denjenigen, die er kennt. – seht seine Leidenschaft & seinen Zorn, seine Launen & Verzweiflungstaten …» (C 79).

Zur Untermauerung seiner Kontinuitätsannahme nennt Darwin Herschel als Gewährsmann und wendet dessen von Bacon übernommene Instanzenlehre auf seine Überlegungen an. «Vom Menschen auf Tiere zu schließen ist philosophisch.» (N 49). Dabei stützt er sich auf die von Herschel angeführten «travelling instances» («Instanzen des Fortschreitens, der Gliederung», Bacon 1974, 185) und die «frontier instances» (Grenzeigenschaften). Anhand dieser können wir nach Herschel das allgemeine Gesetz aufspüren, «das die gesamte Natur zu durchdringen scheint», das Kontinuitätsgesetz, das in dem bekannten Satz «Die Natur macht keine Sprünge» ausgedrückt wird. «Die Verfolgung dieses Gesetzes in Fällen, wo seine

Anwendung nicht auf den ersten Blick offensichtlich ist, hat sich als fruchtbare Quelle von Entdeckungen in der Natur erwiesen und uns zu einer Kenntnis der Analogie und engen Verbindung von Phänomenen geführt, zwischen denen wir auf den ersten Blick nie eine vermutet hätten.» (Herschel 1831, 188). Grenzeigenschaften sind «solche, wie wir sie an Körpern finden, die aus zweierlei Beschaffenheiten zusammengesetzt, oder Mittelstücke zwischen der einen oder andern zu sein scheinen». Als ein Beispiel dieser raren und außergewöhnlichen Phänomene nennt Bacon die Affen (1974, 152). In *Origin* greift Darwin explizit auf das Kontinuitätsprinzip zurück und verzeitlicht es (Kap. III.3).

3.7 Darwins Rezeption philosophischer Positionen

Darwin macht die Annahme eines Evolutionszusammenhangs von Mensch und Tier zur Grundlage seiner Kritik an bestimmten philosophischen Positionen. Hierzu gehört Platon mit seiner Lehre von den angeborenen Ideen ebenso wie Locke mit seinem Bild vom Menschen als *tabula rasa*. Weder die Erfahrung der Seele in ihrer Präexistenz noch die individuelle Erfahrung des einzelnen erkennenden Subjekts stellen für ihn ein angemessenes Fundament für das Verständnis menschlichen Erkennens dar. Vielmehr sind diese Ansätze um eine abstammungsgeschichtliche Dimension zu erweitern: «Platon … sagt im Phaidon, dass unsere ‹notwendigen Ideen› aus der Präexistenz der Seele entstehen und nicht aus Erfahrung ableitbar sind. – Ersetze ‹Präexistenz› durch ‹Affen›.» (M 128) «Der Ursprung des Menschen ist nun bewiesen. – Die Metaphysik muß aufblühen. – Wer den Pavian versteht, würde mehr zur Metaphysik beitragen als Locke.» (M 84e). Hier wie auch an anderer Stelle deutet Darwin philosophische Positionen vor dem Hintergrund seines neuen Naturalismus (vgl. OUN 33; Engels 1989, 114f.).

Von besonderer Bedeutung für Darwins Denken ist die Philosophie des englisch-schottischen Empirismus, an erster Stelle David Hume (vgl. Huntley 1972; Ruse 1986; Hodge 1991). In Darwins *Notizbüchern* finden sich mehrfach Hinweise auf Humes erkenntnistheoretische und religionsphilosophische Schriften (N 101). In *Descent* kommt er auf das Thema der Entstehung von Religion und auf Humes Ethik zurück. Dort äußert er sich auch zur Funktion der Religion. Humes *Untersuchung über den menschlichen Verstand* hält er für «sehr lesenswert» und macht einige Auszüge (M 155; N 101). Auch Adam Smith wird verschiedentlich erwähnt, vor allem dessen Theorie der moralischen Gefühle.

Hume unterstreicht die kognitiven Ähnlichkeiten zwischen Mensch und Tier und ist in diesem Sinne ein wichtiger Vorläufer Darwins. Es ist anzunehmen, daß er Darwin mitbeeinflußt hat, obgleich sich dieser in *Descent* auf eine ganze Reihe von Naturforschern berufen kann, die sich aus ihren eigenen Beobachtungen und Überlegungen heraus zum Verhältnis von Intelligenz und Instinkt bei Tieren geäußert haben und für das Vorhandensein kognitiver Fähigkeiten bei Tieren argumentieren. Ohne das Wissen um Humes und Smiths Theorie des *moral sense* hätte Darwin den Verlauf der Evolution unserer moralischen und sozialen Fähigkeiten vermutlich anders konzeptualisiert.

Darwin bezieht sich auf die Abschnitte «Skeptische Zweifel in betreff der Verstandestätigkeiten», »Skeptische Lösung dieser Zweifel» und «Über die Vernunft der Tiere» aus Humes *Untersuchung über den menschlichen Verstand*. Ihr Gegenstand ist unser Denken in kausalen Zusammenhängen (Hume 2005, 36). Daß wir Ereignisse aufgrund früherer Erfahrungen vorhersagen können, es «eine Art prästabilisierter Harmonie zwischen dem Laufe der Natur und der Abfolge unserer Vorstellungen» (68) gibt, beruhe ausschließlich auf Gewohnheit oder Übung (*custom or habit*) (55). Dieses «Prinzip der menschlichen Natur» ist nach Hume für unsere Lebensbewältigung und Erhaltung der menschlichen Spezies notwendig (68 f.), so daß seine Ausübung nicht von der irrtumsanfälligen Vernunft, sondern von einem zuverlässigen Mechanismus zu erwarten ist. Zur zusätzlichen Bestätigung seiner Theorie verweist Hume auf die «übliche Weisheit der Natur», wie sie sich auch bei Tieren äußert. Gerade das Beispiel instinktgeleiteter Tiere eignet sich dazu, die Bedeutung solcher Mechanismen zu demonstrieren (124, 126). Hume versteht unter «Instinkt» im engeren Sinne ein Wissen, das Tiere nicht durch Beobachtung lernen, sondern «ursprünglich aus der Hand der Natur empfangen». Anhand von Beispielen zeigt er zusätzlich, daß Tiere wie der Mensch auch aus Erfahrung lernen und ableiten, daß gleiche Ereignisse aus den gleichen Ursachen folgen. Doch auch unsere menschliche, auf Erfahrung basierende Vernunfttätigkeit ist für Hume «eine Art von Instinkt oder mechanischer Kraft». Angeborene Instinkte und zur Gewohnheit gewordene Vernunfttätigkeit als Quasiinstinkt erfüllen dieselbe Funktion für die Lebenserhaltung, wenngleich ihr Ursprung ein anderer ist. Hier gibt es interessante Affinitäten mit Darwins Instinktverständnis (vgl. Kap. III.4, V.3). Diese «Weisheit der Natur» eröffne jenen, die ein Interesse an der «Entdeckung und Betrachtung von *Zweckursachen*» haben, ein weites Feld für Staunen und Bewunderung (68). Hume formuliert hier ein Forschungsprogramm, dessen Ausführung sich Darwin und die Evolutionäre Erkenntnistheorie des 20. Jahrhundert zum Ziel setzen.

Im *Notizbuch C* bezeichnet Darwin den Instinkt als «Gedächtnis, übertragen ohne Bewußtsein» (C 171). Auch verwendet er hierfür öfter den Ausdruck «erbliches Gedächtnis» (OUN 37, 38; vgl. heute zum «Artgedächtnis» Franck 1985, 81 f.). Humes Ansatz kommt Darwins Idee der evolutionären Kontinuität von Tier und Mensch und seiner Annahme «erblicher Gewohnheiten» entgegen, wenngleich Hume selbst noch keine evolutionäre Perspektive einnimmt.

Allerdings erschöpft sich Darwins Verständnis von der evolutionären Relevanz menschlichen Erkennens nicht in diesem Aspekt des Quasiinstinktiven. Vielmehr ist es die «freie Intelligenz» des Menschen, die dessen Besonderheit ausmacht. Auch Hume hat auf einen Aspekt des Mentalen aufmerksam gemacht, der über gewohnheitsmäßiges Schließen hinausgeht und für Darwins Ethik wichtig ist, die Bedeutung der Imagination (vgl. Kap. V.3.3).

3.8 Kognitive Leistungen als Hirnfunktionen

Darwins Bemerkungen zur Philosophie sind vor dem Hintergrund seines allgemeineren Interesses zu sehen, die Metaphysik (Erkenntnistheorie, Ethik u. a.) auf eine naturwissenschaftliche Grundlage zu stellen.

«Metaphysik wie eh und je zu studieren, kommt mir vor, als wolle man sich den Kopf über Astronomie zerbrechen, ohne die Mechanik zu berücksichtigen. – Die Erfahrung zeigt, daß das Problem des Geistes nicht gelöst werden kann, indem man die Festung selbst angreift. – Der Geist ist eine Körperfunktion. – Wir müssen ein *stabiles* Fundament schaffen, von dem aus argumentiert werden kann.» (N 5). Darwins Anspruch bezieht sich auch auf die Klärung der Beziehung zwischen Geist und Gehirn. In der Notiz N 5 zieht er eine

Parallele zwischen der Wissenschaft vom Geist und Erkennen und der Astronomie. Wie letztere erst durch die Berücksichtigung der Gesetze der Mechanik auf eine wissenschaftliche Basis gestellt wurden, so sind auch die Grundlagen des Geistes zu erforschen, der Körper und insbesondere das Gehirn. Das Rätsel des menschlichen Geistes wird nicht durch einen Angriff auf die Festung selbst lösbar sein, womit Darwin wohl die Metaphysik meint (vgl. Gruber, Barrett 1974, 362). Hierzu bedarf es vielmehr einer stabilen Ausgangsbasis für die Argumentation, welche er von den Naturwissenschaften erwartet.

Darwin geht es um eine Überwindung des Leib-Seele-Dualismus zugunsten der Vorstellung, daß der Geist eine Funktion des Körpers ist. «Warum ist das Denken, welches ein Gehirnsekret ist, wunderbarer als die Schwerkraft, die eine Eigenschaft der Materie ist? Es ist unsere Arroganz, unsere Selbstbewunderung [die uns dies glauben läßt]. –» (C 166). «Wie unverstehbar das Denken auch sein mag, es scheint doch ebenso eine Organfunktion zu sein wie die Galle eine Leberfunktion ist.» (OUN 37). In einer Randbemerkung zu Abercrombie (1838) charakterisiert Darwin seine Vorstellung näher. «Unter Materialismus verstehe ich nur die enge Verbindung zwischen der Art des Gedankens und der Form des Gehirns. — Wie die Art der Anziehung mit der Natur des Elements» (in Gruber, Barrett 1974, 201; Marg. 1). Auch die Liebe zu Gott ist für ihn eine «Wirkung der Organisation», und er fügt hinzu «oh Du Materialist!» (C 166; vgl. M 19).

Das Verständnis mentaler Leistungen als Hirnfunktionen ist hier naheliegend, weil Darwin Organe unter dem Aspekt ihrer überlebensrelevanten Funktionen betrachtet. Er drückt seine Annahme einer Beziehung zwischen Gehirn und Geist in Form einer Klammer aus (B 74). Allerdings trifft er keine Entscheidung beim Leib-Seele- bzw. Körper-Geist-Problem. Darwin ist sich der damit verbundenen Probleme bewußt, auch der Schwierigkeiten einer Identitätstheorie (OUN 39–42). Da der Begriff des Materialismus vorbelastet ist, ein breites Deutungsspektrum umfaßt und diese Fragen von Darwin nicht vertieft behandelt werden, sollte seine Position als Naturalismus bezeichnet werden (vgl. auch Manier 1978, 195).

Darwins Notizen zu Maccullochs *Proofs and Illustrations* (1837) verdeutlichen seine Betrachtung des Intellekts in dessen Anpassungsfunktion, die darin besteht, nach dem Prinzip von «trial and error» auf weitaus schnellerem Wege als die natürliche Selektion Anpassungen hervorzubringen. Darwin nimmt hier Poppers Gedanken einer Analogie zwischen der natürlichen Selektion und der Auslese von Ideen vorweg. «Das Denken & nicht der Tod verwirft die unvollkommenen Versuche.» (Mac 58ᵛ) Hier stellt er die Bedeutung der antizipatorischen Funktion des Denkens als probeweises Handeln in der Vorstellung für das Überleben heraus, welche darin besteht, daß der direkte Kontakt mit der Realität zunächst einmal aufgeschoben wird und mögliche lebensbedrohliche Konsequenzen unserer Handlungen in der Vorstellung durchgespielt werden können. Dies ist auch die kognitive Grundlage der Technik.

4. Abrisse der Theorie 1842, 1844 – Ein Großauftrag an Frau Emma Darwin

Darwins Skizze von 1842, bekannt als *Sketch of 1842*, wurde von Francis Darwin erst 1896 nach dem Tod seiner Mutter bei der Auflösung von Down-Haus gefunden. Darwin schrieb diesen Entwurf im Mai und Juni 1842 (Barrett Vol. Intr. PM 10, 5). Er erweiterte die 35seitige Skizze zu einem 230 Seiten langen Essay, den er 1844 fertigstellte. Beide wurden erst 1909 veröffentlicht. Darwin ist sich der Bedeutung seines *Essay* von 1844 bewußt, wie ein Brief an seine Frau vom 5. Juli 1844 zeigt. Er schreibt ihr, daß er gerade den Entwurf seiner «Speziestheorie» fertiggestellt habe. «Wenn, wie ich glaube, meine Theorie richtig ist und nur von einem einzigen kompetenten Beurteiler angenommen wird, wird dies ein beträchtlicher Schritt in der Wissenschaft sein.» (CCD 3, 43). *Sketch* (1842) und *Essay* (1844) stimmen im wesentlichen nicht nur inhaltlich, sondern auch in ihrer allgemeinen Grundstruktur untereinander und mit *Origin* überein. In beiden hat Darwin bereits den zentralen Mechanismus der natürlichen Selektion formuliert. Der Hintergrund, vor dem er argumentiert, ist die von ihm zu widerlegende Lehre der speziellen Schöpfung jeder einzelnen Art. Dieses Thema zieht sich wie ein roter Faden durch seine *Notizbücher*, frühen Entwürfe und das Werk *Origin*. Die Bedeutung der von Gott eingerichteten Naturgesetze, der «Sekundärmittel», wird hervorgehoben. Zur Unterstützung wird der Vergleich mit anderen Wissenschaften herangezogen, wo diese längst akzeptiert sind: «Was würde der Astronom dazu

sagen, daß die Planeten sich ‹nicht› nach dem Gesetz der Schwerkraft bewegen, sondern durch den Schöpfer, der mit seinem Willen
jeden einzelnen Planeten dazu zwingt, sich auf seiner speziellen
Bahn zu bewegen?» (PM 10, 17; ‹nicht› = Ergänzung durch Hrsg.).
Allerdings hat der Entwurf noch keine publikationsreife Form.
Daher bittet Darwin seine Frau, im Falle seines plötzlichen Todes
als seinen «feierlichsten und letzten Wunsch» gleich einem gesetz-
lich verbrieften Testament 400 £ für die Publikation zu verwenden
und diese entweder selbst oder durch ihren Bruder Hensleigh Wedgwood zu fördern. Mit dem Geld soll eine kompetente Person für die
Verbesserung und Erweiterung des Manuskripts bezahlt werden.
Emma Darwin möge dem potentiellen Herausgeber, wobei Darwin
schon einige Berühmtheiten im Auge hat, seine Notizzettel und die
mit seinen Randbemerkungen versehenen Bücher zur Naturgeschichte übergeben und ihm beim Entziffern seiner Handschrift
helfen. Auch ein möglicher erzielter Gewinn soll an den Herausgeber als Entlohnung für seine «langwierige Arbeit» gehen. Als mögliche Personen kann er sich – in dieser Reihenfolge – Lyell, Forbes,
Henslow, Hooker oder Strickland vorstellen, wobei Lyell mit
Hookers Hilfe der Beste wäre. Auch Owen wurde ursprünglich angeführt, «aber ich vermute, er würde sich auf solch eine Arbeit nicht
einlassen». Darwin strich seinen Namen daher wieder durch. Falls
die Suche nach einem guten Herausgeber an 100 £ scheitere, möge
Emma das Angebot bitte auf 500 £ erhöhen. Sollte sich kein Herausgeber finden, so möge Emma Darwin den Entwurf in der vorlie-
genden Form veröffentlichen mit der Anmerkung, daß er («vor
mehreren Jahren», wurde später hinzugefügt) aus dem Gedächtnis
niedergeschrieben wurde, ohne irgendwelche Werke zu Rate zu ziehen und ohne die Absicht einer Publikation in der gegenwärtigen
Form. Dieser Brief zeigt auch das große Vertrauen, das Darwin zu
seiner Frau hat, obwohl diese durch seine religiöse Skepsis beunruhigt ist. Diese Bitte beinhaltet nichts anderes als einen Großauftrag
für eine Edition, die leicht zur Lebensaufgabe hätte werden können
(CCD 3, 43 f.). Es wäre interessant, über die Konsequenzen zu spekulieren, die ein frühzeitiger Tod Darwins für die Wissenschaftsgeschichte und unser Natur- und Menschenbild gehabt hätte.

III. Die Entstehung der Arten

1. Darwins Wissenschaftstheorie

Darwins Theoriebildung und -überprüfung erfolgt von Anfang an im Lichte wissenschaftstheoretischer Reflexionen, die sein gesamtes Schaffen durchziehen. Er ist von Herschels Wissenschaftsphilosophie angetan (vgl. Kap. 1.2), so daß hier von einem direkten Einfluß auszugehen ist (Marg.; Notebooks; vgl. Ruse 1975a; Manier 1978; Hull 1995; Pulte 1995). Auch von Whewell, mit dem er persönlichen Kontakt pflegt, kennt er verschiedene Werke, darunter die *History of the Inductive Sciences* (1837). Dessen *Philosophy of the Inductive Sciences* (1840) setzt er unter Bezugnahme auf Herschels Rezension beider Werke auf seine Literaturliste «Books to be Read» (CCD 4, 446). Hier muß offen bleiben, ob er diesen Vorsatz realisiert hat. Herschel und Whewell heben die Bedeutung von Induktion *und* Deduktion für die wissenschaftliche Erkenntnisgewinnung hervor. Wissenschaft hat Naturgesetze unterschiedlicher Allgemeinheit zu entdecken und die «wahren Ursachen» (*verae causae*) der Dinge im Sinne Newtons aufzuspüren, d. h. Ursachen, «die in der Natur wirklich existieren und die keine reinen Hypothesen oder Hirngespinste sind» (Herschel 1831, 144). Für das Aufspüren solcher Ursachen ist nach Herschel die *Analogie* zentral. Wenn diese zwischen «zwei Phänomenen sehr nah und auffallend ist und die Ursache eines dieser Phänomene offensichtlich ist, ist es kaum möglich, die Wirkung einer analogen Ursache beim anderen Phänomen abzulehnen, obgleich diese für sich betrachtet nicht so offensichtlich ist.» (149). Sehen wir etwa, wie ein an einer Schnur befestigter Stein im Kreise herumgeschleudert wird und davonfliegt, wenn sie reißt, so ist für uns evident, daß die Kraft, welche den Stein zum Mittelpunkt richtet, die Spannung der Schnur war. «Wir nehmen hier die Ursache direkt wahr.» (149). Ebenso müssen wir annehmen, daß auch bei der Bewegung des Mondes um die Erde eine Kraft wirkt, die konstant auf das Zentrum gerichtet ist, so daß der Mond nicht davonfliegt, auch wenn diese Kraft kein materielles Band ist (149). In dieser Allgemeinheit ist Herschels Annahme jedoch fraglich, da zunächst einmal die Vergleichbarkeit zwischen Phänomenen sichergestellt werden muß, bevor auf die Gemeinsamkeit ihrer Ursachen geschlossen werden kann. Für den «context of discovery», den Entdeckungszusammenhang, können Analogieschlüsse jedoch sehr fruchtbar sein.

Kennzeichen eines wahren Naturgesetzes (*true statement of any law of nature*) ist es, daß die beobachteten Tatsachen, die mit ihm erklärt werden sollen, aus ihm als logische Konsequenz mit aller möglichen zeitlichen, örtlichen und quantitativen Präzision folgen (25). Ein wahres Naturgesetz muß also *Quantifizierbarkeit* und *Voraussagen* ermöglichen. Für Whewell besteht die Stärke einer wissenschaftlichen Theorie darüber hinaus in ihrer Möglichkeit, Phänomene aus ganz unterschiedlichen Tatsachenbereichen aus gemeinsamen «wahren Ursachen» zu erklären. Hierfür prägt er den Begriff «Übereinstimmung von Induktionen» (*consilience of inductions*) (Whewell 1840 II, 230). In solchen Fällen haben wir es mit den «best etablierten Theorien der Wissenschaftsgeschichte» zu tun. Sowohl die Analogie als auch die Idee der «Übereinstimmung der Induktionen» spielen in Darwins Forschungslogik nachweislich eine zentrale Rolle, obgleich er Whewells Terminus nicht verwendet, und der Begriff «vera causa» ist ihm geläufig (Origin[6], PM 16, 440). Darwin entwirft die natürliche Selektion in Analogie zur künstlichen Selektion und betont immer wieder die erklärende und integrative Kraft seiner Theorie.

Im engen Sinn ist mit einer *Voraussage* die Prognose zukünftiger Ereignisse gemeint. In einem weiteren Sinn ist dieser Begriff jedoch auch unabhängig von zeitlichen Verhältnissen anwendbar. Mit «Voraussage» kann auch der Schluß von Prämissen auf zu Erwartendes gemeint sein, auf bereits existierende Phänomene, die noch zu entdecken oder zu verifizieren sind. Ob die Voraussage zutrifft, ist durch Erfahrung, Induktion, zu entscheiden. Voraussetzung hierfür sind eine Theorie und entsprechende Randbedingungen. Beispiele sind die Voraussage des Vorhandenseins von Rudimenten in einem Organismus auf Grund seiner Abstammungsgeschichte, der Schluß auf die Funktion bestimmter Organe auf Grund ihrer Struktur und materiellen Beschaffenheit, der Schluß von einzelnen Knochenfunden auf den Organismus, dem sie entstammen, und von der Form eines Organismus auf seine Umwelt, in der er lebt. Diese Schlüsse nennt Ch. S. Peirce «Hypothesen», «Abduktionen» oder auch «Retroduktionen» (Peirce 1991; von Kempski 1952). Dieses Verfahren liegt auch bei Indizienbeweisen zugrunde, es ist die Methode von Sherlock Holmes (Sebeok, Umiker-Sebeok 1982).

Bereits in seinen *Notizbüchern* sieht Darwin den Vorteil der Entdeckung von Naturgesetzen in ihren Erklärungs-, Voraussage- und Systematisierungsmöglichkeiten (C 135, 138, 145, D 67 u.a.). Die von ihm durchgängig mit seiner Theorie verfolgte Strategie besteht darin, durch Induktion eine Hypothese zu bilden und diese anschließend auf andere Phänomene anzuwenden, um zu überprüfen, ob sie sich damit erklären lassen (D 117). Doch auch der erste Schritt, die Beobachtung vieler Einzelphänomene, erfolgt bei Darwin bereits im Lichte einer Fragestellung. In seiner Autobiographie schreibt er zwar, daß er beim Anlegen seines ersten *Notizbuchs* streng nach Baconschen Prinzipien vorgegangen sei und ohne jede Theorie möglichst umfassend Tatsachen zusammengetragen habe (AE 119, AD 124). Damit kann aber nur gemeint sein, daß er noch keine *spezielle* Hypothese über die Mechanismen des Artenwandels hatte, dessen Existenz er jedoch als Hypothese voraussetzte (Ghiselin 1969, 33). Darwin äußert sich kritisch über Naturforscher, die ihre Aufgabe nur darin sehen, «Kieselsteine zu zählen und Farben zu beschreiben» (CCD 9, 269). Für ihn kann niemand ein guter Beobachter sein, ohne ein aktiver Theoretisierer zu sein (F. Darwin in LL I, 149). Von seiner Weltreise mit ihrem Erfahrungsreichtum ist er mit großen Fragen zurückgekehrt, und die von ihm beobachteten Phänomene ließen sich nur erklären, wie er selbst schreibt, wenn man von der Annahme des Artenwandels ausging. Er sammelte also bereits im Lichte seiner Abstammungshypothese alles, was ihm für deren Untermauerung dienlich sein konnte. Bei der Lektüre von Whewell macht er sich die Notiz: «Alle Wissenschaft ist Vernunft, die nach Prinzipien vorgeht, systematisiert.» (N 14).

Darwins Forschungslogik, die sich in der Bildung, Untermauerung und Überprüfung seiner Theorie konkretisiert, ist ein beispielhaftes wissenschaftstheoretisches Lehrstück, das zugleich lebendige Wissenschaft im Vollzug darstellt. Induktive, abduktive, deduktive Verfahren sowie Intuition sind einzeln und in ihrer Verknüpfung unverzichtbar. In Übereinstimmung mit Herschels und Whewells Methodologie leitet Darwin nach Aufstellung seiner Theorie aus ihr Hypothesen ab, die er wiederum an der Erfahrung überprüft. Huxley identifiziert Darwins hypothetisch-deduktive Methode anerkennend als das von Mill in seinem «bewundernswerten Kapitel» über die «deduktive Methode» beschriebene Verfahren (Huxley [1860] 1968, 72). Darwin gibt auch an, welche Phänomene seine Theorie widerlegen (*annihilate*) würden (Origin[6], Kap. 6, 170) und wann sie «völlig zusammenbrechen» würde (*absolutely break down*) (154).

Er fordert, seine Theorie unter dem Aspekt ihres Lösungspotentials und ihrer Möglichkeit, Verbindungen von Fakten herzustellen, zu beurteilen (D 71). Sie hat eine größere Erklärungskraft als andere Ansätze. Für Darwins Zeitgenossen von Helmholtz besteht die Bedeutung dieses «wesentlich neuen schöpferischen Gedankens» nicht zuletzt darin, die Ergebnisse verschiedener Einzeldisziplinen, die bislang als «Anhäufung räthselhafter Wunderlichkeiten» schienen, in einen systematischen Zusammenhang bringen zu können (1968, 54). All dies dient dazu, Darwins Theorie zu bestätigen (*corroborate*) (Origin[6], Kap. 8, 243). Durch die historische Betrachtungsweise der Abstammungstheorie lassen sich systematische Probleme der Biologie lösen, indem die Erklärung des Werdens von Organismen das Verständnis ihrer Struktur eröffnet (Cassirer 1973, 177 ff.). Darüber hinaus gelingt es Darwin, bereits existierende Erfahrungen und Hypothesen, wie die der Variation, Selektion, des «struggle for existence», zu einer Theorie zu synthetisieren. Liest man Darwins historischen Abriß über seine zahlreichen Vorläufer am Anfang von *Origin*, fragt man sich zunächst, worauf sich Darwins Ruf als wissenschaftlicher Revolutionär begründet. Die Antwort ist, daß niemand vor ihm diese Einzelelemente in eine Gesamttheorie zu integrieren vermochte (vgl. auch de Beer 1963, 95). Deshalb sieht Ghiselin Darwins besondere Leistung auf methodologischem Gebiet. Darwin gab mit seiner Theorie zugleich den Anstoß zu zahlreichen neuen Forschungsprogrammen und interessanten Fragestellungen.

Er wendet die hypothetisch-deduktive Methode auch auf den Kreationismus an und zeigt, daß die aus ihm abzuleitenden Erwartungen nicht mit der Erfahrung übereinstimmen. Zudem lassen sich mit Hilfe seiner Theorie zahlreiche Phänomene erklären, die für die Lehre der Sonderschöpfungen Anomalien darstellen, d. h. für sie unerklärlich bleiben. Auch seinem Freund, dem renommierten amerikanischen Botaniker und Naturtheologen Asa Gray (1810–1888), beschreibt er diese methodologischen Vorzüge seiner Theorie (CCD 7, 445 f.).

Darwin hebt auch die Übereinstimmung seiner Theorie mit dem Sparsamkeitsprinzip hervor, wonach nicht mehr Entitäten oder Annahmen zur Erklärung von etwas vorauszusetzen sind als nötig (Maupertuis, 1698–1759). Diesem Prinzip fällt auch Lamarcks Annahme eines inneren Willens des Tieres zur Erklärung des Artenwandels zum Opfer, die zudem nicht überprüfbar ist. Von zahlreichen Zeitgenossen, so auch von dem Botaniker M. J. Schleiden, wird Darwins Theorie wegen ihrer Einfachheit mit dem Ei des Columbus verglichen (Schleiden 1863, 39). Dem Einwand, daß seine Theorie keiner direkten Bestätigung fähig sei, begegnen Darwin und Huxley mit dem Verweis auf eine andere, akzeptierte Theorie, die Wellentheorie des Lichts, deren Stärke ebenfalls in der Erklärung und Harmonisierung einer Reihe andernfalls disparater Klassen von Fakten liege. Darwin erinnert auch an die Kontroverse zwischen Leibniz und Newton über das Wesen der Anziehungskraft und die damaligen Debatten über «okkulte Qualitäten» (Origin[6], 439). Theorien über weit zurückliegende historische Gegenstände, insbesondere solche evolutionärer Zeitdimensionen, lassen sich nicht direkt überprüfen. Umso mehr fallen die anderen genannten Methoden ins Gewicht. Die Wissenschaftstheorie des 20. Jahrhunderts hat zudem das generelle Problem einer direkten Überprüfbarkeit wissenschaftlicher Theorien deutlich gemacht. Lakatos zeigte mit seinem über Popper hinausgehenden Ansatz eines «raffinierten Falsifikationismus», daß Theorien noch nicht aufgegeben werden, wenn es reproduzierbare Ereignisse gibt, die ihnen widersprechen, sondern daß sie erst dann abgelöst werden, wenn eine bessere Theorie verfügbar ist. In diesem Sinne wurde mit Darwins Theorie eine *progressive Problemverschiebung* vollzogen.

Darwin war sich der revolutionären Bedeutung seiner Theorie schon früh bewußt. Seine Worte an Huxley lesen sich wie eine Vorwegnahme Th. S. Kuhns. Wenn seine Sichtweise jemals allgemein akzeptiert werde, so werde dies «durch die jungen heranwachsenden Männer sein, welche die alten Arbeiter ersetzen werden, und dann werden die Jungen entdecken, daß sie auf der Basis des Abstammungsbegriffs besser Fakten anordnen und neue Forschungswege aufspüren können als auf der Grundlage der Schöpfungslehre.» (CCD 8, 507; vgl. auch Watson an Darwin zum revolutionären Charakter seiner Theorie, CCD 7, 385).

2. Post von Alfred Russel Wallace

Zur empirischen Unterfütterung seiner Theorie benötigte Darwin eine Fülle von Proben aus den unterschiedlichsten Regionen der Welt. Hierzu nutzte er sein Netzwerk an Kontakten, das er mit Wissenschaftlern in den verschiedensten Ländern und Kontinenten aufgebaut hatte und stetig erweiterte. Zu seinen Korrespondenten gehörte auch A. R. Wallace (1823–1913), der im Malayischen Archipel naturkundliche Proben sammelte und den Darwin wegen seiner Artikel und Reisebeschreibungen schätzte. Seit 1853 korrespondierten beide gelegentlich miteinander, vor allem über die Probleme der Unterscheidung zwischen Arten, Unterarten und Varietäten. Darwin bat ihn 1855 um Bälge aus den dortigen Tauben- und Geflügelzüchtungen mit Angabe aller verfügbaren Informationen (CCD 5, 510 f.).

1855 veröffentlichte Wallace einen grundlegenden Artikel «On the Law which has regulated the Introduction of New Species». Den Gedanken trug er seit zehn Jahren mit sich. Unter Anführung systematischer Beobachtungen und daraus abgeleiteter Hypothesen aus Biogeographie und Geologie präsentiert er hier eine Abstammungstheorie, die bereits wesentliche Züge der später von Darwin und ihm veröffentlichten Deszendenztheorie aufweist, ohne daß er hier schon den Mechanismus des Artenwandels angeben kann.

In seiner Korrespondenz mit Wallace übermittelt Darwin diesem seine Wertschätzung des theoretischen Gehaltes des Artikels und betont, daß unter Naturforschern eine solche Zustimmung zu einem «theoretischen Papier» sehr selten vorkomme. Er hebt die Rolle theoretischer Konzepte für die Beobachtung hervor, «daß es ohne Spekulation keine gute und originelle Beobachtung» gebe (CCD 6, 514). Auch weist er auf die Ähnlichkeit in den Gedanken und Konklusionen beider hin und «stimmt mit der Wahrheit fast jeden Wortes» überein. Er selbst habe «in diesem Sommer vor 20 Jahren (!) sein erstes Notizbuch über die Frage eröffnet, wie und auf welche Weise sich Arten und Varietäten voneinander unterscheiden.» Auch informiert er Wallace darüber, daß er sein Werk nun für die Publikation vorbereite und bereits viele Kapitel geschrieben habe, es vermutlich jedoch erst in zwei Jahren in den Druck gehe (CCD 6, 387). Wallace beabsichtigt ebenfalls, sein vorläufiges Papier weiter auszuarbeiten und seine Theorie im Detail zu untermauern, wozu aber noch viele Recherchen notwendig seien. Der Plan sei jedoch bereits vorbereitet und teilweise geschrieben (CCD 6, 457). In dieser freundschaftlichen Korrespondenz ermutigt Darwin seinen jüngeren Kollegen, gibt sich bezüglich seiner eigenen Leistungen jedoch bescheiden. «Mein Werk, an dem ich nun mehr oder weniger seit 20 Jahren arbeite, wird *nicht* irgendetwas beheben oder abklären (*will not fix or settle anything*), doch hoffe ich, daß es hilfreich sein wird, indem es eine große Sammlung von Tatsachen mit einem klar umrissenen Ziel anbieten wird. Ich komme sehr langsam voran, teilweise durch meine schlechte Gesundheit, teilweise, weil ich ein sehr langsamer Arbeiter bin.» (CC 6, 515).

Dieses für Darwin typische *understatement* nahm Wallace wörtlich. Im Juni 1858 erreicht Darwin eine Sendung von Wallace von Ternate (Molluken), die ihn sprachlos macht. Sie enthält ein handschriftliches Manuskript, in dem dieser seine Theorie der Artentstehung vorstellt und sich dabei im wesentlichen derselben Erklärungsmuster wie Darwin bedient, wobei er sogar den zentralen Begriff *«struggle for existence»* verwendet. Wallace bittet Darwin in seinem Begleitbrief, das Manuskript an Lyell weiterzuleiten, falls er es für hinreichend bedeutend halte. Er hoffe, diese Idee sei für Darwin ebenso neu wie für ihn selbst. Sie steuere den «fehlenden Faktor» zur Erklärung der Entstehung der Arten bei (vgl. Wallace 1905 I, 363). Auch Wallace war durch Malthus beinflußt, den er mehrere Jahre zuvor gelesen hatte. Der Einfluß von Lyells «großem Werk», Malthus' Populationsgesetz und die Kenntnis von Lamarcks Evolutionstheorie sowie der des Autors der *Vestiges* (vgl. Kap. III.4) mögen dazu geführt haben, daß Darwin und Wallace auf dasselbe Prinzip stießen (355).

Darwin übersendet Lyell wunschgemäß das Manuskript, ohne seine Niedergeschlagenheit zu verbergen. Lyell hatte ihm zuvor wiederholt geraten, möglichst bald einen vorläufigen Essay seiner Theorie zu veröffentlichen, damit ihm niemand zuvorkomme. Seine Befürchtung drohte sich nun zu bewahrheiten. Darwin bekennt offen, er habe «nie eine offensichtlichere Koinzidenz gesehen. Wenn Wallace das Manuskript meines Entwurfs von 1842 gehabt hätte, hätte er keine bessere Zusammenfassung davon schreiben können. Selbst seine Begriffe stehen nun als Überschriften über meinen Kapiteln.» (CCD 7, 107). Als einzigen Unterschied zwischen beiden nennt Darwin die Bedeutung der künstlichen Selektion bei domestizierten Tieren, welche ihn beim Entwurf seiner Theorie inspirierte. Darwin hatte seine Entwürfe von 1842 und 1844 nicht veröffentlicht. Nur einige gute Freunde wie Hooker, Huxley, Gray und Lyell wußten von ihnen. Hooker hatte seinerzeit den *Essay* von 1844 gelesen, und an Gray hatte Darwin mit Brief vom 5. September 1857 eine kurze Skizze seiner Theorie der natürlichen Selektion und des Divergenzprinzips gesandt. So konnte er beweisen, daß er keine Gedanken von Wallace übernommen hatte.

Darwins Freunde Lyell und Hooker fanden eine elegante Lösung, ein «gentlemanly agreement» (Shermer 2002, 128 ff.). Mit Darwins Einverständnis wurde am 1. Juli 1858 vor der *Linnean Society* ein Auszug aus Darwins Manuskript von 1844 und ein Abstract seines Briefes an Asa Gray vom 5. September 1857 zusammen mit Wallace' Abhandlung verlesen und 1859 im *Journal of the Proceedings* of *the Linnean Society* veröffentlicht (1859, 45–62). In ihrer Erläuterung hoben Lyell und Hooker hervor, daß Darwin und Wallace unabhängig voneinander «dieselbe, sehr geniale Theorie» entworfen hatten und beide in diesem bedeutenden Forschungszweig den Anspruch auf Originalität erheben dürften.

Zwischen Wallace und Darwin gab es entgegen allen Gerüchten nie Prioritätskonflikte. Vielmehr erkannte der vierzehn Jahre jüngere Wallace ungeachtet seiner eigenen Unabhängigkeit beim Entwurf seiner Theorie Darwins zeitliche Priorität von zwanzig Jahren uneingeschränkt an. Beide verband eine lebenslange Kooperation und Freundschaft, die sich auch in ihren Publikationen und der Weise ihrer wechselseitigen Bezugnahmen äußert. Von besonderer Relevanz für Darwins *Descent of Man* (1871) erwies sich Wallace' Aufsatz von 1864 (vgl. Kap. IV, V), was Darwin auch würdigte. Die Veröffentlichung im *Journal* der Linnean Society fand jedoch kaum Aufmerksamkeit. Darwin erinnert sich an eine vernichtende Rezension, wonach alles Neue darin falsch sei und alles Richtige altbekannt (AE 122, AD 126).

Durch Wallace' Vorstoß war Darwin zu Wallace' großer Befriedigung nun hochmotiviert, möglichst schnell sein Werk zu veröffentlichen. Von seinem ursprünglich geplanten, umfangreichen Werk *Natural Selection*, dem «big species book», verfaßte er ein «Abstract» von etwa 500 Seiten, *Origin. Natural Selection* war drei- bis viermal breiter angelegt als *Origin* (AE 121, AD 125). Darwins Eile erklärt, warum *Origin* keinerlei Anmerkungen hat. Erst 1975 wurde das Manuskript mit einem reichhaltigen Anmerkungsapparat von R. C. Stauffer herausgegeben.

H. Bredekamp behauptet, statt bei seinem Korallenmodell zu bleiben, habe Darwin in der «Gefahr, den Prioritätenstreit um die Formulierung der Evolutionstheorie zu verlieren», von seinem «Konkurrenten Wallace» das Baummodell übernommen, «um dieses als seine eigene Erfindung auszugeben.» (2005, 41). Dabei stützt er sich auf Darwins Kommentar zu Wallace' Artikel von 1855, Wallace «benutzt mein Bild des Baumes». Darwin habe dieses «Evolutionsbild, das er im Gedankenlabor seiner Notizbücher und Skizzen überwunden hatte, nun rehabilitiert.» (41). Nach Bredekamp markiert Darwins Brief an Asa Gray vom 5. September 1857 sogar «den Moment der Entscheidung, die Baummetaphorik als ureigene Idee auszuspielen.» (41).

Diese Deutung ist unhaltbar. Trotz seiner beiden Korallenskizzen hat Darwin auf die Metapher vom Baum des Lebens in seinen Notizbüchern auch nach diesen Zeichnungen nicht verzichtet. Dies läßt sich eindeutig anhand seiner folgenden sehr ausdrucksstarken Eintragung in *Notebook C* von 1838 belegen: «Der Baum des Lebens ist an seinem Grunde im Laufe der Zeitalter völlig verrottet und ausgelöscht.» («The bottom of the tree of life is utterly rotten & obliterated in the course of ages.» C 152). Darwin versinnbildlicht hier also die Idee des Aussterbens von Arten mit der Morschheit des Baumes des Lebens an seinem Fundament. Obwohl der Baum des Lebens «vielleicht» besser als Koralle des Lebens bezeichnet werden sollte (B 25), blieb Darwin bei der bereits vertrauten und geläufigen Baummetapher schon bevor Wallace' Artikel 1855 erschien. Wenn Darwin «mein Bild des Baumes» schreibt, so beinhaltet dies keinen Anspruch auf Originalität, sondern gibt Darwins eigenen gängigen Sprachgebrauch wieder.

Zwischen Darwins und Wallace' theoretischen Positionen gab es trotz ihrer Gemeinsamkeiten auch bedeutende Unterschiede. Sie betreffen vor allem 1. die Annahme des Ursprungs des Menschen als geistiges und moralisches Wesen bei Wallace, 2. Darwins Theorie der sexuellen Selektion durch *Female Choice*, 3. die Pangenesis-Theorie und die der Vererbung erworbener Eigenschaften, die Wallace ablehnte (Wallace 1905 II, 16–22). 4. bestreitet Wallace explizit die Vergleichbarkeit domestizierter Tiere mit solchen im Naturzu-

stand, weshalb Schlüsse von biologischen Prozessen bei domestizierten Tieren auf solche im Naturzustand nicht möglich seien
(Wallace 1859, 59–61; zur Eigenständigkeit von Wallace auch Kutschera 2003).

3. Die Struktur der Abstammungstheorie

Da der Aufbau von *Origin*, das Darwin selbst als eine «einzige lange
Beweiskette» (*one long argument*) charakterisiert, im Lichte der
Kenntnis seiner Theorie besser verständlich wird, soll diese zunächst in ihrer Grundstruktur vorgestellt werden. Darwin bezeichnet seine Theorie als «Theorie der Abstammung mit Modifikation
durch Variation und natürliche Selektion» (*theory of descent with
modification through variation and natural selection*) (Origin[6],
Kap. 15, 421). Auch für deren spätere Beurteilung durch seine Kritiker ist die Unterscheidung zwischen Darwins Primärintention, eine
Abstammungstheorie vorzustellen, und der Angabe von Mechanismen des Artenwandels in Form von Variation und natürlicher
Selektion relevant. Die heute geläufige Bezeichnung «Evolutionstheorie» verwendet Darwin nicht. Von «Evolution» spricht er erst
in *Descent of Man* (1871) und in der 6. Auflage von *Origin*. Das Verb
«evolved» kommt als letztes Wort von *Origin* jedoch bereits 1859
vor. Der Begriff «Evolution» wurde auch im 19. Jahrhundert noch
lange im Sinne der alten Präformationstheorie verwendet, die von
einer Auswickelung (*e-volutio*) aller Generationen einer Art aus
ihren ersten Eltern ausging und damit das Gegenteil von dem bezeichnete, was Darwin mit seiner Theorie bezweckte.

Darwin geht ganz selbstverständlich von einer Analogie zwischen
der Entstehung neuer Pflanzen- und Tier*rassen* durch Züchtung
und der Entstehung neuer *Arten* in der freien Natur aus. Ausgangspunkt seiner Überlegungen ist die Praxis der Pflanzen- und Tierzucht mit ihrer Hervorbringung neuer Rassen. Diese Analogie wird
in *Origin* nicht weiter begründet, doch ist dabei von einer Inspira-
tion durch Sebright (1809) auszugehen (vgl. Kap. II.3.3). Ein zweiter Stützpfeiler mag Herschels Analogieprinzip gewesen sein. Bei
der künstlichen Selektion sind vier Elemente zentral, und zwar 1.
die individuellen Unterschiede zwischen den Organismen einer Rasse
(*individuelle Variation*), 2. die bewußte Auswahl bestimmter Exem-

plare für die Zucht (*Selektion*), 3. die Erblichkeit eines Großteils ihrer Merkmale (*Vererbung*) und 4. die Verhinderung von Rückkreuzungen (*reproduktive Isolation*). Züchter wählen diejenigen Organismen einer Rasse aus, die über bestimmte Eigenschaften (Merkmale) verfügen, welche für ihren jeweiligen Züchtungszweck nützlich sind, und bringen diese Individuen durch Paarung gezielt zur Fortpflanzung. Im Laufe eines generationenlangen Vererbungsprozesses setzen sich diese Eigenschaften, sofern sie vererbbar sind, allmählich durch bzw. nehmen die vom Züchter beabsichtigte, besondere Ausprägung an. Um die jeweils erzielten Merkmalsveränderungen zu erhalten, muß die Kreuzung mit anderen Individuen, die nicht über diese Merkmale verfügen, verhindert werden, etwa durch Einzäunung. «Der Schlüssel liegt im Vermögen des Menschen zur akkumulativen Auswahl: Die Natur stellt sukzessive Variationen bereit; der Mensch summiert sie in bestimmte, ihm nützliche Richtungen. In diesem Sinne kann man von ihm sagen, er habe sich nützliche Rassen geschaffen.» (Origin[6], Kap. 1, 23).

Einen analogen Mechanismus gibt es nach Darwin in der freien Natur, wobei hier allerdings die individuellen Eigenschaften für den Organismus selbst und für sein Überleben in einer bestimmten Umwelt zweckmäßig sind. Darwin geht von der Beobachtung aus, daß es zwischen den Organismen einer Art immer *individuelle Unterschiede* oder *Varianten* gibt und damit auch unterschiedlich gute Anpassungen an die jeweiligen Umweltbedingungen (vgl. Kap. IV.4.3). Diejenigen Organismen, die im Hinblick auf die jeweiligen Überlebenserfordernisse auf Grund ihrer Eigenschaften besser angepaßt sind, d.h. zweckmäßiger ausgestattet sind als ihre Artgenossen, haben größere Überlebenschancen und können sich durchschnittlich erfolgreicher vermehren als die anderen, d.h. es findet eine *natürliche Selektion* der besser Angepaßten statt. Ihre für das Überleben vorteilhaften Eigenschaften können sich daher über viele Generationen hinweg allmählich durch Vererbung anhäufen und sich dabei gegenüber den Merkmalen der Stammart zunehmend verändern. Dieser sich graduell vollziehende Vorgang führt nach Darwin zur Entstehung neuer Varietäten, aus denen schließlich neue Arten hervorgehen. Die natürliche Selektion erfüllt hier also nicht nur die Funktion einer Erklärung des Aussterbens von Arten, sondern in erster Linie die *konstruktive Funktion* einer Erklärung der *Entstehung neuer Arten*. Vor Darwin gab es bereits die Vorstellung, daß die Natur als «Polizist» oder «Besen» (*nature's policeman, nature's broom*) schwächere Exemplare der jeweiligen Arten wie z.B. «Monster» aussondert (Gruber, Barrett 1974, 163) und damit für ein Gleichgewicht sorgt. Das *innovative* Element bei Darwin ist, daß er diesem destruktiven Element eine konstruktive Funktion der natürlichen Selektion an diese Seite stellt.

Allerdings muß zur Erklärung dieser Prozesse nun ein naturimmanenter, empirisch feststellbarer Mechanismus angegeben werden, der an die Stelle des menschlichen Züchters tritt und eine natürliche Selektion bewirkt. Darwin bezeichnet diesen mit dem Begriff «*struggle for life*» oder auch «*struggle for existence*» und erläutert dies anhand von Malthus' Bevölkerungsgesetz (Kap. II. 3.3). Ich vermeide hier bewußt die irreführende Metapher «Kampf ums Dasein», die durch «Ringen um die Existenz» zu ersetzen ist, und verwende den englischen Ausdruck. Da sich die Anzahl der Individuen einer Art nach Darwin im großen und ganzen stabil hält, muß es in der Natur einen Mechanismus geben, der diese Stabilität bewirkt. Diesen bezeichnet er als «*struggle for existence*». In der freien Natur kommt er im gesamten Pflanzen- und Tierreich «mit vielfacher Kraft» zur Wirkung. «Da also mehr Individuen hervorgebracht werden als überleben können, muß es in jedem Fall einen *struggle for existence* geben, entweder zwischen einem Individuum und einem anderen derselben Art oder mit Individuen anderer Arten oder mit den äußeren Lebensbedingungen. Es ist die Lehre von Malthus in vielfacher Kraft auf das gesamte Tier- und Pflanzenreich angewandt; denn in diesem Fall kann es keine künstliche Nahrungsmittelzunahme und keinen vorsichtigen Heiratsverzicht geben.» (Origin[6], Kap. 3, 52 f.)

Wir werden später sehen, daß knappe Ressourcen nur eine von vielen Ursachen dieses vielfach mißverstandenen *struggle* sein können. In ihm kann die kleinste Variation, ein «Körnchen in der Waagschale» für Überleben und Fortpflanzung ausschlaggebend sein (Origin[6], Kap. 15, 428). Bei Darwin ist die Selektionseinheit, d.h. der Gegenstand, bei dem die natürliche Selektion ansetzt, hier also das *Individuum* mit seinen Besonderheiten in einer bestimmten Umgebung.

Für die Möglichkeit der Artentstehung müssen noch weitere Voraussetzungen erfüllt sein. Rückkreuzungen müssen vermieden werden, weil sich Merkmale sonst nicht fixieren können (vgl. Einzäunung bei der Tier- und Pflanzenzucht). Erforderlich sind also Bedingungen für eine reproduktive Isolation. Darüber hinaus ist auch noch nicht erklärt, wie sich aus einer Art mehrere Arten entwickeln können. Das «Ei des Kolumbus» ist die Neigung von Lebewesen einer Stammform, im Zuge ihrer Modifikation eine Merkmals*divergenz* zu entwickeln (AE 120, vgl. AD 125): Unter dem Druck der natürlichen Selektion kann sich aus einer Stammart nicht nur eine, sondern es können sich mehrere Arten durch Anpassung an verschiedene ökologische Nischen bilden. Darwin kennt den Begriff der ökologischen Nische noch nicht – er wurde erst zu Beginn des 20. Jahrhunderts in unterschiedlichen Bedeutungen geprägt (vgl. Engels 1989, 303 f., 441–443) –, sondern spricht statt dessen von den Plätzen im Naturhaushalt (*places in the economy of nature* oder *polity of nature*). Für die Entwicklung der «Divergenz der Charaktere» (*divergence of character*) und für die Möglichkeit der reproduktiven Isolation boten gerade die Galapagos-Inseln exemplarische Voraussetzungen.

Aus den individuellen Varianten entstehen im Laufe der Zeit erbliche Varietäten (*varieties*), Unterarten und schließlich neue Arten. Darwin vertritt damit einen *Gradualismus* und läßt sich vom naturphilosophischen *Kontinuitätsmodell* leiten. Hier zeigt sich bei ihm die wechselseitige Beziehung von naturphilosophischen und biologischen Annahmen. Mit der Idee der Kontinuität von Tier und Mensch greift er einerseits auf eine alte philosophische Tradition zurück. Umgekehrt wird das alte naturphilosophische Prinzip, daß die Natur keine Sprünge mache – «Natura non facit saltum» – nach Darwin durch seine Theorie der Entstehung neuer Arten durch Anhäufung kleiner, gradueller Abänderungen verständlich (Origin[6] Kap. 6, 164, Kap. 15, 431). Darwin verzeitlicht das in der Naturphilosophie noch statisch aufgefaßte Kontinuitätsprinzip und verleiht ihm damit eine dynamische Komponente. Die Entstehung von Arten und Anpassungen ist für ihn also das Ergebnis eines *komplexen Zusammenspiels* von *externen Lebensbedingungen* und der *internen Struktur* von Organismen, welches Naturgesetzen und Voraussetzungen unterschiedlicher Art (Gesetz der natürlichen Selektion, Vererbungs- und Variationsgesetze usw.) unterworfen ist, selbst wenn diese im Einzelfall nicht oder noch nicht bekannt sind.

Da Darwins Theorie auch auf Grund ihrer Metaphorik immer wieder mißverstanden und falsch dargestellt wurde, ist diesem Thema ein eigener Abschnitt (5) gewidmet.

4. Das Werk im Überblick

Darwins Werk *On the Origin of Species by Means of Natural Selection, or the Preservation of Favoured Races in the Struggle for Life* erschien zwischen 1859 und 1872 in sechs Auflagen. 1876 erschien nochmals eine 6. Auflage, «with additions and corrections to 1872». Die erste Auflage von 1250 Exemplaren war am Tag des Erscheinens ausverkauft, die zweite von 3000 Exemplaren ebenfalls bald darauf. Das Werk wurde in fast alle europäischen Sprachen übersetzt. Darwin beurteilte *Origin* als das zweifellos wichtigste Werk seines Lebens, das nach seinen eigenen Angaben trotz erheblicher Ergänzungen und Korrekturen im wesentlichen dasselbe Buch blieb (AE 122, AD 127). Meiner folgenden Darstellung liegt die 1876 erschienene, leicht ergänzte und korrigierte 6. Auflage von 1872 zugrunde. Die wichtigste Ergänzung Darwins in seiner 6. Auflage von 1872 ist das Kapitel «Verschiedene Einwände gegen die Theorie der natürlichen Selektion». Schon seit der ersten Auflage, ja bereits in *Sketch* (1842) und *Essay* (1844), setzte er sich mit den Schwierigkeiten seiner Theorie auseinander.

Ab der 3. Auflage enthält das Werk eine historische Skizze, in der zahlreiche Vorläufer erwähnt werden, wie Buffon, Lamarck, E. Geoffroy Saint-Hilaire, W.C. Wells, E. Grant, P. Matthew, W. Herbert und der «berühmte Geologe Leopold von Buch». Selbst der größte Ignorant könne nicht annehmen, er, Darwin, maße sich an, als erster die Idee der besonderen Schöpfung jeder einzelnen Art zurückgewiesen zu haben (CCD 8, 39). Matthew habe in seinem Buch von 1831 dieselbe Ansicht über den Ursprung der Arten entwickelt wie die von Wallace und ihm 1859 veröffentlichte. Owen und dessen Prioritätsansprüchen nimmt Darwin durch den Hinweis auf weitere Vorläufer den Wind aus den Segeln. Er erwähnt auch Huxley und Hooker mit ihren Beiträgen aus dem Jahr 1859. Auch geht er auf den 1844 in erster Auflage anonym erschienenen populärwissenschaftlichen Bestseller *Vestiges of the Natural History of Creation* ein, in dem ein Evolutionsmodell vorgestellt wird, das ungeachtet der Distanzierung des Autors von Lamarck im wesentlichen mit dessen Theorie übereinstimmt. Der Autor ist Robert Chambers, erfolgreicher Verleger und Schriftsteller mit großem Interesse an Geologie und anderen Naturwissenschaften, 1840 zum Fellow der *Royal Society of*

Edinburgh gewählt. Das Buch stieß vor allem unter Klerikern auf Empörung, bei Experten der Naturgeschichte wegen sachlicher Mängel auf Kritik (Sedgwick 1845). Auch Darwin hatte Bedenken, begrüßte aber dennoch sein Erscheinen, weil der Autor damit den Boden für ähnliche Ansichten bereitet hatte (Origin[6], xvii).

Darwins *Origin* enthält auf dem Deckblatt naturtheologische Zitate von Whewell, Bacon und, ab der 2. Auflage, auch von Bischof Butler über Gottes Wirken und Hinweise auf den Schöpfer. Dadurch konnte der Eindruck entstehen, daß *Origin* im Geist der Naturtheologie verfaßt ist. Zudem endet es mit der biblischen Anspielung, daß das Leben einigen wenigen oder einer Form eingehaucht wurde, ab der zweiten Auflage wird hier, angeregt durch einen Korrespondenten, «der Schöpfer» hinzugefügt, der das Leben eingehaucht hat (CCD 7, 379 f., 407). Auf diese Anspielungen kommen wir später zurück (Abschnitte 6 u.7).

In der Einleitung stellt Darwin sein Programm und den Inhalt der einzelnen Kapitel vor. Er verfolgt zwei Ziele. Erstens will er zeigen, daß Arten durch Artenwandel entstanden sind, er will also das Dogma separater Schöpfungen umstürzen (vgl. Descent[2]I, 65); zweitens möchte er zeigen, daß die «*natürliche Selektion das wichtigste, wenn auch nicht das einzige Mittel der Abänderung*» war (4, Hervorheb. von E.-M.E.). Auch die Vertreter der Lehre von der göttlichen Sonderschöpfung jeder Art teilen die Auffassung, daß es innerhalb jeder Art eine große Variationsbreite individueller Unterschiede und Varietäten als Untergruppen von Arten gibt. Im Unterschied zu Darwin gehen sie jedoch davon aus, daß Sekundärgesetze nur *innerhalb* fester, von Gott eingerichteter Artgrenzen die Herausbildung von Varietäten bewirken. Für Darwin können Varietäten demgegenüber beginnende neue Arten sein.

Im 1. Kapitel behandelt Darwin die *Variation unter den Bedingungen der Domestikation*. Zweierlei ist ihm dabei besonders wichtig: die Betonung des hohen Grades an erblicher Abänderung domestizierter Lebewesen und, was noch wichtiger ist, das beträchtliche Vermögen des Menschen, durch die Selektion sukzessive kleine erbliche Variationen anzuhäufen. Gezielte Auswahl von Individuen mit nützlichen Merkmalen und die Vermeidung unerwünschter Kreuzungen sind hier entscheidend. Darwin hat zu diesem Thema ein separates, zweibändiges Werk verfaßt, das 1868 erschien (PM 19–20).

Thema des 2. Kapitels ist die *Variation im Naturzustand*. Obwohl Darwins Werk von der Entstehung der Arten handelt, verzichtet er ausdrücklich auf den Versuch einer Definition des Artbegriffs und dessen Erörterung, da es keine einheitliche, für alle Naturforscher zufriedenstellende Artdefinition gebe und jeder wisse, was mit dem Begriff gemeint sei. In den *Notebooks* favorisiert er die Kennzeichnung einer Art als Fortpflanzungsgemeinschaft (B 122, 123e), wobei Fortpflanzung bzw. deren Scheitern auch ein Test für das Vorliegen einer Art wäre (E 24, Mac 167ʳ). Darwin stellt in *Origin* fest, daß bisher keine scharfe Trennungslinie zwischen Arten, Unterarten, Varietäten und individuellen Varianten gezogen worden sei. Dabei stützt er sich auf zahlreiche Beispiele für uneinheitliche Bestimmungen ein und derselben Gruppen von Pflanzen und Tieren. Für eine Bestimmung könne hier nur das gesunde Urteil und die reiche Erfahrung des Naturforschers leitend sein (38). Der Artbegriff wird aus pragmatischen Gründen zur Kennzeichnung von Individuen verwendet, die einander sehr ähnlich sehen, der Begriff sei aber wie «Unterarten», «Varietäten» und «Varianten» willkürlich und schwankend (vgl. auch Reif 2006b). Darwin hebt auch hier wieder die Relevanz vererbbarer individueller Unterschiede zwischen den Organismen einer Art hervor. «Sie liefern der Natürlichen Selektion das Material, auf das diese einwirken kann und das sie akkumulieren kann, so wie der Mensch bei seinen Zuchtprodukten die individuellen Unterschiede in jede bestimmte Richtung anhäuft.» (35)

Im 3. Kapitel behandelt Darwin das für seine Theorie zentrale Thema des «*struggle for existence*». Er gibt gleich zu Beginn zu erkennen, daß für ihn die Entstehung von Arten gleichursprünglich mit der Entstehung von Anpassungen ist. In heutiger Terminologie ausgedrückt, sind neue Arten Populationen von Lebewesen, bei denen sich im Laufe langer Zeiträume neue Eigenschaften in Anpassung an neue Umweltbedingungen, ökologische Nischen, herausgebildet haben. Bemerkenswert ist Darwins prinzipielle Ansicht über die Rangordnung zwischen Natur und Kunst. Trotz der von ihm angenommenen Analogie zwischen künstlicher und natürlicher Selektion sei die natürliche Selektion eine unaufhörlich zur Wirksamkeit bereite Kraft und den schwachen Bemühungen des Menschen unermeßlich überlegen wie die Werke der Natur dies gegenüber Kunstwerken seien (51; vgl. PM 10, 5). Ein möglicher Grund für diese Annahme ist der Einfluß impliziter naturtheologischer Prämissen, die bei Darwin noch wirksam sind und in deren Licht er die natürliche Selektion als Gesetz eines allmächtigen Gottes deutet, dessen Werke denen des Menschen unendlich überlegen sind (vgl. Kap. III.7). Ein anderer Grund könnte sein, daß der Mensch als relativ junge Spezies noch nicht über die langen Bewährungsproben eines evolutionären Erfahrungsprozesses verfügt, was auch Auswirkungen auf seine Produkte, auf Kunst und Technik, hat.

Er erläutert in diesem Kapitel auch das von ihm angewandte Bevölkerungsgesetz von Malthus und führt als Beispiel den sich langsamer als alle anderen Tiere vermehrenden Elefanten an. Bei ungehinderter Vermehrung wären nach etwa 750 Jahren selbst hier etwa 19 Millionen Nachkommen aus einem einzigen Elefantenpaar entstanden. Die Hindernisse der Vermehrung können ganz unterschiedlich sein wie Klima, Naturkatastrophen, aber auch die komplexen Beziehungen zwischen Tieren und Pflanzen im Naturhaushalt. So kann die Anzahl der Katzen in einem Gebiet für die Existenz der dortigen Stiefmütterchen ausschlaggebend sein (59 f.). Darwin erweist sich hier als Ökologe mit holistischem Spürsinn. Er stellt auch heraus, daß der *struggle for existence* im Falle eines Wettbewerbs am heftigsten zwischen Individuen und Varietäten derselben Art ist, da diese die größte Ähnlichkeit in Körperbau, Gewohnheiten und Fähigkeiten aufweisen und damit um dieselben Plätze im Naturhaushalt konkurrieren.

Gegenstand des 4. Kapitels ist die *natürliche Selektion*, das Kernstück seiner Theorie, sowie weitere zentrale Themen wie das *Divergenzprinzip* und die Frage des *Fortschritts* in der Evolution. Ab der 5. Auflage verwendet er neben dem Begriff der natürlichen Selektion auch den von Spencer übernommenen Ausdruck «*survival of the fittest*». Auf die Terminologie, die bis heute Anlaß zu Mißverständnissen gibt, werde ich später näher eingehen (Abschnitt 5). Darwin definiert «Natürliche Selektion» oder «survival of the fittest» als Erhaltung vorteilhafter individueller Unterschiede und Varianten und Vernichtung nachteiliger (66). Die natürliche Selektion ist der Mechanismus, mittels dessen Darwin auf nichtteleologische Weise die Entstehung von Arten und Anpassungen erklärt, d. h., er erklärt damit Zweckmäßigkeit ohne Rückgriff auf spezielle Zweckursachen. Dabei stützt er sich auf die Analogie mit der künstlichen Selektion, ohne aber eine zwecktätige Intelligenz wie den Züchter in Anspruch zu nehmen (vgl. Kap. III.7). Die Natur nimmt hier die Auswahl vor: Während der Mensch nur zu seinem eigenen Vorteil wähle, tue die Natur dies zum Nutzen des Lebewesens selbst (68). Daher kann die natürliche Selektion auch nicht die Struktur einer Art ohne jeden Vorteil für diese selbst zugunsten einer anderen Art verändern (71). Darwin richtet sich u. a. gegen die Auffassung, daß Lebewesen mit ihren Eigenschaften eigens zum Entzücken des Menschen eingerichtet worden seien (vgl. 167).

Das Divergenzprinzip wird ausführlich erläutert und in einem Diagramm dargestellt. Darwin bespricht auch die auf Dauer negativen Folgen der Selbstbefruchtung und Inzucht bei Pflanzen bzw. Tieren, die eine Kreuzung von Individuen mit Individuen anderer Varietäten oder Individuen anderer Stämme derselben Varietäten erforderlich macht, und neigt dazu, hier ein «allgemeines Naturgesetz» erkennen zu können (80). Ein weiteres Thema sind die günstigen Umstände für die Entstehung neuer Formen durch natürliche Selektion. Hier diskutiert er im Anschluß an einen Aufsatz von Moritz Wagner die geographische Isolation (85 ff.). Sind geographische Barrieren für die Artentstehung notwendig, um bei der Aufspaltung die Rückkreuzung zu verhindern? Anders als Wagner hält Darwin Migration und Isolation für die Bildung neuer Arten nicht für unbedingt notwendig, sondern erachtet die Größe des Gebietes für die Entstehung neuer Formen für wichtiger. Die heutige Biologie geht von zwei Formen der Artbildung aus, der allopatrischen (Artbildung auf Grund von geographischer Isolation der Populationen) und der sympatrischen Artbildung (Artbildung in geographisch überlappenden Populationen), wobei die sympatrische Artbildung auf Grund fehlender geographischer Barrieren bestimmte andere Mechanismen der reproduktiven Isolierung voraussetzt (Campbell, Reece 2003, 550–559).

Eine für die Evolutionstheorie zentrale Frage ist die, ob es in der Evolution einen *Fortschritt* gibt, der dazu berechtigt, von niederen und höheren Lebewesen zu sprechen. Dabei weist Darwin auf das Problem der Definition des Fortschrittsbegriffs hin. Noch habe kein Naturforscher eine allgemein befriedigende Definition dessen gegeben, was unter Fortschritt der Organisation zu verstehen sei (103). Von Baers Maßstab erscheint ihm der beste und am weitesten anwendbare: der Differenzierungsgrad der Teile eines Lebewesens und ihre

Spezialisierung für verschiedene Funktionen. Darwin diskutiert die Fortschrittsfrage im Kontext seiner Kritik an Lamarck, der «an eine angeborene und unvermeidliche Neigung zur Vervollkommnung in allen Organismen» glaubte (104). Da Lamarck im Unterschied zu Darwin nicht von einer Vervielfältigung von Arten durch Aufspaltung im Sinne des Divergenzprinzips, sondern von einem linearen Übergang einer einfacheren in eine neue, komplexere Art ausging, stand er vor dem Problem, die Existenz einfacher Organismen zu erklären. Angesichts der langen Evolutionszeiträume dürfte es diese gar nicht mehr geben, sie hätten sich längst in komplexere Organismen umwandeln müssen. Daher griff Lamarck auf die *generatio spontanea*, eine immer erneute Urzeugung primitiver Organismen zurück. Für Darwins Theorie ist die Weiterexistenz «niederer Organismen» dagegen kein Problem, da nach seiner Theorie mit der Entwicklung höherer Lebensformen deren Vorfahren nicht zwangsläufig ersetzt oder vernichtet werden, denn neue Gruppen müssen nicht unbedingt an alle «Stellen im Naturhaushalt» besser angepaßt sein als die Gruppen, aus denen sie entstanden sind (Descent[2] I, Kap. 6, 170). «Die natürliche Selektion oder das Überleben des Passendsten beinhaltet nicht notwendigerweise eine fortschreitende Entwicklung – sie nutzt nur solche Abänderungen, die entstehen und für jedes Lebewesen unter seinen komplexen Lebensbeziehungen vorteilhaft sind. Und man kann fragen, welchen Vorteil, soweit wir sehen können, ein Infusorium – ein Eingeweidewurm – oder selbst ein Regenwurm davon hätten, hoch organisiert zu sein.» (Origin[6], 105; PM 19, 7). Legt man die Qualität der Anpassung eines Organismus an seine Umwelt und die Spezialisierung von Organen für ihre Funktionen als Maßstab des Fortschritts zugrunde, so ist tatsächlich der Wurm ebenso gut an seine Umwelt angepaßt wie komplexer organisierte Lebewesen und nimmt im Vergleich zu diesen folglich keine «niedrigere» Stellung ein. In seiner Randbemerkung zu Chambers *Vestiges* mahnt er: «Verwende nie das Wort höher & niedriger …» (Marg., 164).

Obwohl Darwin an dieser Stelle nicht auf den Menschen Bezug nimmt, stellt sich die Frage nach den Konsequenzen für die Stellung des Menschen gegenüber anderen Lebewesen. Wenn Wurm und Mensch an ihre jeweiligen Existenzbedingungen gleicherweise gut angepaßt sind, läßt sich innerhalb eines selektionstheoretischen Rahmens nicht mehr von einer Höherstellung des Menschen in der Natur sprechen. Andererseits gibt es bei Darwin zahlreiche Hinweise auf die Annahme einer Höherentwicklung oder gar Vervollkommnung der Lebewesen im Laufe der Evolution. Obwohl es im Naturzustand keine «absolute Vollkommenheit» gebe (171), sieht er eine Tendenz zur Perfektionierung: «Und da die Natürliche Selektion nur durch und für das Wohl jedes Lebewesens wirkt, so werden alle körperlichen und geistigen Gaben eine fortschreitende Tendenz zur Vervollkommnung haben.» (446; vgl. auch 447). Doch handelt es sich hierbei nur um eine relative Vervollkommnung, d. h. Grade der Perfektionierung sind nur im Vergleich von Lebewesen auszumachen, die unter den jeweiligen Umweltbedingungen um dieselbe Stelle im Naturhaushalt konkurrieren (171).

Dennoch verwendet Darwin nach wie vor den alten Begriff der Stufenleiter der Natur (*scale of nature*, manchmal auch sogar *ascending scale of nature*), obwohl seine Theorie einen Bruch mit der hinter diesem Modell stehenden naturphilosophischen Tradition markiert. Das Konzept der Vervielfältigung von Arten, wie Darwin es auch in seinen Diagrammen visualisiert (Kap. II.3.3), konkurriert jedoch mit dem Modell einer aufsteigenden Stufenleiter. Hier sind bei Darwin zwei verschiedene *Denkstile* am Werk, eine Ambivalenz, die einer der Gründe für die sehr unterschiedlichen Deutungen seiner Theorie ist.

Ein weiteres Thema dieses Kapitels ist die geschlechtliche Selektion. Diese hängt nicht vom *struggle for existence* in Beziehung eines Lebewesens auf andere oder die Umweltbedingungen ab, sondern bezeichnet die Konkurrenz zwischen den Individuen eines Geschlechts um das andere, wie das Werben verschiedener Männchen um ein Weibchen. Darwin kennzeichnet die geschlechtliche Selektion im Vergleich zur natürlichen Selektion als weniger streng, da das Resultat für den Verlierer nicht der Tod, sondern weniger oder gar keine Nachkommen sei. Dies überzeugt jedoch aus zwei Gründen nicht. Erstens beinhaltet erfolgreicher *struggle for existence* nach Darwin nicht nur das Überleben des Individuums, sondern auch seinen Fortpflanzungserfolg (*success in leaving progeny*) (52). Zweitens wäre die sexuelle Selektion danach keine dritte Form der Selektion neben der künstlichen und natürlichen, sondern unter die natürliche Selektion subsumierbar (zum Thema «geschlechtliche Selektion» s. Campbell 1972; Cronin 1993).

Im 5. Kapitel diskutiert Darwin die *Variationsgesetze*. Auch die individuellen Variationen der Organismen sind nach ihm naturgesetzlichen Zusammenhängen unterworfen, wenngleich er sie als «spontan» und «zufällig» bezeichnet (427). Die Redeweise «Zufall» (*chance*) sei eine völlig unkorrekte Ausdrucksweise, die unsere Unkenntnis der Ursache der einzelnen Variationen zum Ausdruck bringe (112). Darwin führt in *Origin* mehrere Variationsgesetze an. Hierzu gehören die Wirkungen veränderter Lebensbedingungen und der Gebrauch und Nichtgebrauch von Organen, also die im allgemeinen mit dem Namen Lamarck verbundene Lehre von der Vererbung erworbener Eigenschaften, die Darwin mit seinem Prinzip der natürlichen Selektion verbindet. Beide Gesetze sind aus heutiger Sicht nicht haltbar.

In *Variation* stellt er eine «provisorische Hypothese der Pangenesis» vor, die er selbst auch eine «Spekulation» nennt. Sie ist eine Hypothese über die Entstehung von Variation und den Vorgang der Vererbung. Vereinfacht ausgedrückt besagt sie, daß jede Zelle oder «Körpereinheit» eines Organismus winzigkleine Körnchen, «gemmules» oder Keimchen, abgibt. Diese werden von allen Teilen des Organismus gesammelt und verbinden sich zu den «Sexualelementen». Durch Vererbung werden sie in die nächste Generation übertragen und entwickeln sich zu einem neuen Organismus. Fortgesetzter Gebrauch oder Nichtgebrauch von Organen, äußere Lebensbedingungen und veränderte Gewohnheiten beeinflussen die Körpereinheiten des Organismus und führen damit auch zu einer Veränderung der Keimchen. Durch Weitervererbung an die Nachkommen entstehen auf diese Weise Varianten. Darwin möchte damit der Lehre von der Vererbung individuell erworbener Eigenschaften eine materielle Grundlage geben. Zur experimentellen Überprüfung dieser Hypothese führte sein Halbvetter F. Galton an Kaninchen unterschiedlicher Fellfarbe Bluttransfusionen durch. Nach Darwins Hypothese sollte erwartet werden, daß nach einer Bluttransfusion die Nachkommen Mischlinge sind. Dies war jedoch nicht der Fall, so daß die Pangenesis-Hypothese für Galton widerlegt war (PM 20, 303). Modern ist an dieser Hypothese die Vorstellung, daß die Merkmalsbesonderheiten jeder Zelle in solchen winzigkleinen, diskreten Einheiten repräsentiert sind. Dies rückt Darwins Konzept in die Nähe der genetischen Information. Anders als bei Darwin wird in der Genetik jedoch nicht davon ausgegangen, daß Gene aus den Körperzellen gebündelt und dann weitervererbt werden. Vielmehr werden heute Körper- und Keimzellen (Ei- und Samenzellen) voneinander unterschieden. Die Molekulargenetik steht in der Tradition von Weismann und seiner Lehre von der Kontinuität des Keimplasmas. Dieses Element von Darwins Theorie ist also nicht mehr zeitgemäß. Auch war damals die Beziehung zwischen weiblichen und männlichen Erbanteilen ungeklärt, d.h. ob die Merkmale beider Geschlechter getrennt voneinander vererbt werden oder sich miteinander verschmelzen (Mischerbung, *blending inheritance*). Darwin selbst war in dieser Frage unschlüssig (Mayr 1984, Kap. 18).

Weiterhin greift Darwin das Korrelationsgesetz auf, was ihn als einen systemisch denkenden Biologen ausweist, der den Organismus als komplexes System versteht. Gemeint ist damit, daß Veränderungen in einem Teil eines Organismus auch Veränderungen in anderen Teilen nach sich ziehen können, ohne daß auf letzteren ein Selektionsdruck lag. Die Organisation oder Konstitution des Wesens, auf das Einwirkungen erfolgen, hält er in ihrem Einfluß auf die Natur der Variation für viel bedeutender als die Art der veränderten Bedingungen (Origin[6], 112; PM 19, 243; hierzu Maier 1994). Damit relativiert er auch die Rolle der natürlichen Selektion bei der Variation und antizipiert einen Gedanken von St. J. Goulds und R. Lewontin, die das «Panglossian Paradigm» kritisch zurückweisen (Gould, Lewontin [2]1995; zur Erläuterung Engels 1989, 148f.) Auch führt er das von Goethe und E. Geoffroy Saint-Hilaire aufgestellte Kompensationsgesetz an. Dieses begründet er wiederum in einem allgemeineren Prinzip, dem auf die natürliche Selektion zurückzuführenden Ökonomieprinzip (123f.). Mittels dieses Prinzips erklärt Darwin später im Kapitel über spezielle Instinkte, deren Existenz zu den besonderen Herausforderungen für die Selektionstheorie gehört, die Zellenbauweise der Honigbiene (229ff.).

In den nun folgenden Kapiteln 6 bis 10 stellt Darwin eine wissenschaftstheoretische Maxime unter Beweis, die in der Philosophie des 20. Jahrhunderts vor allem durch Popper bekannt wurde, nämlich die eigene Theorie einer möglichst harten Kritik auszusetzen. Darwin führt hier alle möglichen *Schwierigkeiten seiner Theorie* und die gegen diese erhobenen Einwände an. Damit verfolgt er vielfach eine doppelte Strategie. Er widerlegt nicht nur die Kritik, sondern weist auch nach, daß seine Theorie Phänomene erklären kann, die für den Kreationismus Anomalien darstellen (vgl. auch Mackie

1985, 222). Hier können nur einige Einwände und Darwins Erwiderungen herausgegriffen werden. Diese Kapitel fordern dazu heraus, die von Darwin angeführten Argumente zur Entkräftung der Einwände gegen seine Theorie im Lichte des heutigen Standes der Biologie zu überprüfen.

Darwin gibt hier die Bedingungen an, unter denen seine Theorie «zusammenbrechen» würde: Erstens, wenn sich nachweisen ließe, daß ein komplexes Organ nicht durch zahlreiche, sukzessive kleine Modifikationen entstanden wäre (154). In diesem Fall wäre der Gradualismus widerlegt. Zweitens, wenn sich zeigen ließe, daß irgendein Merkmal einer Art ausschließlich zum Nutzen einer anderen Art entstanden wäre oder das für die betreffende Art schädlicher als nützlicher wäre (170f.). Dieses Problem würde sich jedoch auch auf der individuellen Ebene stellen, wenn Merkmale nicht dem Träger, sondern ausschließlich anderen nützen würden (vgl. aber Kap. V.8) Hierbei wäre das Nützlichkeitsprinzip der Theorie der natürlichen Selektion getroffen.

Immer wieder wird gegen die Abstammungstheorie das Fehlen von Übergangsformen geltend gemacht, sowohl unter den gegenwärtig lebenden Organismen als auch bei den Fossilfunden. Darwin führt eine ganze Reihe plausibler Gründe dafür an, daß so gut wie keine Zwischenformen präsentierbar sind: Nur ein kleiner Teil der Erdoberfläche ist bis dahin untersucht worden, und die paläontologischen Sammlungen in den Museen sind noch dürftig. Fossilien können zerbrechen und zerfallen, Sedimentschichten werden mit ihren Fossilien durch Hebung und Senkung zerstört. Gleichwohl kann Darwin ein spektakuläres Beispiel für eine fossile Zwischenform, den Solnhofener Archaeopterix anführen, eine Zwischenform aus Reptil und Vogel (297). Für ihn ist dies ein Hinweis auf die Lückenhaftigkeit der paläontologischen Urkunden und unseres Wissens über die früheren Bewohner der Erde. Darwin gibt eine ausführliche Zusammenfassung seiner Argumente (302, 326 ff.). Heute sind Geologie und Paläontologie hinsichtlich der *missing links* in einer weitaus besseren Situation, das Spektrum gefundener *links* wird ständig erweitert.

Wieso begegnen wir aber bei den gegenwärtig lebenden Organismen nur abgrenzbaren Arten, nicht aber auch Zwischenformen? Darwin gibt hierauf mehrere Antworten: Die Entwicklung neuer Varietäten vollzieht sich nur in sehr langen Zeiträumen, so daß nicht überall und zu jeder Zeit Zwischenformen vorkommen. Auch kann es passieren, daß Zwischenformen, die mit gut ausgebildeten Varietäten im selben Gebiet leben, sich diesen gegenüber nicht lange behaupten können und daher verhältnismäßig schnell aussterben. Wie kann dann aber überhaupt Neues entstehen?

Darwin gibt hierauf eine Antwort, die zugleich eine Replik auf G. J. Mivarts zentrale Frage ist, wie sich durch natürliche Selektion die Anfangsstufen nützlicher Organe erklären lassen. Setzt Überleben nicht gut funktionierende Organe voraus? Darwin beantwortet diese Frage mit dem Hinweis auf die Möglichkeit des Funktionswechsels von Organen und Merkmalen und führt einige Beispiele für Organismen an, die für das Leben in unterschiedlichen Habitaten ausgestattet sind. Er nennt mit Schwimmfüßen (Haut zwischen den Zehen) ausgestattete Hochlandgänse, die jedoch selten oder nie ins Wasser gehen (150), Fische mit Kiemen und Schwimmblase, Pflanzen, die mit verschiedenen Vorrichtungen klettern können (155 f.). Er zeigt damit, daß Organe ihre Funktion wechseln können (Schwimmblase) und daß sich allmählich herausbildende Organe durch bereits bestehende unterstützt werden (Pflanze mit verschiedenen Klettermöglichkeiten). Plurifunktionalität und Funktionswechsel von Organen sowie die Entlastung entstehender Organe durch noch funktionstüchtige bestehende Organe lassen die Möglichkeit der allmählichen Entstehung neuer Arten und Anpassungen als plausibel erscheinen. Dies setzt eine *organismische* Betrachtungsweise von Lebewesen voraus. In einem überlebensfähigen Gesamtorganismus können sich allmählich Merkmale herausbilden, auf denen ursprünglich kein Selektionsdruck lag, die sich aber unter anderen Bedingungen schließlich als relevant erweisen (vgl. «exaptation» Gould 2002, 1218 ff.).

Auch in anderen Werken, wie in den *Orchideen* (PM 17, 199), der *Abstammung des Menschen* (PM 21, 169 f.) und im *Ausdruck der Gefühle* (PM 23, 31) führt Darwin Beispiele für Funktionswechsel an und verdeutlicht damit, daß die Evolution kein «Architekt» mit einem vorgefaßten Plan und bereits für einen bestimmten Zweck zugeschnittenen Materialien ist, sondern ein «Bastler», der auf das zurückgreift, was ihm jeweils zur Verfügung steht (Jacob 1977). Damit läßt sich auch der Standardeinwand entkräften, daß zur Herausbildung lebensfähiger Anpassungen die Zeiträume der Evolution nicht ausreichten. Die Evolution muß nichts völlig Neues «erfinden», sondern kann auf bereits Existierendes als Ausgangsmaterial zurückgreifen. Dieses Argument wird von Darwin auch gegen die Kritik an seiner Theorie seitens des Kreationismus angeführt. Ein weiteres Beispiel, das immer wieder gegen die Möglichkeit der Entstehung durch das blinde Spiel von Variation und natürlicher Selektion angeführt wird, ist die Entstehung des menschlichen Auges. Wie kann ein Organ von dieser Perfektion durch Darwins Theorie erklärt werden? Darwins Antwort, die Entstehung des menschlichen Auges aus einfachen Anfängen als Pigmentauge, ist ganz modern im Sinne der heutigen Biologie. Hier werden die meisten evolutionären Neuerungen als abgeänderte Versionen älterer Strukturen erklärt, was sich am Beispiel der Entwicklung des Auges selbst innerhalb ganz unterschiedlicher Taxa zeigen läßt (konvergente Anpassungen) (vgl. hierzu genau dieses Beispiel in Campbell, Reece 2003, 560f.). Darwin zitiert in diesem Kontext von Helmholtz, der, nachdem er das menschliche Auge in den höchsten Tönen gelobt hat, einen ernüchternden Hinweis auf die Ungenauigkeit und Unvollkommenheit des optischen Apparates gibt (von Helmholtz 1871, 62). Auch herrschten in Abhängigkeit von den verfügbaren Methoden sowie von länderspezifischen Besonderheiten der Physik unterschiedliche Einschätzungen des Erdalters (Pulte 1995), so daß die auf dem Zeitargument beruhende Kritik auch deshalb einer Relativierung bedarf.

Eine besondere Herausforderung für die Selektionstheorie ist die Existenz von Sterilität, wie sie bei staatenbildenden Insekten, Ameisen und Bienen, vorkommt. Darwin erklärt diese mittels der Funktion, welche die sterilen Insekten als Arbeiterinnen für die Unterstützung ihrer Familie erfüllen. Die Theorie der Familienselektion (*kin selection*) wurde im 20. Jahrhundert bestätigt und ist ein Kern der soziobiologischen Erklärung des Familienaltruismus (vgl. Kap. V.5.6 und Maynard Smith [3]1983).

In den folgenden Kapiteln 11 bis 13 wird nun die Beziehung der Lebewesen untereinander in ihrer geologischen Reihenfolge (11. Kap.) und ihrer *geographischen Verbreitung* (12. u. 13. Kap.) besprochen. Darwins Ausführungen zur geographischen Verbreitung von Flora und Fauna auf den Inselgruppen des Galapagos-Archipels und der Kapverdischen Inseln im Vergleich zum jeweils benachbarten Kontinent Südamerika und Afrika sowie zur Biodiversität auf den Inseln selbst bieten überzeugende Argumente für seine Theorie: Die physikalischen, klimatischen und geologischen Bedingungen sind auf dem südamerikanischen Kontinent anders als auf dem Galapagos-Archipel. Dennoch weist die auf den Inseln lebende

Flora und Fauna eine offensichtliche Ähnlichkeit mit der des südamerikanischen Kontinents auf. Dasselbe gilt für die Kapverdischen
Inseln im Vergleich mit Afrika. Im kreationistischen Erklärungsan-
satz bleibt dies rätselhaft, denn warum hat der Schöpfer unter so
unterschiedlichen Bedingungen ähnliche Lebewesen angesiedelt?
Und wieso hat er zwei Inselgruppen, die von ihren klimatischen und
geologischen Verhältnissen her einander sehr ähnlich sind, jeweils
mit ganz unterschiedlichen Tiergruppen ausgestattet? Darwin kann
diese Phänomene mit Hilfe seiner Theorie durch die Verwandtschaft
von Kontinent- und Inselbewohnern erklären. Auch auf die Frage
der Artenvielfalt auf den Inseln gibt sie eine plausible Antwort.
Nicht nur die physikalischen Lebensbedingungen sind entscheidend, sondern auch die Natur der übrigen Organismen, mit denen
jedes Lebewesen zu konkurrieren hat, so daß winzig kleine Unterschiede zwischen den Organismen für die Anpassung an eine Vielfalt ökologischer Nischen genutzt werden.

Im 14. Kapitel diskutiert Darwin die Fruchtbarkeit seiner Theorie
als Grundlage eines *natürlichen Klassifikationssystems von Orga-*
nismen. Das System von Carl von Linné (1707–1778), auf den das
heutige Klassifikationssystem und die binäre Klassifikation von
Organismen zurückgeht, war an qualitativen und quantitativen
Merkmalen der Lebewesen orientiert. Er wollte durch seine Arbeit
den göttlichen Schöpfungsplan aufdecken. Linnés statisches, an der
Konstanz der Arten orientiertes System war insofern künstlich, als
es keinen natürlichen Zusammenhang zwischen den Lebewesen
über die Artgrenzen hinaus annahm. Im 18. Jahrhundert gab es daher heftige Kontroversen über natürliche und künstliche Systeme
(Jahn ³1998). Nach Darwin ist nun die «gemeinsame Abstammung
das geheime Band, das die Naturforscher unter der Bezeichnung des
natürlichen Systems gesucht haben.» (411). Alle Lebewesen lassen
sich auf wenige oder eine Form zurückführen und haben daher
gemeinsame Vorfahren, auch wenn diese sich im Laufe der langen
Zeiträume verlieren. Arten, Gattungen, Familien, Ordnungen,
Klassen, Stämme und Reiche sind über ihren Ursprung miteinander
verbunden. Für die Rekonstruktion verwandtschaftlicher Beziehungen, wie der zwischen den zum Stamm der Wirbeltiere gehörenden Klassen (Fische, Amphibien, Reptilien, Säugetiere, Vögel), sind
Morphologie und Embryologie von zentraler Bedeutung. Die Mor-

phologie ist für Darwin die «wahre Seele der Naturgeschichte» (397) (zum Verhältnis von Evolutionstheorie und Morphologie im 20. Jahrhundert siehe Maier 1999). Sie untersucht die Übereinstimmungen im Bauplan von Organismen, die «Einheit des Typus», die Homologien (ebd.), um ihre verwandtschaftlichen Zusammenhänge aufzudecken. Die Begriffe «Bauplan» und «Typus» sind hier nicht idealistisch oder essentialistisch zu verstehen, sondern bezeichnen eine Struktur, ein Muster. Darwin führt die Greifhand des Menschen, den Grabfuß des Maulwurfs, das Rennbein des Pferdes, die Ruderflosse der Seeschildkröte und den Flügel der Fledermaus an, die alle «nach demselben Muster gebaut» sind. Trotz der Ähnlichkeit im Bauplan werden diese Organe jedoch für ganz unterschiedliche Zwecke, Funktionen, genutzt. Im Rahmen dieses Bauplans findet eine Anpassung der Organismen an ihre jeweiligen Lebensbedingungen statt. Darwin kann in seiner Theorie die beiden großen Gesetze, die Einheit des Bauplans oder Typus und die Bedingungen der Existenz, zusammenführen (174 f.). Die Einheit des Typus erklärt er aus der Einheit der Abstammung, die besonderen Konkretisierungen der Organe als Anpassungen an die jeweiligen Existenzbedingungen. Die Embryologie verrät die Verwandtschaft zwischen Organismen unterschiedlicher Gruppen durch die Übereinstimmung in der Embryonalentwicklung (Kap. IV.4.1.1; vgl. Brief an Gray in CCD 8, 350). Ein weiteres Zeugnis für die Abstammungsgeschichte sind die Rudimente, d. h. Organe, die bei früheren Organismen der Ahnenreihe eine Funktion hatten, diese nun aber verloren haben und nutzlos geworden sind. «Rudimentäre Organe können mit den Buchstaben eines Wortes verglichen werden, die noch mitbuchstabiert werden, aber in der Aussprache nutzlos werden, doch für dessen Ableitung als Indiz («clue») dienen.» (418)

Das 15. und damit letzte Kapitel besteht aus einer *allgemeinen Wiederholung und Schlußbemerkungen*. Darwin stellt fest, daß das gesamte Werk ein langer Argumentationszusammenhang sei, und rekapituliert die wichtigsten Ergebnisse. Wegen vieler Falschdarstellungen seiner Theorie wiederholt er den letzten Satz der Einleitung zur 1. Auflage von *Origin*. «Ich bin davon überzeugt, daß die natürliche Selektion das primäre, nicht aber das einzige Mittel zur Abänderung [von Lebensformen] gewesen ist.» (438). Unterstützt wurde dieser Prozeß des Artenwandels «in bedeutender Weise durch die vererbten Wirkungen des Gebrauchs und Nichtgebrauchs der Teile; und in unbedeutender Weise, d. h. mit Bezug auf vergangene oder gegenwärtige adaptive Strukturen, durch die direkte Wirkung der äußeren Bedingungen sowie durch Variationen, die wir in unserer Unwissenheit für spontan halten.» (438).

Er sieht keinen Anlaß, daß mit seiner Theorie religiöse Gefühle verletzt werden könnten. Darwin führt auch die im ersten Abschnitt bereits genannten wissenschaftstheoretischen Argumente an. Er prognostiziert eine Revolution in der Naturgeschichte, wenn sich seine und Wallace' Theorie durchsetze. Diese Theorie werde auf Grund ihrer Erklärungskraft in verschiedenen biologischen Disziplinen neue Forschungsprogramme zu unterschiedlichen Themen wie Fragen der Klassifikation, den Ursachen der Variation und ihren Gesetzmäßigkeiten, über Korrelation u. a. initiieren. Ein Feld für noch wichtigere Untersuchungen ist die Psychologie mit der Erforschung kognitiver Fähigkeiten und die Entstehung des Menschen. Darwin schließt sein Werk mit folgender Passage, in welcher er den Schöpfer als den Ursprung von wenigen oder nur einer einzigen Lebensform nennt:

«So folgt aus dem Krieg der Natur (*war of nature*), aus Hungersnot und Tod direkt der herrlichste Gegenstand, den wir zu erkennen vermögen, nämlich die Hervorbringung höherer Tiere. Es ist eine Größe in dieser Ansicht vom Lebendigen mit seinen verschiedenen Kräften, die vom Schöpfer ursprünglich in einige Formen oder in eine gehaucht wurde; und daß, während dieser Planet nach dem festen Gesetz der Schwerkraft seine Kreisbahnen dreht, aus einem so schlichten Anfang endlose schönste und wunderbarste Formen entwickelt wurden und entwickelt werden.» (446 f.).

Wissenschaftstheoretisches Resümee Die von Darwin in *Origin* zusammengetragenen Argumente stützen einander. Es ist nicht nur das Prinzip der natürlichen Selektion, das mit seinem Namen verbunden ist, sondern auch die Gesamtheit der theoretischen Voraussetzungen und Disziplinen (Morphologie, Embryologie, Phylogenie, Paläontologie u. a.), zu denen heute die Möglichkeit der Rekonstruktion von Stammbäumen durch genetische Analysen hinzukommt, welche die Plausibilität von Darwins Theorie erhärten. Mit ihrer Aufdeckung der Universalität des genetischen Codes hat die Molekularbiologie Darwins Annahme von der Einheit des Lebendigen bestätigt (Hemleben 1999).

Hier sollen zwei Einwände thematisiert werden, die immer wieder gegen Darwins Theorie erhoben werden. Der erste lautet, daß sie keine Prognosen über die zukünftige Evolution erlaube. Tatsächlich ist der Gegenstand der Darwinschen Theorie so komplex, daß wir es bei ihren Gesetzen weitgehend mit *probabilistischen Gesetzen* zu tun haben, die keine strengen Prognosen, sondern nur Wahrscheinlichkeitsaussagen ermöglichen. So entsteht Variation bei sich sexuell fortpflanzenden Organismen durch zufällige Mutation und genetische Rekombination, bei der Allele neu gemischt und nach dem Zufallsprinzip verteilt werden (Campbell, Reece 2003, 287 ff., 533 ff.). Daher sind hier nur probabilistische Vorhersagen möglich. Hinzu kommen die Unabwägbarkeiten der Umweltbedingungen, unter denen Organismen leben u. a. Dies sind jedoch noch keine Einwände gegen den wissenschaftlichen Charakter der Darwinschen Theorie, es sei denn, man wolle sie auch gegen die Theorie des radioaktiven Zerfalls und die Kinetische Gastheorie erheben.

Der zweite Kritikpunkt ist der Tautologie-Einwand. Hierbei wird in der Regel die Formulierung «survival of the fittest» aufgegriffen, und es wird gesagt, daß damit nichts anderes als «survival of the survivor» ausgesagt werde. In diesem Fall wäre der Ausdruck analytisch, das heißt, er hätte keinen empirischen Gehalt, was einen Todesstoß für jede wissenschaftliche Theorie bedeutet, die empirische Sachverhalte erklären will. Dieser Einwand ist jedoch unhaltbar, da der Ausdruck «fit» bei Darwin und Spencer im Unterschied zur heutigen Verwendungsweise nicht die reproduktive Fitness eines Organismus bezeichnet, die sich nach der Anzahl der Nachkommen bemißt, sondern die Beziehung zwischen einem Organismus und seinen jeweiligen Lebensbedingungen, seine «Passung». Auf diese unterschiedlich gute Passung von Organismen zu ihren je konkreten Existenzbedingungen ist der durchschnittliche unterschiedliche Fortpflanzungserfolg zurückzuführen. Wenn etwa ein Schmetterling eine Farbnuance besitzt, die in seiner Umgebung günstiger ist als die Färbung seiner Artgenossen, weil er dadurch über eine bessere Tarnung vor Feinden verfügt (bessere Passung), so hat er statistisch betrachtet einen höheren Fortpflanzungserfolg als seine Artgenossen (reproduktive Fitness), so daß sich damit auch sein Merkmal gegenüber denen anderer durchsetzen kann. Durch die Differenzierung zwischen dem *Passungsgrad* eines Merkmals und seinem *Selektionswert* wird der Tautologieeinwand obsolet.

Passungsgrad und Selektionswert werden sowohl unterschiedlich definiert als auch nach unterschiedlichen Kriterien festgestellt (Engels 1989, 134–140).

5. Darwins Metaphorik

Darwin bedient sich einer sehr metaphernreichen Sprache. Die Metaphern «natürliche Selektion» und «struggle for existence» sind untrennbar mit seinem Namen verknüpft. Da er die Analogie zwischen der künstlichen und der natürlichen Selektion nachdrücklich betont und bei der Beschreibung der natürlichen Selektion und der Natur überhaupt metaphorisch eine Terminologie aus dem Bereich des bewußten intelligenten Wählens und Handelns verwendet, führte dies bei zahlreichen Lesern zu Mißverständnissen. Man warf ihm Inkonsistenz bezüglich der Rolle des *Design* in der Natur vor, manche Leser fühlten sich ermutigt, in der Natur die Möglichkeit intelligenter Wahl angelegt zu sehen (Intr. CCD 14, xxii). Zur Vermeidung weiterer Mißverständnisse schlug Wallace Darwin vor, den Begriff der natürlichen Selektion durch den Ausdruck «survival of the fittest» zu ersetzen. Dieser wurde von Spencer in dessen *Prinzipien der Biologie* (1864) im Anschluß an Überlegungen zu Gleichgewichtszuständen zwischen Organismen und ihrer Umgebung verwendet, welche unter den Individuen einer Art unterschiedlich gut realisiert sind und dementsprechend zum Tode oder zum Überleben führen. «Dieses Überleben der Passendsten beinhaltet deren Vermehrung. Dieses ‹survival of the fittest› ist das, was Mr. Darwin ‹natürliche Selektion, oder die Erhaltung der begünstigten Varietäten im Ringen um die Existenz› genannt hat.» (1864 I, 444 f.). Darwin ersetzte «natural selection» zwar nicht durch «survival of the fittest», nahm diesen Begriff ab der 5. Auflage von *Origin* aber zusätzlich mit auf. Aus zwei Gründen hielt er an «natural selection» fest, erstens, weil er es für vorteilhaft hielt, zur Hervorhebung der Beziehungen zwischen künstlicher und natürlicher Selektion einen gemeinsamen Begriff zu verwenden, zweitens aus sprachlichen Gründen, weil der neue Begriff kein Verb regiere. Formulierungen wie «die Natur wählt» hätte er also nicht mehr verwenden können, woran ihm aber sehr gelegen war. Einwände gegen seine Terminologie, daß er von der natürlichen Selektion wie von einer «aktiven Macht oder Gottheit» spreche oder den Begriff der Natur personifiziere, weist er mit dem Hinweis auf den metaphorischen Charakter derartiger Ausdrücke, die er der Kürze halber verwende, als oberflächlich zurück. Auch der Chemiker spreche von «Wahlverwandtschaften», und wer erhebe Einwände gegen den Gebrauch des Wortes «Schwerkraft» zur Erklärung der Planetenbewegungen? Unter «Natur» verstehe er nur die Gesamtwirkung und das Ergebnis vieler Naturgesetze, und unter «Gesetzen» die Folge von Ereignissen, wie sie von uns festgestellt werde (66).

Auch beim Begriff *«struggle for existence»* weist Darwin ausdrücklich auf dessen «weiten und metaphorischen Sinne» hin. Diesen Begriff hat nicht Darwin geprägt, er findet sich bereits bei Malthus und Lyell. Darwin verwendet «struggle for existence» in unterschiedlichen Bedeutungen. Zwar beinhaltet der Begriff auch den buchstäblichen Kampf um Nahrung und Leben der Lebewesen untereinander in Zeiten des Mangels. Doch umfaßt er auch andere Komponenten, wie die Abhängigkeit der Lebewesen voneinander, das Überleben des Individuums und – was nach Darwin noch bedeutsamer ist – das Hinterlassen von Nachkommenschaft. Auch eine Pflanze am Rande der Wüste kämpfe um ihr Leben gegen die Trockenheit. «Der Einfachheit halber» verwende er die Ausdrücke «struggle for existence» und «struggle for life» in diesen verschiedenen, ineinander übergehenden Bedeutungen (52).

Darüber hinaus ist zu beachten, daß der *struggle for existence* ganz unterschiedliche *Bewältigungsstrategien* umfaßt. Welche hiervon jeweils realisiert wird, hängt von den artspezifischen Besonderheiten der Organismen und ihren Existenzbedingungen ab. Auch die *Kooperation* zwischen Individuen derselben Art, etwa durch gegenseitiges Warnen vor dem Feind, gemeinsames Jagen und Teilung der Beute oder unterschiedlicher Arten (z.B. Symbiosen) kann eine Form des Ringens um das Überleben sein.

Darwin verwendet den Ausdruck «struggle for existence» in *Origin* also in mindestens fünf Bedeutungen, nämlich zur Bezeichnung 1) der Konkurrenz zwischen den Individuen derselben Art (intraspezifischer «struggle»), 2) der Konkurrenz zwischen Individuen unterschiedlicher Arten (interspezifischer «struggle»), 3) des Ringens um die Existenz eines Lebewesens mit den spezifischen Umweltbedingungen, denen es ausgesetzt ist (Trockenheit, Kälte, Nässe usw.), 4) des Hinterlassens von Nachkommenschaft, 5) der Abhängigkeit der Lebewesen voneinander. Die von Malthus beschriebene Situation, daß die Zunahme an lebensnotwendigen Ressourcen hinter dem Bevölkerungswachstum herhinkt, beinhaltet also *erstens* nicht notwendigerweise einen gewaltsamen intra- oder interspezifischen Konkurrenzkampf, sondern erlaubt unterschiedliche Bewältigungsstrategien, zu denen auch die Kooperation gehört; *zweitens* ist er nicht spezifisch für alle Formen des *struggle for life*, wie das Beispiel der Pflanze am Rande der Wüste zeigt, die gegen die Trockenheit um ihre Existenz kämpft.

Durch Darwins Einführung dieses Begriffs im Zusammenhang mit Malthus' Bevölkerungsgesetz konnte der Eindruck entstehen, daß der Mechanismus der Artentstehung ausschließlich oder vorrangig an die von Malthus beschriebene Situation der Ressourcenknappheit gebunden ist. Dies ist jedoch nicht der Fall, wie aus Darwins Explikation hervorgeht. Um die natürliche Selektion, d. h. den unterschiedlichen Fortpflanzungserfolg unter den Individuen einer Art bzw. Population erklären zu können, muß Darwin natürliche, «wahre Ursachen» angeben können. Welche Merkmale eines Individuums für seinen Fortpflanzungserfolg ausschlaggebend sind, hängt von seinen spezifischen Lebensbedingungen und Situationen ab. Knappe Ressourcen können ein Faktor sein, sie müssen es aber nicht. Auch in einer Umgebung mit einem üppigen Nahrungsangebot kann es unter den Individuen einen ungleichen Fortpflanzungserfolg geben, da es möglicherweise auf bessere Tarnung vor dem Feind, geschickteres Klettern, schnellere Flucht oder bessere Klimaverträglichkeit ankommt (vgl. de Beer 1963, 101). «Struggle for life» bedeutet also das Ringen um die Existenz oder auch das Streben nach Selbsterhaltung in allen möglichen Formen und unter allen denkbaren Lebensbedingungen. Der Begriff ist daher situationsspezifisch zu interpretieren. Das von Darwin Gemeinte kann völlig ohne die Begriffe «struggle for life» und «natürliche Selektion» ausgedrückt werden, was aber lange und umständliche Formulierungen erfordert. Daher bevorzugt er kürzere Metaphern.

Durch Malthus kam Darwin auf das für seine Frage wesentliche Grundschema. Daß er die von Malthus angeführte Kluft zwischen Nahrungsmitteln und Vermehrungsrate als Ursache der differenziellen Reproduktion jedoch nicht verabsolutiert und sie vielmehr als nur eines von zahlreichen anderen Beispielen betrachtet, zeigt sein Text. Daher sollte Malthus' Einfluß auf Darwin nicht überschätzt werden (vgl. F. Darwin in PM 10, XV; Reif 2006a). Was Malthus' Gesetz für ihn attraktiv machte, war vermutlich auch seine mathematische Struktur. Aufschlußreich ist, daß Darwin es bedauerte, den Begriff der natürlichen Selektion gewählt zu haben. Gern hätte er ihn durch den der natürlichen Erhaltung (*natural preservation*) ersetzt (CCD 8, 371,389), aber dazu war es zu spät.

Auch über den Ausdruck «struggle for existence» ist er nicht glücklich. Er selbst äußerte am 29. März 1869 in einem Brief an W. Preyer auf Grund der Mehrdeutigkeit des Ausdrucks Bedenken sowie die Vermutung, daß der deutsche Ausdruck «Kampf» usw. nicht ganz dieselbe Vorstellung wiedergebe (Darwin in Preyer 1891, 362). Der Ausdruck «struggle for existence» bedeute «concurrency». Dieser Begriff sei anwendbar, wenn zwei Individuen während einer Hungersnot nach derselben Nahrung jagen, aber auch, wenn ein einzelnes Individuum nach Nahrung jagt und wenn jemand bei Schiffbruch gegen die Wogen des Meeres kämpft. «Concurrency» (engl. Originalfassung) beinhaltet laut Wörterbuch zudem sowohl die Bedeutung von «cooperation», Kooperation, als auch von «competition», Wettbewerb (A New English Dictionary 1893, 778 f.).

Allerdings hat Darwin Mißverständnissen seiner Theorie Vorschub geleistet, da er seine Metapher selbst auch mittels der Ausdrücke «war of nature» (Origin^2, 446) und «wedge», Keil, (Origin^1, 50) verdeutlicht. Zu verheerenden Konsequenzen kann es kommen, wenn solche Metaphern fälschlicherweise als wissenschaftliche Legitimation politischer Interessen in Anspruch genommen werden.

6. Das «Gesetz des kunterbunten Durcheinanders»

Darwins Kritik an der Lehre von der Sonderschöpfung jeder einzelnen Art zieht sich wie ein roter Faden durch *Origin*. Die kritische Stoßrichtung seiner Theorie geht aber viel weiter und tiefer, denn sie trifft nicht nur die Idee der Sonderschöpfungen, sondern die Rolle Gottes in der Natur überhaupt. Darwin war ursprünglich mit der Absicht angetreten, der Biologie den Anschluß an die übrigen Naturwissenschaften zu verschaffen und Zweitursachen oder Sekundärgesetze zu finden, durch welche die göttliche Erstursache wirkt (Kap. II.3.2). Sein Gesetz über die Mechanismen der Entstehung von Arten und Anpassungen impliziert auf Grund seiner besonderen Struktur nun aber die Verzichtbarkeit der göttlichen Erstursa-

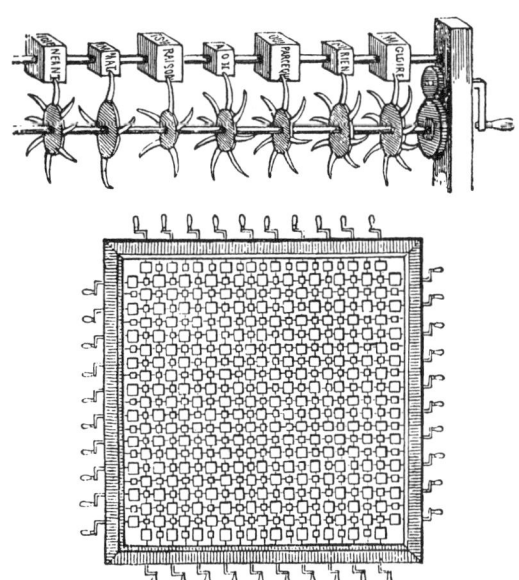

Abb. 6: Apparatur in der Akademie von Lagado zum Verfassen
von Büchern nach dem Zufallsprinzip

che für das Verständnis von Artentstehung und Zweckmäßigkeit in
der lebendigen Natur.

Darwin war auf Herschels Spuren gewandelt und wollte mit der
Angabe von Naturgesetzen und Zwischenursachen das «Geheimnis
der Geheimnisse» lüften, also die Entstehung von Arten erklären.
Nach bestem Wissen hatte er dessen Methodologie, die hypothetisch-
deduktive Methode, angewandt. Selbstverständlich ließ er ihm direkt
vom Verleger ein Exemplar von *Origin* zusenden und war gespannt
auf sein Urteil. Daher war er zutiefst enttäuscht, als ihm zu Ohren
kam, daß sich ausgerechnet Herschel vernichtend über das von ihm
entdeckte Naturgesetz äußerte und es als das «Gesetz des kunterbunten Durcheinanders», das «Gesetz von Kraut und Rüben» (*law
of higgledy-piggledy*) abkanzelte. Herschel sandte Darwin 1861 sein
neues Buch, die *Physical Geography of the World*, zu, in der er in
einer Fußnote auf Darwins Werk Bezug nimmt. Auch hier ist der
Tenor kritisch. Er richtet sich gegen das «Prinzip der willkürlichen

und zufälligen Variation und natürlichen Selektion», das keine «hinreichende Erklärung *als solche* der organischen Welt in Vergangenheit und Gegenwart» sein könne, und vergleicht es mit der «Laputaschen Methode» des Bücherschreibens. Kurz zum Hintergrund: Laputa ist eine der Stationen auf Gullivers Reisen in dem Roman von Swift. In der dortigen Akademie von Lagado hat ein Professor eine Apparatur entwickelt, die es ermöglichen soll, durch die Betätigung von Kurbeln aus einer Anzahl vollkommen beliebig zusammengewürfelter Wörter im Laufe der Zeit Bücher mit sinnvollen Texten herzustellen (Abb. 6). Wie diese Methode aber nicht ausreiche, so Herschels Einwand, um daraus Newtons *Principia* oder Shakespeares Werke entstehen zu lassen, könne auch Darwin mit seinem Zufallsprinzip keine Zweckmäßigkeit im Lebendigen erklären.

Herschel vermißt in Darwins Erklärung eine am Zweck orientierte Intelligenz, die den einzelnen Veränderungsschritten Maß und Richtung verleiht. Er glaube nicht, daß Darwin die Notwendigkeit solch einer intelligenten Steuerung abstreite, doch sei sie nicht in der «Gesetzesformel» enthalten. Herschel stellt nicht in Abrede, daß eine derartige Intelligenz gemäß einem Gesetz, d.h. einem vorgefaßten Plan, handeln könne statt direkt in die Natur einzugreifen. Gerade er hatte ja gefordert, das «Geheimnis der Geheimnisse» durch «Zwischenursachen» zu lüften (Kap. II.1). Mit dieser Einschränkung, allerdings mit gewissen Bedenken bezüglich der Entstehung des Menschen, sei er weit davon entfernt, Darwins Ansichten über diesen geheimnisvollen Gegenstand abzulehnen. Damit bringt Herschel Darwins Gesetz aber um dessen wesentlichen Kern. Von Baer äußert später dieselbe Kritik und rückt Darwins Theorie in die Nähe eines Wissenschaftsmärchens (von Baer 1873, 1987). Und auch Sedgwicks Antwort ging in diese Richtung (CCD 7, 396). Lyells Reaktion war weitaus positiver, und er äußerte sich auch in der Öffentlichkeit in diesem Sinne, hatte aber dennoch bestimmte Bedenken gegen die Theorie. Der große Stolperstein lag für ihn in den Implikationen für den Ursprung des Menschen (CCD 7, 339f.).

Seitens der Wissenschaftsphilosophie gab es jedoch nicht nur Kritik. J. St. Mill äußerte sich in mehreren Briefen an Kollegen und in seiner *Logik* sehr positiv über Darwins Werk. Darwin habe, um Newtonisch zu sprechen, eine *vera causa* gefunden, und es tue seiner Leistung keinen Abbruch, daß er die Frage nach dem ersten Ursprung des Lebens nicht beantwortet habe (Brief an Watson

30. Januar 1869 in Mill 1972, 1553 f.). Darwins Argumentation sei in exaktester Übereinstimmung mit den strengen Prinzipien der Logik, und seine Forschungsmethode sei die für einen solchen Gegenstand einzig geeignete (Fawcett an Darwin über ein Gespräch mit Mill, ML I, 189). Mill weist den gegen Darwin erhobenen Vorwurf des Verstoßes gegen die Regeln der Induktion als unbillig zurück, da sich Darwin an den Regeln der *Hypothesenbildung* und nicht der Induktion zu orientieren habe. Er sieht Darwins Leistung darin, durch seine kühne Hypothese der Forschung neue Wege eröffnet zu haben (Mill 1868 II, 20). Wie auch andere Rezipienten Darwins, zu denen seine Freunde Huxley und Gray gehören, operiert Mill hier mit der Unterscheidung zwischen *Hypothese* und *Theorie*, die im 19. Jahrhundert schärfer war als heute.

Darwin nahm Mills Reaktion erleichtert zur Kenntnis. Gleichzeitig war er enttäuscht darüber, daß man seine Theorie nur als «Hypothese» bezeichnete. Er hatte generelle wissenschaftstheoretische Bedenken gegen die Differenzierung zwischen Hypothese und Theorie, da sie letztlich folgenlos bleibe. Auch anerkannte wissenschaftliche Theorien, wie die Wellentheorie des Lichts und die Gravitationstheorie, denen man den Status der Theorie nicht absprach, wären nach diesem Kriterium Hypothesen. Sogar in der Gravitations*theorie* sei die Anziehungskraft nur durch ihre Wirkungen, das Fallen des Apfels und die Planetenbewegung, bekannt (CCD 8, 91). Darwin weist mit Recht darauf hin, daß auch anerkannte wissenschaftliche Theorien bestimmte Leitkonzepte oder -hypothesen voraussetzen, die selbst, für sich betrachtet, nicht operationalisierbar sind, außer dadurch, daß mit ihnen gearbeitet werden kann und sie Erklärungen ermöglichen. Für ihn *entwickelt* sich eine Hypothese zur Theorie, indem sie viel erklären kann. Darwin zeigt damit, daß er auch hinsichtlich seines wissenschaftstheoretischen Problembewußtseins seinen Zeitgenossen voraus ist.

7. Darwins ungeheure Herausforderung –
Die Verzichtbarkeit einer intelligenten Erstursache

Darwin lässt sich durch Herschels und Sedgwicks Reaktionen jedoch nicht irritieren. Für ein *intelligent design* sieht er beim Anblick der Organismen keine Evidenz. «Denn ich bin nicht bereit, einzuräumen, daß Gott die Federn im Schwanz der Felsentaube dazu bestimmt hat, in höchst eigentümlicher Weise zu variieren, damit der Mensch solche Variationen auswählen kann, um einen Fächer daraus zu machen; und wenn dies nicht eingestanden wird, … kann ich kein Design in den Strukturvariationen bei Tieren im Naturzustand sehen, – jene Variationen, die für das Tier nützlich waren, werden erhalten und die nutzlosen oder schädlichen zerstört.» (CCD 9, 135). Darwin fragt, was die Annahme eines *intelligent design* in der Natur denn ganz konkret bedeute. Hat dieser intelligente Urheber jedes Detail eines Organismus geplant? Möchte Lyell etwa behaupten, daß die intelligente Ursache die Form von Darwins Nase bestimmt und gebildet hat (CCD 9, 238 f.)? Ist die Stupsnase, so auch seine Frage an Gray, ein *design* (CCD 9, 369)?

Der Konflikt zwischen der Naturtheologie und Darwins Theorie läßt sich anhand der Diskussion zwischen Darwin und seinem langjährigen Freund Asa Gray gut aufzeigen. Gray gehörte zum Kreis derjenigen, die Darwin in der Verbreitung seiner Theorie engagiert unterstützten. Obwohl er tiefreligiös und überzeugter Anhänger des *argument from design* war, wurde er zum wichtigsten Vorkämpfer der Darwinschen Theorie in Nordamerika. Bereits 1860 veröffentlichte er eine dreiteilige Artikelserie über Darwins *Origin*, in der er nachzuweisen versuchte, daß Darwins Theorie durchaus argumentativen Spielraum für die Rolle göttlicher Intelligenz in der Evolution ließ und daher vereinbar mit der Naturtheologie sei. Darwin habe sich über die philosophischen und theologischen Implikationen seiner Theorie ausgeschwiegen. Gray wollte auch jene Leser von Darwins Theorie überzeugen, die glaubten, sie aus religiösen Gründen ablehnen zu müssen. Gray engagierte sich auch für die Publikation einer autorisierten Edition von Darwins *Origin* in den Staaten (CCD 8, 571 ff.). Um Darwins Theorie auch im eigenen Heimatland eine stärkere Akzeptanz zu verschaffen, wurde die Artikelserie auf Darwins Anregung hin in einer britischen Zeitschrift veröffentlicht.

Gray betrachtet Darwins Konzept des Artenwandels durchaus als eine wissenschaftlich respektable Hypothese, wenn auch ihre Bestätigung noch ausstehe und ihre Plausibilität weiter untermauert werden müsse. Im Sinne der Tradition Bacons und dessen Warnung vor der Verwendung von Finalursachen am falschen Ort fällt für ihn die Erforschung der «Sekundärursachen oder natürlichen Ursachen» in den Bereich der Naturwissenschaften, während die Philosophie sich mit Fragen der Erstursache, «primary cause», befasse (Gray 1963, 119). Die wissenschaftlichen Begriffe der Transmutationstheorie der Arten müssen daher nicht weniger als die Theorie der Dynamik für Theisten und Atheisten dieselben sein. Naturwissenschaftler sollen den Bereich des mit ihren Methoden Erforschbaren so weit wie möglich untersuchen. Doch wenn wir die Ursachenkette immer weiter zurückverfolgen, stoßen wir irgendwann auf das naturwissenschaftlich Unerklärbare. Hier kommt die göttliche Vorsehung oder *Design* ins Spiel. Für Gray sind Abstammungstheorie und Teleologie daher miteinander vereinbar. Wie zeigt sich dies konkret in seinem Verständnis von Evolution?

Für Gray ist die natürliche Selektion als naturwissenschaftlich erforschbare Ursache nur *eine* Komponente im Prozeß der Entstehung von Anpassungen und Arten. Die andere Komponente ist die *Qualität* der *Ursachen der Variationen*. Die Entstehung von Variationen gehe auf göttliches Design zurück, das ihnen ihre je spezifische Qualität und Richtung verleiht.

Darwin hat in *Origin* die individuellen Variationen als «spontan» und «zufällig» bezeichnet (Origin⁶, 427), jedoch eingeräumt, daß die Rede vom «Zufall» (*chance*) eine völlig unkorrekte Ausdrucksweise sei, die nur die Unkenntnis der Ursache jeder einzelnen Variation zum Ausdruck bringe (112). Mit «zufällig» meint Darwin nicht, dass es keine Gesetze gebe, sondern daß die Variationen im Hinblick auf ihren Gebrauch, den von ihnen später zu erfüllenden Zweck, zufällig sind. Sie *erweisen* sich unter den jeweiligen Existenzbedingungen und dem Druck der natürlichen Selektion als zweckmäßig, sind also zufällig im Sinne von nicht geplant (an F. J. Wedgwood CCD 9, 200; vgl. PM 20, 371). Auch wenn Darwin die den Variationen zugrunde liegenden natürlichen Ursachen und Gesetzmäßigkeiten noch nicht kennt, bedeutet dies nicht, daß er in diese Lücke Gott hineinschlüpfen läßt. Gray möchte Darwin dagegen empfehlen, angesichts der völligen Unkenntnis der physikalischen Ursache der Variation in der «Philosophie seiner Hypothese» eine Gerichtetheit der Variation entlang bestimmter, von Gott geplanter «wohltätiger Strecken» anzunehmen («variation has been led along certain beneficial lines») (Gray 1963, 121 f.). Natürliche Selektion und Naturtheologie sind für ihn miteinander vereinbar, weil er *Design* oder Vorsehung im Bereich der Variationen ansiedelt. Der Titel «Natürliche Selektion nicht unvereinbar mit Naturtheologie» lenkt daher vom eigentlichen Konflikt ab, da die Qualität der Variationen den Gegenstand der Kontroverse bildet.

In seiner kritischen Rückmeldung an Asa Gray greift Darwin dessen Annahme heraus, daß die Variationen durch die Vorsehung auf einer «wohltätigen Strecke» geführt würden. Genau dieses Zugeständnis kann er jedoch nicht machen (CCD 8, 496). Damit würde die natürliche Selektion vollkommen überflüssig, und die Erklärung der Entstehung neuer Arten würde dem Zuständigkeitsbereich der Wissenschaften entzogen. «Variationen sind nicht von Anfang an durch Vorsehung zweckmäßig, sondern werden dazu erst durch die natürliche Selektion im struggle for life und unter wechselnden Existenzbedingungen» (an Lyell CCD 9, 226; vgl. auch Darwin an F. J. Wedgwood CCD 9, 200). Darwin sieht keine Anzeichen für einen wohlwollenden Plan oder überhaupt für irgendeinen Plan im Detail. An die Vorherbestimmung jeder Variation als spezielles Ziel kann er nicht mehr glauben als an die Vorherbestimmung des Punkts, auf den der Regentropfen fällt (ML I, 321).

Hinzu kommt die Frage, wie sich die Annahme eines gütigen Gottes mit dem Leiden in der Welt vereinbaren läßt. Damit spricht Darwin ein Problem an, das in der Philosophie als das *Theodizeeproblem* bezeichnet wird. Auch hierüber äußert er sich in einem Brief an Asa Gray. Er habe keine Absicht gehabt, «atheistisch zu schreiben», doch könne er keine Hinweise auf *design* und allseitige Wohltätigkeit (*beneficence*) sehen. Hat ein wohlwollender und allmächtiger Gott absichtlich Lebewesen erschaffen, die auf Kosten anderer existieren? Hat er die Schlupfwespe absichtlich erschaffen, damit sie sich in lebenden Raupen ernährt? Will er, daß die Katze mit der Maus spielt (CCD 8, 224)? Da Darwin dies nicht glaubt, sieht er auch keine Notwendigkeit für die Annahme, daß das Auge ausdrücklich geplant worden ist.

Andererseits scheint er sich nicht mit dem Gedanken zufrieden-
geben zu können, daß dieses wunderbare Universum und vor allem
die menschliche Natur ein Resultat roher Kräfte ist. Er «neige dazu»,
schreibt er an Asa Gray, alles als Resultat geplanter Gesetze (*designed
laws*) zu sehen, wobei die Ausarbeitung der Details, ob gut oder
schlecht, jedoch dem Zufall (*chance*) überlassen sei. Dies widerspricht aber dem Geist, den die christlichen Naturtheologen mit der
Idee von *designed laws* verbinden. Darwin neigt eher zum Agnostizismus, der auch Ausdruck seines Wissens um die Fehlbarkeit und
Begrenztheit der menschlichen Erkenntnis ist. «Ein Hund könnte
ebenso über Newtons Geist spekulieren. – Jeder soll das hoffen und
glauben, was er kann» (ebd.). Mehrfach gesteht er, daß er in der Frage
des *intelligent design* «völlig im Durcheinander» («*in a complete
jumble*») und verwirrt sei (CCD 9, 135; CCD 8, 496; CCD 8, 224;
ML I, 321). In einem Brief an Lyell schreibt er vage, er wolle «nicht
sagen, daß Gott nicht alles voraussah, was geschehen würde», doch
gerate man hier nur in Verwirrung wie über das Verhältnis von
freiem Willen und vorherbestimmter Notwendigkeit (CCD 9, 226).
Undiskutiert bleibt die Frage, wie ein Gott, welcher Gesetze plant
und kreiert, die Zufälliges bewirken, dennoch jedes Detail vorher-
sehen kann, und was mit einem solchen Gott für die Bewältigung
des konkreten Lebens gewonnen ist.

Vereinzelte Äußerungen, die in der Korrespondenz mit Gray,
Herschel, Lyell u. a. den Anschein eines Entgegenkommens erwek-
ken, sind eher als freundschaftliche Gesten denn als Zugeständnis an
eine Naturtheologie zu deuten. Letztlich spielt es bei Darwin gar
keine Rolle, ob Gott diese Naturgesetze geplant und eingerichtet
hat, weil Darwin seine Theorie der Zweitursachen unabhängig von
einer Erstursache und deren möglichen Attributen konzipiert. Gerade weil wir Gottes Willen nicht kennen, müssen wir die Gesetze
ohne Spekulationen über ihn entwerfen (Kap. II.3.2). Immer wieder
verteidigt Darwin die Zufälligkeit der Variationen im Sinne ihrer
Ungeplantheit. Paleys altes Argument vom *Design* in der Natur, das
ihm früher so schlüssig vorgekommen sei, habe seit seiner Entdek-
kung des Gesetzes der natürlichen Selektion seine Überzeugungskraft verloren: «Wir können nicht mehr argumentieren, daß zum
Beispiel ein so wundervoller Gegenstand wie eine zweischalige Mu-
schel ebenso von einem intelligenten Wesen gemacht sein muß wie
eine Türangel vom Menschen. In der Variabilität organischer Wesen

und in dem Vorgang natürlicher Selektion scheint uns nicht mehr Planung zu stecken als in der Richtung, aus der der Wind bläst.» (AE 87, AD 92). Damit entfällt auch die Annahme eines *Telos* der *Evolution als Ganzer*.

Darwins religiöse Überzeugungen schwankten im Laufe seines Lebens. Zu Beginn seiner Weltreise war er ein orthodoxer Gläubiger. Mit der Zeit beschlich ihn der Unglaube, am Ende «war er unabweisbar und vollständig». Doch bezeichnet sich Darwin selbst als einen Agnostiker, weil wir das «Mysterium vom Anfang aller Dinge» nicht aufklären können (AE 94, AD 98). In seinen extremsten Schwankungen sei er nie Atheist im Sinne der Leugnung der Existenz Gottes gewesen, heißt es in einem Brief. «Ich glaube, daß im allgemeinen (und zunehmend, während ich älter werde), aber nicht immer, ein Agnostiker die korrektere Beschreibung wäre.» (LL I, 304). Wie ein kurz nach der Hochzeit geschriebener Brief Emmas an ihn zeigt, ist sie beunruhigt, erkennen zu müssen, daß Charles ihren Glauben nicht teilt und religiöse Zweifel hegt, denn sie möchte auch über den Tod hinaus mit ihm vereint sein (AE 237, AD 273 f.). Darwin respektiert die religiösen Gefühle seiner Freunde und Verwandten, vor allem seiner Frau, und möchte diese nicht verletzen. Öffentliche Angriffe auf die Religion lehnt er ab, vermeidet den Kontakt mit Radikalen, vor allem, wenn diese ihn vor ihren eigenen Karren spannen wollen (vgl. Colp 1982). Gute Wissenschaft setzt sich dank ihrer Qualität und Überzeugungskraft durch, nicht durch Attacken gegen die Religion.

Darwins frühere theologisch-metaphysischen Ansichten machten implizit noch ihren Einfluß geltend. In der 2. Auflage von *Descent of Man* bemerkt er selbstkritisch, daß er in den früheren Auflagen von *Origin* der Wirksamkeit der natürlichen Auslese zu viel zugeschrieben und zu wenig die Existenz von Strukturen beachtet habe, die, soweit es sich gegenwärtig beurteilen lasse, weder nützlich noch schädlich seien. Dies führt er auf den Einfluß seines früheren Glaubens zurück, dass jede Art absichtlich erschaffen worden war. In Verbindung mit seiner Zielsetzung, die Lehre von der Sonderschöpfung jeder einzelnen Art durch die Annahme der natürlichen Selektion zu ersetzen, habe dies zu der stillschweigenden Annahme (*tacit assumption*) geführt, daß jedes Strukturdetail mit Ausnahme der Rudimente einen speziellen, wenn auch unerkannten Nutzen habe (Descent[2], 64 f.). Bei Darwin gibt es hier also eine versteckte Koexistenz zweier Denkstile (zur Theorie von den Denkstilen s. Fleck 1980, 1983).

Mit seiner Theorie sprengt Darwin die Analogie zwischen künstlicher Zuchtpraxis und natürlicher Variation und Selektion. Herschels Ausführungen über die Rolle der Analogie bei der Auffindung «wahrer Ursachen» haben für ihn allenfalls eine heuristische Bedeutung für die Entdeckung seines Gesetzes. Danach wirft er diese Analogie jedoch über Bord: Die *vera causa* der Art- und Anpassungsentstehung verfügt nach Darwin nicht über die Eigenschaften eines gezielt planenden und auswählenden menschlichen Züchters. Der Clou bei Darwin ist gerade, daß er die Möglichkeit der Entstehung von Zweckmäßigkeit im Lebendigen ohne die Voraussetzung eines zwecksetzenden und zweckrealisierenden Subjekts erklärt. Wie seine kritische Reaktion auf Darwin zeigt, orientiert sich Herschel noch ganz am Analogiemodell, dessen Unzulänglichkeit bereits in Humes *Dialogen* entlarvt wird (Kap. II.3.1). Gerade an der entscheidenden Stelle, in der Identifikation der *vera causa* auf Grund von Analogie, setzt sich Darwin über Herschel hinweg. Und anders als in Herschels Beispiel, wo die Zentripetalkraft in beiden Fällen wirkt (Abschnitt 1), sind in der menschlichen Zuchtpraxis und bei der Entstehung von Arten und Anpassungen unterschiedliche Kräfte im Spiel, was von Ruse verkannt wird (1975a). Herschels Ausführungen sind auch zu vage, um als zuverlässige Richtschnur dienen zu können, und öffnen Tür und Tor für weite Interpretationsspielräume. Doch kann Darwins Hervorhebung der Analogie zwischen künstlicher und natürlicher Selektion den Mißverständnissen seiner Theorie Vorschub geleistet haben.

Es ist also irreführend, daß Darwin an den Anfang von *Origin* Zitate von Bacon, Butler und Whewell stellt, weil er damit den Eindruck erweckt, als handele es sich hierbei um Leitmotive für die Ausführung eines naturtheologischen Programms (vgl. auch Gruber 1974, 89). In Wirklichkeit verficht er jedoch eine *Teleologie ohne Telos*, die Erklärbarkeit der Zweckmäßigkeit im Lebendigen ohne zwecksetzende Instanz. Bald bereut er es, in *Origin* aus Rücksicht auf die öffentliche Meinung den alttestamentarischen Begriff der «Schöpfung» verwendet zu haben, womit er eigentlich meint, «erschienen durch irgendeinen völlig unbekannten Prozeß» (CCD 11, 278). Seine Captatio Benevolentiae verfehlte bei einigen seiner älteren Lehrer und Mentoren ihre Wirkung. Whewell, Master des Trinity College in Cambridge, verweigerte die Aufnahme von *Origin* in die Bibliothek (LL II, 261). Hier kann über den Grund nur spekuliert werden: Liest man Darwins *Origin* als programmatische Ausführung des Mottos von Whewell, so wird dessen Reaktion verständlich. Unter Berufung auf Herschel schrieb Whewell in seinem *Bridgewater Treatise*, aus dem Darwin auf dem Deckblatt von *Origin* zitiert, daß Gott der Natur nicht den Buchstaben, sondern den *Geist* seiner Gesetze eingeprägt habe (1834, 1837a, 260). «Die Naturgesetze sind diejenigen, die Gott in seiner Weisheit seinem eigenen Wirken vorschreibt.» (262). War Darwins «Gesetz des kunterbunten Durcheinanders» ein würdiger Ausdruck von Gottes Geist (vgl. auch Hull 1973, 61, mit Bezug auf Herschel)? Darwins Resultate hatten an Whewells naturtheologischer Überzeugung nichts geändert, wie aus dessen Brief an den Geistlichen und Theologieprofessor Brown hervorgeht, zumal sich am Beginn von Darwins Entwicklungsreihe nach Anhäufung einer riesigen Hypothesenmenge, die zudem der empirischen Grundlage entbehre, eine unerklärbare Kluft auftue (Whewell 1863 in Todhunter 1876, 433 f.).

Kommt Gott denn nicht zumindest als Schöpfer der allerersten Lebensformen ins Spiel? Darwin hat ja nie den Anspruch erhoben, den Beginn des Lebens überhaupt erklären zu können. Seine Monadenhypothese verfolgte er nur wenige Monate (Kap. II.3). Es sei gegenwärtig ebenso unsinnig, an den Ursprung des Lebens zu denken wie an den der Materie überhaupt (CCD 11, 278), was ihm manche Kritik eintrug (u. a. Owen 1860; vgl. CCD 8, 153 f.). Doch auch wenn Gott als Erstursache den Anfang des Lebens erschaffen hätte, so spielte dies in Darwins Theorie für den weiteren Verlauf der Evolution keine Rolle.

Ursprünglich hatte Darwin nur die Annahme der Sonderschöpfungen jeder einzelnen Art abgelehnt und dafür plädiert, von der Wirkung Gottes in der Natur durch seine Naturgesetze auszugehen. Dies sei Gottes würdiger, als ihn nach menschlichem Maßstab zu konzipieren. Doch welches Gottesbild implizieren die von Darwin eingeführten Gesetze der blinden Variation und natürlichen Selektion? Unter der Hand ist aus dem allmächtigen, allweisen und allgütigen Schöpfer und Regenten der Welt eine erste Ursache geworden, die auf die Richtung des von ihr in Gang gesetzten Prozesses keinen Einfluß hat oder nimmt. Wenn Gott evolutionäre Gesetze erschaffen hat wie die der Darwinschen Theorie, so hat er sich *selbst* seiner Besonderheit nicht nur als Regent, sondern auch als Schöpfer der Arten beraubt. Dies gilt auch für die Entstehung des Menschen. Hätte ein einziges Glied in der langen Reihe seiner Vorfahren nicht existiert, wäre der Mensch nicht zu dem geworden, was er nun ist (Descent²I, 171).

Gerade in diesem Naturgesetz lag für Darwin aber die Stärke seiner Theorie. Das Theodizeeproblem erübrigte sich, weil in der von Darwin konzipierten Natur auch Leiden zu erwarten ist. Nichts ist perfekt in der Natur, aber im großen und ganzen funktioniert die Ausstattung der Lebewesen so gut, daß Leben möglich ist. In dieser Blindheit des Prozesses und ihrer explanatorischen Überlegenheit lag die Provokation für die Naturtheologie. Selbstbewußt schreibt Darwin an Herschel, daß zahlreiche jüngere Naturforscher seine Ansichten übernehmen, weil sich damit viele verschiedene Tatsachen aus der Morphologie, Biogeographie, systematischen Botanik, Geologie und Paläontologie erklären lassen (CCD 9, 136 f.). Darwin schlägt Herschel und Whewell mit ihren eigenen Waffen, indem er einen wissenschaftstheoretischen Trumpf aus der Tasche zieht und ihnen zeigt, wie gut er ihre Methodologie zumindest in dieser Hinsicht beherzigt hatte (vgl. Kap. III.1). Sedgwicks Kritik begegnet er mit einem wissenschaftstheoretischen Argument, das von Popper stammen könnte: Wenn seine (Darwins) Theorie falsch wäre, würde sie angesichts der Vielzahl von Wissenschaftlern sicherlich bald vernichtet (*annihilated*). Die Wahrheit lasse sich nur erkennen, wenn sie aus jedem Angriff siegreich hervorgehe (CCD 7, 403). Wie später Popper wendet bereits Darwin die Selektionstheorie auf die Wissenschaftsgeschichte an.

Wissenschaftler ganz unterschiedlicher Richtungen sahen ein Verdienst Darwins in der Versöhnung von Teleologie und Biologie. Während Gray diese durch Umdeutung zielloser Variation in einen zielgerichteten, von Gott geplanten Prozeß versuchte, begrüßten andere, daß Darwin gerade durch seinen Verzicht auf metaphysische Voraussetzungen Naturwissenschaftlern den Weg eröffnet hatte, sich nun unbefangen des Zweckbegriffs bedienen zu können, ohne unter Metaphysikverdacht zu geraten. Sigwart sieht die allgemeine Bedeutung der von Darwin ausgegangenen Bewegung in der *Aussöhnung* der mechanischen Betrachtungsweise mit der Anerkennung der Zweckmäßigkeit. Die lange Zeit existierende Mode, «auch nur die Nennung des Wortes Zweck für wissenschaftlich unanständig zu halten», sei eine «auf Misverstand beruhende Prüderie» (1889, 50). Mit der unbefangenen Anerkennung der Zweckmäßigkeit der Organismen stellt sich die Aufgabe, diese Zweckmäßigkeit «aus allgemeinen Gesetzen causal zu erklären». Damit haben die «Gedanken Bacons und Spinozas neues Leben gewonnen.» (33). Auch Francis Darwin betrachtet die Wiederbelebung der Teleologie und die Wiederversöhnung von Teleologie und Morphologie als eines der größten Verdienste seines Vaters für die Naturgeschichte (LL III, 255, 189; Huxley [1864], 1968, 86). Grays Darwiniana einer Versöhnung von Darwins Theorie mit der Naturtheologie verfehlten in der amerikanischen Philosophie jedoch ihren Zweck. Dort setzte sich die Auffassung durch, daß Darwin dem *argument from design* den Todesstoß versetzt hatte (Dupree in Gray 1963, xxii).

Durant hat die These vertreten, daß Darwins *Origin* «das letzte große Werk der Viktorianischen Naturtheologie» ist, obwohl «es auch das größte (wenn nicht eigentlich das erste) Werk des Viktorianischen evolutionären Naturalismus ist» (1985, 16). Wenn Darwins Anspielungen auf die Naturtheologie aber nur Zierrat sind, wie die Deutung in den vorherigen Abschnitten nahelegt, dann war sein *Origin* nicht das letzte große Werk der Viktorianischen Naturtheologie, sondern das trojanische Pferd, mit dem der Naturalismus als Sieg der Zweitursachen über die Erstursache seinen erfolgreichen Einzug in die Biowissenschaften hielt. Als Darwin 1844 an Hooker schrieb, seine Idee des Artenwandels sei wie das Eingeständnis eines Mordes (CCD 3, 2), bezog sich dies nach dieser Deutung nicht auf die Zurückweisung der Lehre von den Sonderschöpfungen. Darwin war sich vielmehr der radikaleren Implikationen seiner Theorie bewußt. Muß Bischof Goodwin seine Predigt überarbeiten?

IV. Die evolutionäre Anthropologie

1. Darwins Ideen – die «gefährlichsten Lehren seit den Tagen Mandevilles»

Darwins *Descent of Man* löste bereits wenige Monate nach dem Erscheinen eine Flut von Rezensionen unterschiedlicher Art aus. Waren diese nach eigener Schilderung zunächst im allgemeinen noch äußerst gewogen – «jeder spricht darüber, ohne schockiert zu sein» (LL III, 133) –, so daß er seinen Verleger Murray darum bat, ihm auch die Rezensionen der religiösen Zeitungen zur Kenntnis zu geben, meldeten sich im Laufe des Jahres auch recht kritische Stimmen zu Wort. Ein anonymer Rezensent beschreibt in der *Edinburgh Review* zunächst die breite Aufmerksamkeit, die Darwin mit seinem neuen Werk in der Bevölkerung auf sich zog. Seit Darwins *Origin* habe kein Buch ein stärkeres Interesse hervorgerufen als dieses. «Im Salon konkurriert es mit dem neuesten Roman, und im Studierzimmer plagt es gleicherweise Wissenschaftler, Ethiker und Theologen. Überall ruft es einen Sturm, gemischt aus Zorn, Erstaunen und Bewunderung, hervor.» (Anon. 1871, 195). Während Darwins Werk hier hinsichtlich seines eleganten Stils und der gründlichen Kenntnis der Naturgeschichte als fast konkurrenzlos unter den naturwissenschaftlichen Werken gerühmt wird, fällt die Beurteilung der ethisch-moralischen, religiösen und gesellschaftlichen Implikationen um so kritischer aus. Sollte sich herausstellen, daß Darwins Annahmen wahr sind und unser moralischer Sinn lediglich ein aus dem Tierreich entwickelter, modifizierter Instinkt ist, welcher dem Wesen nach identisch ist mit denen von Ameisen und Bienen, werde die Gesellschaft in ihren Grundlagen erschüttert, die Heiligkeit des Gewissens und des religiösen Sinns zerstört. Ernsthafte Menschen würden sich veranlaßt sehen, ihre Motive für ein edles und tugendhaftes Leben preiszugeben, da diese auf einem Irrtum basierten (195 f.).

Frances P. Cobbe hält Darwins Lehren über die moralische Natur des Menschen für «die gefährlichsten» seit Mandeville (1871, 175).

Mandeville, der Autor der *Bienenfabel*, war neben Hobbes für viele Ethiker des *moral sense* ein *enfant terrible*, seine Theorie des ethischen Egoismus stieß bei diesen auf heftige Ablehnung. Mandeville hatte in seiner satirischen Analyse des Frühkapitalismus die These vertreten, daß nicht die Tugend, sondern das Laster die wahre Quelle des Gemeinwohls sei, und über diese historische Situation hinaus verallgemeinert, daß das Eigeninteresse das wahre Motiv all unseres Handelns sei. Obwohl Cobbe Darwins Lehren als «Wissenschaftsmärchen» (*fairy tales of science*) abwertet, lösen diese «Märchen» bei ihr die schlimmsten Befürchtungen aus. Würden sie erst einmal von Philosophen akzeptiert, so würde in der Stunde ihres Triumphes die «Totenglocke der menschlichen Tugend» läuten. Für Cobbe verbindet sich mit Darwins Auffassung die «Entthronung» des von Bischof Butler so hoch geschätzten Gewissens, mithin eine Relativierung des moralischen Sinns. Kritiker wie diese beiden befürchteten offensichtlich, daß religiösen und moralischen Auffassungen der Menschen durch Darwins Theorie der Boden entzogen würde und ihre ethischen und metaphysischen Fundamente als Illusion entlarvt würden, eine «Revolution im Denken», die schwerwiegende persönliche und gesellschaftliche Konsequenzen hätte. In seiner Replik drückt Darwin die Hoffnung aus, daß der Glaube an die Beständigkeit der Tugend auf dieser Erde nicht bei vielen Personen auf so unsicherem Boden stehe (Descent[2] I, PM 21, Kap. 4, 103 f.).

Auch in Deutschland machte Darwins Werk «Furore», wie er es selbst nach seiner Lektüre der Rezension von A. Dohrn, dem Begründer der bis heute nach ihm benannten Zoologischen Station in Neapel, ausdrückt (LL III, 133). Dohrn beschreibt hier, daß die «Ebbe in der Discussion der großen Theorie» (von *Origin*), in der die «eigentliche Arbeit» daran nun begann, nach dem Erscheinen von *Descent* «durch eine neue, und reichlich ebenso kräftige Fluth wieder abgelöst worden» sei. Plötzlich sei «wieder ein Sturm gegen Darwin losgebrochen, als müßten seine Lehren mit Stumpf und Stiel ausgerottet werden, um die Welt im richtigen Geleise zu bewahren.» (Dohrn 1871, 1153). In diesem Kampfe haben sich nach Dohrn die verschiedensten Interessen verbündet, «das ungebildete Vorurtheil, das gleich an irgend einen grimassen=schneidenden Affen denkt, ... der feingebildete Geist des philosophisch-ästhetischen Denkers, der ... einem groben Materialismus zu verfallen fürchtet falls er der Darwin'schen Lehre beipflichtet. Hinter das grobe ungebildete Vorurtheil verschanzt sich ferner die gesammte Theologie, und den philosophischen Antipathien kommt die Abneigung der sogenannten classischen Bildung gegen das Eindringen naturwissenschaftlicher Einflüsse in den geistigen Haushalt der Nation zu Hülfe.» Während in England fast jeder Angriff auf die Darwinsche Theorie mit der Versicherung schließe, daß es «Darwin nicht gelungen sei, der Allmacht des Schöpfers auch nur ein Tüttelchen zu entziehen», tröstet man sich in Deutschland «mit dem Gedanken, daß es nie gelingen werde und könne aus einem Affen einen Dichter oder Philosophen zu erzielen.» (1154).

2. Programm und Grundzüge der evolutionären Anthropologie

Die Brisanz seines 1871 in erster Auflage veröffentlichten Werkes über die *Abstammung des Menschen* wird umso deutlicher, wenn wir uns die exponierte Stellung des Menschen für Darwins Theorie vergegenwärtigen: *Der Mensch ist die erste Art, auf die Darwin seine Theorie im Detail und systematisch anwendet.* Damit wird er zum Demonstrationsobjekt par excellence, zu ihrem ersten Prüfstein. Darwin stellte seine Notizen aus den *Notebooks* eigens zusammen, um zu untersuchen, inwieweit die allgemeinen Schlußfolgerungen, zu denen er in seinen früheren Werken gelangt war, auf den Menschen anwendbar seien, was ihm desto wünschenswerter erschien, da er seine Betrachtungsweise noch nie systematisch auf eine einzelne Art angewandt und hier durchbuchstabiert hatte (AE 130, AD 136; Descent[1], 2).

In *Descent* stehen vier Fragen im Mittelpunkt: Erstens, ob der Mensch wie andere Arten von einer früher existierenden Form abstammt, zweitens die Art und Weise seiner Entwicklung und drittens die Bedeutung der Unterschiede zwischen den «so genannten Menschenrassen» (Descent[1], 2f.). Darüber hinaus möchte Darwin die Frage nach dem *Ursprung* des *moralischen Sinns* oder *Gewissens* («moral sense or conscience») beantworten, denn niemand habe sich dieser bedeutenden Frage bisher «ausschließlich aus der Perspektive der Naturgeschichte» angenähert. Darwin möchte wissen, inwieweit das Studium der Tiere Licht auf eine der «höchsten psychischen Fähigkeiten des Menschen» wirft (Descent[1], 71; Descent[2] I, 102). Er betrachtet den Menschen in seinen körperlichen und geistigen Aspekten aus einer evolutionstheoretischen Perspektive. Dieses anspruchsvolle Programm bezeichne ich als «*evolutionäre Anthropologie*». Da Darwins Abstammungstheorie mit ihrer Kontinuitätsannahme einen Gradualismus beinhaltet, muß er Belege dafür anführen können, daß sich der Mensch allmählich, nicht sprunghaft, aus nichtmenschlichen Vorfahren entwickelt hat. Darwins wissenschaftliches Programm besteht nun darin, seine Theorie anhand der genannten verschiedenen Aspekte des Menschen zu überprüfen. Damit stellt sich auch die Frage, ob und inwieweit die *Selektionstheorie* zur Erklärung der körperlichen und geistigen Aspekte des Menschen anwendbar ist.

Zunächst sollen aus dieser neuen Perspektive einige Fragen formuliert werden, um mögliche Implikationen einer evolutionären Anthropologie für unser Menschen- und Naturbild zu verdeutlichen. Welche Aspekte des Menschen werden sichtbar, wenn wir ihn als einen Abkömmling affenähnlicher Vorfahren betrachten und ihn als Tier in einen verwandtschaftlichen Zusammenhang mit anderen Tieren stellen? Beinhaltet dies einen Verlust der Sonderstellung des Menschen in der Natur? Wie Kinder Merkmale mit ihren Eltern und Geschwistern teilen, so müßte der Mensch als Spezies auch mit seinen nichtmenschlichen Vorfahren und seinen nächsten Verwandten, Schimpanse und Gorilla, Gemeinsamkeiten aufweisen. Da letztlich alle Organismen auf einige oder nur einen gemeinsamen Vorfahren zurückgehen, erstreckt sich diese Verwandtschaft darüber hinaus auch auf solche Lebewesen, die nicht in direktem Abstammungszusammenhang mit dem Menschen stehen. All diese Fragen müssen sich auch denjenigen aufdrängen, die Evolutionsgesetze als sekundäre, von Gott eingerichtete Gesetze betrachten. Denn auch unter diesen Voraussetzungen geht der Mensch nicht unmittelbar aus der Hand Gottes hervor, sondern stammt von nichtmenschlichen Vorfahren ab.

Diese Fragen betreffen nicht nur die körperlichen Merkmale des Menschen. Darwins Theorie beinhaltet vor allem für das Verständnis unserer geistig-moralischen Aspekte Herausforderungen. Dies war Darwins Zeitgenossen, sowohl Kritikern wie Anhängern, bereits unmittelbar nach dem Erscheinen von *Origin* bewußt, und viele zogen schon vor *Descent* in ihren eigenen Publikationen die Konsequenzen zur einen oder anderen Seite hin.

Schließlich stellt sich die Frage, ob aus der Verwandtschaft des Menschen mit anderen Lebewesen besondere Verpflichtungen des

Menschen gegenüber der lebendigen Natur, insbesondere den Tieren, erwachsen. Impliziert Darwins Theorie also *tierethische Konsequenzen* in dem Sinne, daß Tiere auf besondere Weise moralisch zu berücksichtigen sind?

Wissenschaftstheoretisch interessant ist darüber hinaus die Frage, was es für Darwins Theorie bedeutet, wenn seine Theorie der natürlichen Selektion, das Kernstück des Darwinschen Theoriekomplexes, nicht zur Erklärung des Menschen bzw. einzelner seiner Fähigkeiten und Merkmale anwendbar ist.

Und schließlich müssen wir Darwins Redewendung vom «graduellen», aber nicht «wesentlichen» oder «fundamentalen» Unterschied (*a difference of degree but not of kind*) zwischen Tier und Mensch unter die Lupe nehmen (Descent[2] I, Kap. 4, 130). Kritiker haben mit Recht darauf hingewiesen, daß Darwin keine Kriterien für diese Unterscheidung angibt (vgl. Vogt 1997, 125; Hösle, Illies 2005, 86 ff.). Und auch Darwin reserviert für den Menschen in bestimmter Hinsicht eine Sonderstellung in der Natur (Kap. V). Steht dies im Widerspruch zu seinem theoretischen Ansatz?

3. Zur Vorgeschichte: Darwins zweite Verzögerung

Obwohl es ihm unter den Nägeln brannte, da der Mensch «für den Naturforscher das höchste und interessanteste Problem ist» (an Wallace CCD 6, 515), hegte Darwin aus Furcht vor der öffentlichen Reaktion lange Zeit keine Absicht, hierüber ein Werk zu veröffentlichen. Nach dem Erscheinen von Wallace' *The Origin of Human Races and the Antiquity of Man deduced from the theory of «Natural Selection»* (1864) bot er diesem sogar seine Notizen für den Fall an, daß Wallace seine Arbeit weiterverfolgen wolle (CCD 12, 217).

Am Ende von *Origin* hatte er jedoch bereits den Hinweis gegeben, daß er «in der fernen Zukunft ... offene Felder für weitaus bedeutendere Forschungen» sehe. «Die Psychologie wird auf eine neue Grundlage gestellt, auf die des notwendigen Erwerbs jedes geistigen Vermögens und jeder geistigen Fähigkeit durch graduelle Entwicklung. Licht wird auf den Ursprung des Menschen und seine Geschichte fallen.» (Origin[1], PM 15, 346). In der 6. Auflage von *Origin* erwähnt Darwin hier auch Spencers Vorarbeiten (Origin[2] PM 16, 445; vgl. Spencer 1855).

Darwins Befürchtung ist nur allzu verständlich, wenn wir uns seine für damalige Verhältnisse radikale Position vergegenwärtigen: Zwischen dem Menschen und den übrigen Lebewesen bestehe auf Grund ihres Verwandtschaftszusammenhangs auch in bezug auf die geistigen Fähigkeiten nur ein *gradueller, kein wesentlicher* Unterschied, obgleich diese Unterschiede, wie er einräumt, «ungeheuer groß» sein können. In der aufsteigenden Naturleiter läßt sich eine vollkommene Abstufung zahlloser, feinster Grade mentaler Fähigkeiten vom «niedrigsten» Organismus bis zum Geist eines Newton oder Shakespeare verfolgen. Ein niederer Fisch wie ein Neunauge oder ein Lanzettfischchen unterscheidet sich in seinen geistigen Fähigkeiten von einem höheren Affen mehr als der Affe vom Menschen (70, 131, 152). Jüngste Ergebnisse der Entschlüsselung des Erbguts des Schimpansen zeigen die Aktualität Darwins und bestätigen seine Annahme der engen Verwandtschaft von Schimpanse und Mensch. Beide Arten teilen 98,77 % ihrer DNA miteinander (*Nature* Sept. 2005; Hauser 2005; de Waal 2005).

Selbst zur Entstehung des Menschen und seiner geistigen Vermögen bedarf es nach Darwin also keines besonderen Schöpfungsaktes. Wie andere Lebewesen verdankt der Mensch seine Existenz blinden Naturgesetzen. Die Annahme der Abstammung des Menschen von affenähnlichen Vorfahren, die Darwin zahlreiche Karikaturen eintrug, mußten viele als Kränkung oder gar Verletzung der menschlichen Würde empfinden. Zwar kann Darwin darauf hinweisen, daß «viele unserer besten Naturforscher» neuerdings zu der zuerst von Linné geäußerten Ansicht zurückgekehrt seien, der Mensch gehöre zur Ordnung der Primaten (154). Neu war auch nicht die Betrachtung von Affen als Mittelwesen zwischen Vierfüßern und Menschen. Namhafte Philosophen wie Aristoteles, Bacon und Herder hatten Affen bereits auf diese Weise in die *scala naturae* eingereiht. Pope greift in seinem berühmten Lehrgedicht *Vom Menschen* solche Gedanken auf (Pope 1993), Herder bezeichnet die Tiere als «ältere Brüder» des Menschen (Herder 1989, 67). Doch ließen sie alle die Annahme der Konstanz der Arten unberührt.

Lamarck hatte bereits hypothetisch durchgespielt, wie sich der Mensch aus der vollkommensten Affenrasse, dem Orang von Angola, entwickelt haben könnte (Lamarck 1990, 265). Darwin wußte, daß er deshalb den Vorwurf des Materialismus auf sich gezogen hatte. Seine Hypothese wie auch Laplace' Nebularhypothese über die Entstehung des Sonnensystems erscheinen dem Entomologen und Naturtheologen Kirby als Versuche, Gott, der Erstursache, das Regiment über seine Schöpfung aus der Hand zu nehmen und alle Werke der Schöpfung nur auf *Zweitursachen* zurückzuführen. «... im Laufe der Jahrhunderte wird so aus einer Monade ein Mensch!!!» (1853, 5). Damit würde auch der Mensch seine Stellung als Kind Gottes, die Wurzel seines Stammbaums, verlieren. Darwin kommentierte, daß dieser Materialismus nicht auf den Atheismus abziele (OUN 37).

Möglicherweise fürchtete sich Darwin auch vor einer Ächtung durch kirchliche Autoritäten, wie sie aus der Wissenschaftsgeschichte der Astronomie und Naturgeschichte (Bruno, Galilei) bekannt sind (Gruber, Barrett 1974, 35–45; vgl. auch C 123). Neben seinem Großvater Erasmus Darwin gab es ein prominentes Beispiel aus der jüngsten Wissenschaftsgeschichte, den Fall Buffon. Kurz nach der Veröffentlichung seiner *Naturgeschichte* (1749) wurde Buffon von der Fakultät für Theologie der Sorbonne aufgefordert, seine Annahme der Wirksamkeit «sekundärer Ursachen» bei der Formation von Gebirgen und Tälern zu widerrufen, da sie dem Glaubensbekenntnis der Kirche widersprächen. Buffon folgte dieser Aufforderung in der nächsten Auflage seiner Naturgeschichte (Lyell 1830 I, 48 f.).

Gegen Ende der 60erJahre hatten sich Darwins Bedenken gegen eine Veröffentlichung seiner Überlegungen zur Abstammung des Menschen weitgehend zerstreut. In der Einleitung von *Descent* kann er auf angesehene Wissenschaftler verweisen, die seine Theorie bereits akzeptiert haben. Vor dem Erscheinen von *Descent* war auch der Mensch von verschiedenen Wissenschaftlern zum Gegenstand einer abstammungsgeschichtlichen Erklärung gemacht geworden. Darwins Hinweis auf anerkannte deutsche und englische Autoren mag auch seine Hoffnung widerspiegeln, auf diese Weise den möglichen Ansturm der Entrüstung gegen sein Buch abwenden zu können. Er führt Wallace (1864), Lyell (1863), Huxley (1863), Vogt (1863), Lubbock (1865), Büchner (1868), Rolle (1865) und Haeckel (1868) an.

Daß Darwin den großen Lyell unter denjenigen nennt, die «kürzlich das hohe Alter des Menschen demonstriert haben», scheint jedoch eher ein strategischer Schachzug zu sein, denn die *Geological Evidences of the Antiquity of Man* sind für ihn eine herbe Enttäuschung. Er war davon ausgegangen, daß Lyell «mehr als wir alle für die Kon-

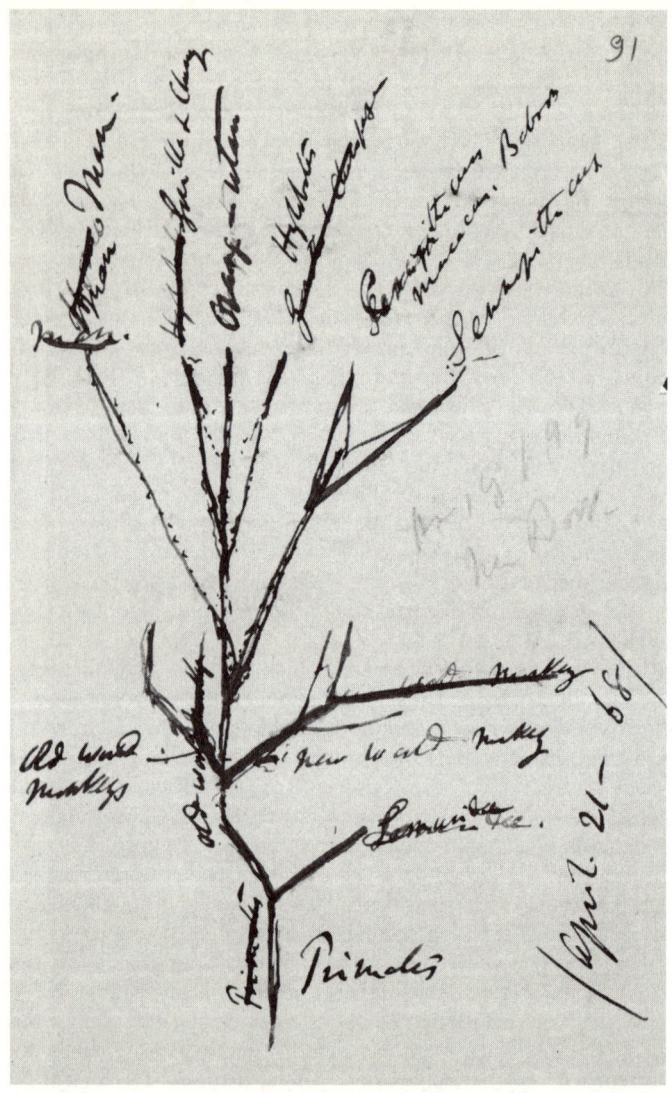

Abb. 7: Skizze Darwins zum Stammbaum der Primaten einschließlich des Menschen (linker Zweig)

Stammbaum des Menschen.

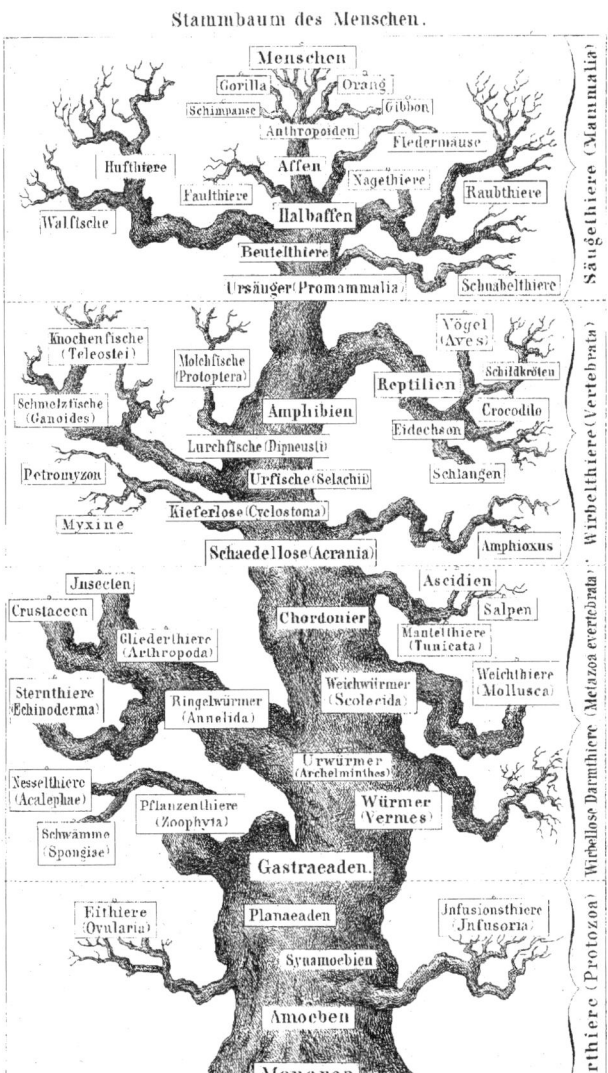

Abb. 8: Stammbaum des Menschen nach Ernst Haeckel

vertierung [sic] der Öffentlichkeit tun könnte» (an Hooker CCD 11, 173 f.), und bedauerte es daher, daß er sich nicht «kühn und entschieden» gegen die Vorstellung von der separaten Schöpfung der Arten hat aussprechen können (an Lyell CCD 11, 244). Die Annahme des hohen Alters der Erde und des Menschen basierte bei Lyell nicht auf der Abstammungslehre, sondern auf der jüngsten Entdeckung primitiver Steinwerkzeuge in England und Frankreich, die gemeinsam mit Knochen ausgestorbener Tiere gefunden worden waren, sowie auf weiteren Indizien (Lyell 1859, 1863). Erst in der 10. Auflage seiner *Prinzipien der Geologie* (1869) vertritt Lyell einen evolutionären, den Menschen einschließenden Standpunkt, ohne jedoch auf die Annahme einer planmäßig dirigierenden Ersten Ursache zu verzichten.

Auch der Hinweis auf Wallace entbehrt nicht einer gewissen Ironie, wie später erläutert wird (Kap. V.3.2). Und trotz Darwins begeisterten Äußerungen über Haeckels *Natürliche Schöpfungsgeschichte* (Descent[1u.2], 4 f.) sind hier in Darwins eigenem Interesse Abstriche zu machen. *Descent* weist in Aufbau und Themenwahl erhebliche Unterschiede zu Haeckels Werk auf. Auch vertritt Darwin nie einen Monismus im Sinne einer darwinistischen Weltanschauung, wie Haeckel dies tut, der einer ihrer Begründer ist. Darwin war in vieler Hinsicht kein «Darwinist». Was Darwin an Haeckel zudem beängstigte, war die Kühnheit, mit der dieser trotz der von ihm selbst zugegebenen Unvollständigkeit der geologischen Befunde die einzelnen Zeitperioden angab, in denen die verschiedenen Tiergruppen zuerst erschienen sein sollten. Darwins Skepsis gründet sich dabei auch auf seine Erfahrungen mit dem schnellen Wissenswandel auf diesem Gebiet während der letzten 20 Jahre, die er dem jüngeren Haeckel voraus hat, außerdem rechnet er mit weiteren enormen Veränderungen in den kommenden Jahrzehnten (LL III, 105).

4. Die Abstammung des Menschen – ein interdisziplinäres Forschungsprogramm

Darwins *Descent of Man, and Selection in Relation to Sex* erschien 1871 in 1. Auflage in zwei Bänden. 1874 folgte die 2., erweiterte und veränderte Auflage in einem Band. Wie aus dem Titel hervorgeht, handelt es sich hierbei um zwei Bücher in einem: 1) *Die Abstammung des Menschen* und 2) die *Geschlechtliche Selektion*. Die 2. Auflage er-

schien 1877 erneut in veränderter und erweiterter Form. Sie besteht aus drei Teilen: Das Thema von Teil I ist die Abstammung des Menschen, in Teil II werden die Prinzipien der geschlechtlichen Selektion sowie die geschlechtliche Selektion bei nichtmenschlichen Tieren behandelt. Erst in Teil III folgt in den Kapiteln 19 und 20 die geschlechtliche Selektion beim Menschen. Für eine angemessene Behandlung des Themas erschien es Darwin notwendig, in Teil II nach einer Erörterung der Prinzipien der geschlechtlichen Selektion zunächst einmal «das ganze Tierreich Revue passieren» zu lassen (Descent[2] I, 205) und in zehn Kapiteln die geschlechtliche Selektion bei Tieren unterschiedlicher Stämme und bei den Wirbeltieren aller Klassen (Fische, Amphibien, Reptilien, Vögel, Säugetiere) abzuhandeln, bevor er schließlich zu diesem Thema beim Menschen kommt. Darwin schließt sein Werk mit einer übersichtlichen allgemeinen Zusammenfassung und Konklusion (Kap. 21) ab. In der 2. Auflage fügt er in Teil I noch Huxleys kurze «Bemerkung über die Ähnlichkeit und Unterschiede in Struktur und Entwicklung des Gehirns beim Menschen und bei den Affen» von 1874 hinzu.

Ursprünglich hatte Darwin geplant, seinem Werk einen Essay über den Ausdruck der Gefühle beim Menschen und bei den Tieren hinzuzufügen. Obwohl er Bell wegen seiner Kenntnisse bewunderte, wollte er dessen naturtheologische Deutung «umstoßen» (an Wallace CCD 15, 141; vgl. Kap. I.2) und den Nachweis erbringen, daß Ausdrucksnuancen, auch ganz feine und komplexe, allmählich und natürlich in einem Evolutionsprozeß entstanden sind. Da dies jedoch in einem kurzen Essay nicht möglich war, verfaßte er ein separates Werk, das 1872 unter dem Titel *The Expression of the Emotions in Man and Animals* erschien. Ein zweites Anliegen dieses Werkes war der Nachweis, daß es bei allen Menschenrassen gemeinsame Ausdrucksformen gibt. Mit diesen *Ausdrucksuniversalien* wollte er die Zugehörigkeit der Menschenrassen zu einer einzigen Art (Monogenie) belegen. Die Annahme, daß die Menschenrassen bei all ihrer Unterschiedlichkeit zu einer Spezies gehören, war im 19. Jahrhundert keineswegs selbstverständlich.

4.1 Das Werk im Überblick

Darwin widmet der Betrachtung der geistigen und moralischen Fähigkeiten des Menschen verhältnismäßig viel Raum. Sie sind Gegenstand von drei der sieben Kapitel des ersten Teils, und ihre besondere Bedeutung wird zusätzlich im Kapitel über die «Weise der Entwicklung des Menschen aus einer niederen Form» hervorgehoben. Auffallend ist auch, daß die Reihenfolge der behandelten Themen in den Kapiteln zwei bis vier in der 1. und 2. Auflage voneinander abweichen. Die folgende Darstellung stützt sich hauptsächlich auf die 2. Auflage (1874) in ihrer Erweiterung von 1877.

Mit der Thematik seines Werkes begibt sich Darwin unvermeidlich in verschiedene zeitgenössische Kontroversen, zu denen er Stellung beziehen muß. Hierzu gehört auch die Debatte darüber, ob die heute lebenden Ureinwohner von höherstehenden Menschen abstammen und damit hinab gestiegen sind, oder ob der zivilisierte Mensch sich aus «Wilden» entwickelt hat (vgl. Gillespie 1977; Whately 1861; Schaaffhausen 1869). Da Darwin auch in seinem Werk auf diese Debatten Bezug nimmt, ist es für ihn fast unvermeidlich, sich dieser Sprache zu bedienen. Zwar ist auch Darwins Denken nicht frei vom damals weitverbreiteten Eurozentrismus, doch hebt sich seine Variante auch sprachlich positiv von denen seiner Zeitgenossen ab (vgl. die Einleitung von Bonner, May in *Descent* 1871).

Im folgenden werden aus dem 1. Band (PM 21) zunächst die Kapitel eins bis drei sowie sechs und sieben, aus dem 2. Band (PM 22) die Kapitel 19 und 20 im Überblick vorgestellt. Anschließend werden die Kapitel vier und fünf, die mit Darwins Ausführungen über die geistigen und moralischen Fähigkeiten des Menschen den Kern seiner Ethik enthalten, ausführlich behandelt. Dabei bietet es sich an, auch Darwins Schlußbemerkungen (Kap. 21) mit einzubeziehen, da er seine Resultate hier besonders prägnant und stringent zusammenfaßt.

4.2 Drei große Klassen von Fakten

Im 1. Kapitel «Hinweise auf die Abstammung des Menschen von einer tiefer stehenden Form» («*The Evidence of the Descent of Man from some Lower Form*») stellt Darwin zunächst kurz sein methodisches Vorgehen vor, das ihn bei der Beantwortung der Frage leiten wird, ob der Mensch der veränderte Nachkomme einer früher existierenden Form ist. Zunächst konzentriert er sich auf die körperlichen Strukturen, um mit Hilfe von «drei großen Klassen von Tatsachen» die Spuren der Abstammung des Menschen von nichtmenschlichen Vorfahren nachzuweisen. Bei diesen Tatsachen handelt es sich um gesicherte Forschungsergebnisse namhafter Experten aus verschiedenen biologischen Disziplinen (Embryologie, Morphologie, Hirnanatomie, Tierbeobachtungen u. a.), die hierzu unabhängig von der Abstammungstheorie gelangt waren.

Darwin verfolgt damit zwei Ziele, sowohl ein *wissenschaftliches* als auch ein *wissenschaftstheoretisches*. Einerseits greift er auf diese Resultate zurück, um seine Abstammungstheorie zu untermauern und «Evidenz» für sie anzuführen. Andererseits möchte er nachweisen, daß die Ergebnisse dieser Disziplinen ihrerseits mithilfe seiner Abstammungstheorie in einen kohärenten Zusammenhang zu bringen sind und von dorther erklärbar werden. Darwins Theorie soll damit eine integrative Funktion erfüllen (vgl. Kap. III.1). Diese drei Klassen von Tatsachen sind erstens die *Homologien* bei den Tieren ein und derselben Tierklasse sowie der zu einem Stamm gehörenden Klassen untereinander, zweitens bestimmte Fakten aus der *Embryologie* und drittens die *Rudimente* (Descent[2] I, 28). Wie aktuell Darwins Vorgehensweise immer noch ist, zeigt ein Blick in ein heutiges Standardlehrbuch der Biologie (Campbell, Reece 2003, 515ff). Heute verfügen wir zusätzlich über Fossilfunde, anhand derer die Evolution des Menschen rekonstruierbar wird, sowie über molekulargenetische Methoden des Vergleichs des menschlichen Genoms mit dem anderer Tiere (zum aktuellen Stand s. Conard 2006; Junker 2006).

Homologien: Aus der vergleichenden Anatomie ist bekannt, daß der Mensch über denselben *Typus* wie die übrigen Säugetiere verfügt. Dies gilt nicht nur für Skelett und Knochen, sondern die Ähnlichkeit kann sich auch auf Details der Struktur einzelner Organe (Gehirn, Muskeln, Blutgefäße, Eingeweide) erstrecken. In der anatomischen Struktur des Gehirns gibt es zwischen dem Menschen und den Menschenaffen größere Ähnlichkeiten als zwischen letzteren und geschwänzten Affen. Bischoff, «ein Zeuge aus dem gegnerischen Lager», räume ein, daß jede Hauptfurche und Faltung im Gehirn des Menschen ihre Entsprechung im Gehirn des Orang Utans habe (10), wenn sie auch nicht vollständig übereinstimmten.

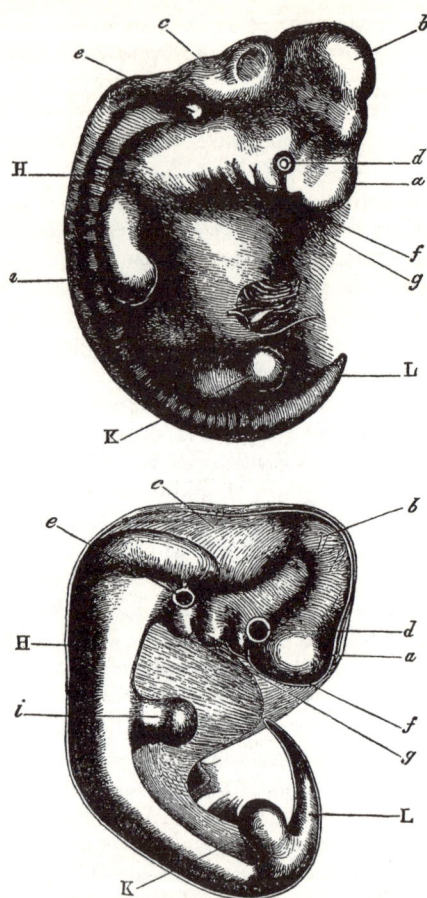

Fig. 1. Upper figure human embryo, from Ecker. Lower figure that of a dog, from Bischoff.

a. Fore-brain, cerebral hemispheres, &c.
b. Mid-brain, corpora quadrigemina.
c. Hind-brain, cerebellum, medulla oblongata.
d. Eye.
e. Ear.
f. First visceral arch.

g. Second visceral arch.
H. Vertebral columns and muscles in process of development.
i. Anterior ⎱ extremities.
K. Posterior ⎰
L. Tail or os coccyx.

Abb. 9: Embryonen von Mensch (oben) und Hund (unten)

Darwin führt weiterhin die wechselseitige Übertragbarkeit gewisser Krankheiten zwischen dem Menschen und anderen Tieren an, was auf die große Ähnlichkeit ihrer Gewebe und ihres Blutes zurückführbar sei, die Anwendbarkeit derselben Arzneimittel bei bestimmten Krankheiten, die Anfälligkeit für dieselben Krankheiten. Auch hier ist Darwin auf dem Stand der heutigen Zeit. Zudem sind Menschen- und Affenkinder bei der Geburt gleicherweise hilflos und lange Zeit danach noch auf die Eltern angewiesen. Auch unterscheiden sich die Jungen von den Erwachsenen bei gewissen Gattungen im Aussehen ebenso wie menschliche Kinder von ihren Eltern. Zahlreiche weitere Beispiele ließen sich anführen.

Embryonalentwicklung: Embryonen unterschiedlicher Säugetierarten und sogar unterschiedlicher Wirbeltierklassen weisen im Embryonalstadium erhebliche Ähnlichkeiten auf, die so groß sein können, daß sie von der Gestalt her kaum voneinander unterscheidbar sind (Abb. 9). Darwin stützt sich hier auf Karl Ernst von Baer, die Autorität in der Embryologie. Sichtbare Unterschiede bilden sich erst in den späteren Stadien der Entwicklung heraus. Auch verfügt der menschliche Embryo über bestimmte Strukturmerkmale, die bei einzelnen Tieren beim geborenen Tier dauerhaft vorhanden sind. Nach Bischoff, den Darwin wiederum anführt, sind die Hirnwindungen beim menschlichen Embryo im siebten Monat etwa so weit entwickelt wie beim erwachsenen Pavian (Bischoff 1868).

Rudimente: Rudimentäre Organe sind Rückbildungen ursprünglich ausgebildeter Strukturen, die früher einmal bestimmte Funktionen erfüllten, nun aber funktionslos oder in ihrer Funktion bedeutungsloser geworden sind. Darwin führt zahlreiche rudimentäre Organe bzw. Strukturen beim Menschen und anderen Tieren an, wie die Brustdrüsen männlicher Tiere, Körperbehaarung beim Menschen, den Blinddarm, den Weisheitszahn, aber auch bestimmte Fähigkeiten der Muskelbetätigung, wie etwa beim Ohrenwackeln (28). Rudimente erweisen sich für die Rekonstruktion abstammungsgeschichtlicher Zusammenhänge deshalb als besonders wertvoll, weil sie auf Grund ihrer Funktionslosigkeit bzw. Inaktivität der Funktion schwerlich Anpassungen einer späteren Periode sein können. Rudimente können also dazu dienen, *Homologien* (Ähnlichkeiten im Bauplan auf Grund gemeinsamer Abstammung) von *Analogien* (Ähnlichkeiten auf Grund konvergenter Anpassungen) zu unterscheiden (154).

Für Darwin besteht die wissenschaftstheoretische Bedeutung

dieser drei Klassen von Tatsachen darin, daß sie mit Hilfe der Annahme eines abstammungsgeschichtlichen Zusammenhangs der betreffenden Organismen und ihrer Anpassung an verschiedene Bedingungen verständlich werden. Die Berufung auf einen «ideellen Plan» lehnt er ab, weil sie keine *wissenschaftliche Erklärung* sei. Es sei nur unser «natürliches Vorurteil» und die «Arroganz», die uns daran hindern, diese Folgerung zu akzeptieren (29).

4.3 *Über die Weise der Entwicklung des Menschen aus einer niederen Tierart*

Im 2. Kapitel «Über die Weise der Entwicklung des Menschen aus einer niederen Form» («*On the Manner of Development of Man from some Lower Form*») behandelt Darwin die mutmaßlichen Bedingungen und Gesetzmäßigkeiten, die zur Entstehung des Menschen aus einer niedrigeren Tierart geführt haben. Die grundlegende, auf *Beobachtung* basierende Prämisse ist auch hierbei zunächst einmal die *Variationsbreite* innerhalb der Art, d. h. die individuellen Unterschiede zwischen den Menschen in körperlicher und geistiger Hinsicht. Jedes Individuum einer Art oder Rasse unterscheidet sich vom anderen, und seien die Unterschiede noch so gering (30). Auch in diesem Kapitel stützt sich Darwin auf wissenschaftliche Forschungsergebnisse, insbesondere bei den nicht unmittelbar sichtbaren Merkmalen, und zitiert dabei auch den «berühmten alten Anatomen Wolff» (31).

Wie kommt diese Variabilität zustande, welches sind ihre Ursachen, und welche Faktoren und Gesetzmäßigkeiten begünstigten die Entwicklung des Menschen aus nichtmenschlichen Vorfahren? Darwin greift hier die Gesetze auf, die er in *Origin* und *Variation* bereits ausführlich behandelt hat. Er ist sich dessen bewußt, daß es sich hierbei um Vermutungen und Spekulationen handelt, und spricht dies offen an (32). Bereits in *Origin* hat er die Entstehung von Variationen häufig als «spontan» und «zufällig» bezeichnet, um seine diesbezügliche Unwissenheit zum Ausdruck zu bringen. Die von ihm angeführten Bedingungen und Gesetze sind die direkte und bestimmte Wirkung veränderter Bedingungen, die Wirkungen des vermehrten Gebrauchs und Nichtgebrauchs von Teilen, Entwicklungshemmungen, Rückschläge, korrelative Abänderungen, Bevölkerungszunahme und natürliche Selektion.

Diese Liste ist sehr heterogen, und einige der angeführten Bedingungen bzw. Gesetzmäßigkeiten haben heute ihre Gültigkeit verloren. Sie spiegeln den Kenntnisstand der damaligen Zeit wider. Darwin stützt sich auch hier auf die verfügbare wissenschaftliche Literatur aus den unterschiedlichsten Bereichen.

Aus heutiger Sicht sind Darwins Annahmen der *direkten und bestimmten Wirkung veränderter Bedingungen*, die der *Wirkungen des vermehrten Gebrauchs und Nichtgebrauchs der Teile* und seine Überlegungen zu den *Entwicklungshemmungen* am Beispiel der *«Mikrocephalen oder Affenmenschen»* überholt bzw. falsch. So nimmt er an, daß bei der Entstehung des Menschen in der Übergangsphase von Vierfüßern zu Zweifüßern die natürliche Selektion vermutlich in hohem Maße durch die vererbten Wirkungen des vermehrten oder verminderten Gebrauchs der verschiedenen Teile des Körpers unterstützt wurde (39). Zwar gehen wir auch heute davon aus, daß äußere Bedingungen aller Art sowie geistige und körperliche Aktivitäten, Beruf, Lebensweise und Gewohnheiten einen Einfluß auf das individuelle Wohlbefinden, auf Gesundheit und Krankheit haben. Doch wird eine Vererbbarkeit individuell erworbener phänotypischer Merkmale und Eigenschaften nicht mehr angenommen. Heute geht man vielmehr davon aus, daß sich der Einfluß äußerer Bedingungen auf Individuen nur dann auf deren Nachkommen auswirken kann, wenn dadurch die Keimzellen (Ei- oder Samenzellen) betroffen sind, wie etwa bei radioaktiver Strahlung. Auch Darwins Überlegungen über Entwicklungshemmungen, die er gestützt auf Vogts Abhandlung über die *«Mikrocephalen oder Affenmenschen»* entfaltet und als Beispiel für einen Rückschlag anführt, sind nicht haltbar und nach heutigen ethischen Maßstäben zudem unsensibel. Anders als Darwin annimmt, verkörpern mikrocephale Menschen, bei denen das Gehirn in seiner Entwicklung auf einer bestimmten Stufe stehengeblieben ist, nicht die Organisationsform eines vormenschlichen Lebewesens, die in einem früheren Evolutionsstadium den Normalzustand darstellte.

Korrelative Abänderung: Bei der Variation sind nach Darwin vermutlich zwei Faktoren im Spiel, nämlich die Natur des Organismus selbst und die Besonderheit der externen Lebensbedingungen. Darwin hat bereits früher auf die besondere Bedeutung der *Konstitution des Organismus* für die Abänderungen hingewiesen (Kap. III.4). Jeder Organismus ist eine Ganzheit, ein komplexes System, so daß die Variation einzelner Teile die Veränderung anderer Teile nach sich zieht, ohne daß auf diesen ein spezieller Selektionsdruck liegen muß.

Vermehrungsrate und *natürliche Selektion*: Darwin stellt hier Mutmaßungen darüber an, wie sich das *Malthussche Gesetz* unter den Existenzbedingungen unserer Vorfahren auf diese auswirkte. Wie andere Tiere hatten auch die Vorfahren des Menschen nach Darwin die Neigung zu exponentieller Vermehrung, gleichzeitig waren sie häufig Hungersnöten ausgesetzt. Weitere, wahrscheinlich noch bedeutendere Mittel zur Regulierung der Bevölkerungsrate waren der Infantizid und die Veranlassung von Fehlgeburten. Auf Grund der Kluft zwischen Ressourcen und Vermehrungsrate werden unsere Vorfahren einem *struggle for existence* und damit der *natürlichen Selektion* ausgesetzt gewesen sein. Diejenigen Individuen, die über nützliche Varianten ihrer körperlichen, geistigen und sozialen Merkmale und Eigenschaften verfügten, konnten sich besser am Leben erhalten und hatten durchschnittlich einen höheren Fortpflanzungserfolg als ihre schlechter ausgestatteten Artgenossen.

Die Entwicklung des aufrechten Ganges: Das Schlüsselereignis in der Geschichte der Menschwerdung ist für Darwin die Entwicklung des *aufrechten Ganges*, der Bipedie. Dadurch wurden die Hände für andere Funktionen als die der Fortbewegung frei, das Tastgefühl verfeinerte sich, so daß ein gezielter Umgang mit Objekten und ein feinerer Gebrauch der Hände möglich wurde. Darwin stützt sich hier auf Charles Bell, der die Hand zum Gegenstand seines *Bridgewater Treatise* machte. «Die Hand ersetzt alle Instrumente, und durch ihre Korrespondenz mit dem Verstand verleiht sie ihm [dem Menschen] eine universelle Herrschaft.» (55) Ebenso besteht nach Darwin eine Beziehung zwischen dem fortgesetzten Gebrauch der Sprache, die für ihn ihren hauptsächlichen Ursprung in der Nachahmung hat, und der Entwicklung des Gehirns, wobei er sich vor allem auf Ch. Wright stützt (Wright 1870). Sprach- und Denkvermögen haben sich in ihrer Entwicklung wechselseitig beeinflußt, was Darwin durch die zeitgenössische Forschung zur Aphasie (Bateman) bestätigt sieht, welche die enge Verbindung zwischen der Entwicklung unseres Gehirns und dem Sprachvermögen aufzeigt. Darwin ist allerdings sehr zurückhaltend, wenn es um Aussagen zur Rolle einzelner Evolutionsfaktoren bei der Modifikation körperlicher Merkmale im Laufe der Entstehung des Menschen geht. Die verschiedenen Modifikationen, die mit der Entwicklung des aufrechten Ganges verbunden sind, stehen derart miteinander in Korrelation, daß eine Entscheidung über die Rolle der natürlichen Selektion und anderer Faktoren schwer zu treffen ist.

Die *anthropomorphen Affen* haben in diesem Zusammenhang eine besondere Bedeutung. Sie dienen Darwin als *Bestätigungsinstanz* der mit seiner Theorie notwendig verbundenen Annahme, daß Zwischenformen lebensfähig sind, und damit auch der Erhöhung des Plausibilitätsgrades dieser Theorie: Anhand anthropomorpher Affen läßt sich nämlich nachweisen, daß ein Tier, das über verschiedene Stufen des Gehens zwischen dem eines Vierfüßers und dem eines Zweifüßers verfügt und sich damit in diesem Sinne jetzt faktisch in einem Zwischenzustand befindet, an seine Lebensbedingungen im ganzen gut angepaßt ist. Darwin will damit nicht behaupten, daß sich die anthropomorphen Affen gerade in einem Übergangsstadium befinden, sondern daß Tiere, die über verschiedene Stufen des Gehens zwischen dem eines Vierfüßers und dem eines Zweifüßers verfügen, gut damit leben können.

Die Evolution kognitiver Fähigkeiten durch natürliche Selektion: Für Darwin ist der Mensch selbst im «rohesten Zustand das dominanteste Tier, das jemals auf dieser Erde erschienen ist» (52). Er verdankt seine ungeheure Überlegenheit seinen intellektuellen Fähigkeiten in Verbindung mit seiner Sprache und sozialen Gewohnheiten, die ihn dazu führten, seine Mitmenschen zu unterstützen, sowie seiner körperlichen Ausstattung. Nach Darwin entwickelten sich die kognitiven Fähigkeiten durch natürliche Selektion. Dieser Aspekt wird im 5. Kapitel ausführlich behandelt.

Der Mensch, ein Mängelwesen? Darwin setzt sich auch mit der traditionsreichen These vom Menschen als *Mängelwesen* auseinander, wie sie vom Herzog von Argyll vertreten wird. Dieser versucht, die Theorie der natürlichen Selektion mit dem Argument aus den Angeln zu heben, daß die Abweichung des menschlichen Körperbaus von dem der Tiere in Richtung größerer Schwäche und Hilflosigkeit sich weniger als jede andere durch natürliche Selektion erklären lasse. Nach Darwin konnte sich der Mensch jedoch gerade *durch* seine körperlichen Defizite zum dominantesten Tier der Erde entwickeln: Ein Tier, das mit Größe, Kraft und Wildheit ausgestattet ist und sich daher gegen alle Feinde verteidigen kann, hätte sich vermutlich nicht zu einem sozialen Tier entwickelt. Nach Darwin ist es durchaus denkbar, daß der allmähliche Verlust bestimmter tierähnlicher körperlicher Fertigkeiten, wie das Klettern, beim Menschen mit der fortschreitenden Entwicklung seiner geistigen Fähigkeiten einherging. Es lag ein besonderer Selektionsdruck auf der Herausbildung eines gesteigerten Denkvermögens in Verbindung mit sozialen Kompetenzen. Weil der Mensch nach Darwin vermutlich von einer verhältnismäßig schwachen Form abstammte, hatte er die Möglichkeit, ein *soziales Lebewesen* zu werden, *Sympathie* und *Nächstenliebe* sowie wechselseitige Hilfeleistungen zu entwickeln. Daher dürfte es nach Darwin für den Menschen ein immenser Vorteil gewesen sein, von einer vergleichsweise schwachen Kreatur abzustammen. Hier zeigt sich bereits Darwins hohe Bewertung der menschlichen Moral. Wäre für Darwin das Überleben das einzige und ausschlaggebende Beurteilungskriterium, so wäre es gleichgültig, von welchen Vorfahren der Mensch abstammte.

Vogel deutet Darwins Ausführungen in seiner Einführung zu der von ihm herausgegebenen Ausgabe im Sinne der Kompensationsthese, wonach der Mensch zunächst ein Mängelwesen war und zur Kompensation seiner Schwächen dann Moralität entwickelte. Mit Recht wendet er ein, daß sich ein Mängelwesen durch natürliche Selektion gar nicht erklären ließe. Anders als Vogel dies tut, läßt sich Darwin hier jedoch so interpretieren, daß der allmähliche Abbau bzw. Umbau bestimmter Merkmale des Tieres mit einer Herausbildung spezifisch menschlicher Strukturen und Fähigkeiten einherging.

4.4 Die geistigen Fähigkeiten von Mensch und Tier

Nachdem Darwin in den ersten beiden Kapiteln vorwiegend morphologische Argumente für die Abstammung des Menschen von einer «niederen Form» angeführt hat, soll nun auch im Bereich des Mentalen eine Brücke zwischen Tier und Mensch geschlagen werden. Darwin kommt es auch hier auf den *Zusammenhang* zwischen Mensch und Tier an. Durch die tief im Bewußtsein verwurzelte

Annnahme einer Kluft zwischen Tier und Mensch fehlt bei vielen ein Bewußtsein für den Reichtum und das breite Spektrum kognitiver Fähigkeiten und Leistungen bei nichtmenschlichen Tieren. Indem Darwin uns dieses vor Augen führt, erfüllt er eine wichtige aufklärerische Funktion. Gleichzeitig legt er großen Wert auf den Nachweis der *Variabilität* von mentalen Fähigkeiten *innerhalb* einer Art (70), die sowohl für das Abstammungstheorem als auch für das Selektionstheorem relevant ist.

Mit der Unterscheidung zwischen Grad (*degree*) und Wesen (*kind*) können auch Wertannahmen über Mensch und Tier verbunden sein. Wer von einem nur graduellen Unterschied zwischen Mensch und Tier ausgeht, hebt die qualitative Nähe des Menschen zum Tier hervor. Wer dagegen von einem wesentlichen Unterschied beider ausgeht, betont die qualitativen Differenzen oder beansprucht gar eine qualitative Kluft. Fragen dieser Art stehen vor allem in den tierethischen Diskussionen der Gegenwart im Mittelpunkt sowie überall dort, wo in Konfliktfällen Güterabwägungen zwischen der Berücksichtigung der Interessen und des Wohls von Tieren und der von Menschen zu treffen sind, wie z. B. bei Tierversuchen in der biologischen und medizinischen Forschung. Die Frage nach der qualitativen Differenz zwischen Tier und Mensch wird uns noch im Kapitel über den moralischen Sinn beschäftigen.

Vorangeschickt sei, daß Darwin nicht den Anspruch erhebt, den Ursprung der geistigen Fähigkeiten in den ersten Tieren zu Beginn der Evolution von Tieren aufzuklären. Wie schon in *Origin*, wo er sich explizit Spekulationen über den Anfang des ersten Lebens und geistiger Vermögen enthält (Origin[2], 214), setzt er auch in *Descent* dort an, wo bereits mentale Fähigkeiten existieren, und interessiert sich für ihre Abwandlungen im Laufe der Evolution der Tiere einschließlich des Menschen (Descent[2] I, 70; vgl. Kap. III.7). Die Klärung von Ursprungsfragen seien Probleme, die der fernsten Zukunft vorbehalten seien, wenn sie überhaupt jemals für den Menschen lösbar seien. Kritisch anzufragen ist hier, wie sich dies mit Darwins evolutionärem Kontinuitätsprinzip vereinbaren läßt (vgl. Kap. V.8).

Bereits unter Naturtheologen gab es die – wenn auch nicht von Paley geteilte – Vorstellung, daß auch Tiere über Verstand und Rationalität sowie die Fähigkeit des Lernens aus Erfahrung verfügen (Richards 1981, 1987). Darwin kannte die Schriften von Fleming, Brougham, Kirby und Spence (vgl. seine *Notebooks*). Sie schrieben

Tieren, auch Insekten, Verstand zu und stützten sich dabei auf die Beobachtung der offensichtlichen Fähigkeiten dieser Tiere, unter wechselnden Bedingungen angemessen zu reagieren, aus Erfahrung zu lernen, d. h. gemachte Erfahrungen in einem wie auch immer gearteten Gedächtnis zu speichern und miteinander zu kommunizieren. Die Beobachtung dieser Tiere legte den Naturtheologen eine Kontinuität des Verhaltens nahe, vom niedrigsten Tier bis zum Menschen. Darwins gerade entstehender Evolutionstheorie kam deren Ansatz entgegen, obwohl sie noch keine evolutionäre Kontinuität annahmen.

Um die Möglichkeit der Herausbildung komplexer geistiger Fähigkeiten im Prozeß der Abstammungsgeschichte plausibel zu machen, bedient sich Darwin mehrerer *Argumentationsfiguren*, mit denen er auch seine Kritiker konfrontiert: *Erstens* weist er bestimmte geistige Fähigkeiten bereits bei nichtmenschlichen Tieren nach, so daß wir diese beim Menschen in abgewandelter Weise vorfinden können; *zweitens* rekonstruiert er den Ursprung spezifischer Fähigkeiten des Menschen, über die das Tier nicht verfügt, wie die der Erzeugung des Feuers und die Werkzeugherstellung, als anfängliche Zufallsergebnisse des frühen Menschen bei der Praktizierung von Fertigkeiten, über die bereits Tiere verfügen, wie den Gebrauch von Steinen, und die vom Menschen nach ihrer Entdeckung gezielt in Gebrauch genommen und weiterentwickelt wurden; *drittens* zieht er die Möglichkeit in Betracht, daß geistige Fähigkeiten des Menschen, über die andere Tiere nicht verfügen, durch die Kombination der bereits bei diesen Tieren vorhandenen Fähigkeiten entstehen; *viertens* fordert er Konsistenz in der Argumentation ein: Wenn zwischen den kognitiven Leistungen eines Affen und denen eines Hechts ein bedeutender, jedoch kein wesentlicher Unterschied gesehen werde, warum werde dann für den Menschen bei einem vergleichbaren Unterschied die Ausstattung mit einem fundamental andersartigen Geist in Anspruch genommen (80)?

Darwins Ausführungen über die geistigen Fähigkeiten der Tiere bieten einen Überblick über die vergleichende Verhaltensforschung auf dem damals aktuellen Stand. Dabei stützt er sich auf seine Beobachtung und Erfahrung mit eigenen Tieren und Kindern, in größerem Maße jedoch auf die internationale Literatur namhafter Wissenschaftler aus unterschiedlichsten Bereichen der Erforschung des Tierverhaltens sowie auf deren Angaben und Berichte in ihrer Korrespondenz mit ihm. Dieser Zugang ermöglicht es ihm, ein breites und differenziertes Leistungsspektrum von Tieren aus ganz unterschiedlichen systematischen Kategorien vorzustellen und damit die Variationsbreite der kognitiven Fähigkeiten im Tierreich, aber auch ihre Gemeinsamkeiten, anschaulich zu demonstrieren. Beispiele aus dem Stamm der Gliederfüßer (Arthropoden), wie Insekten, kommen dabei ebenso zur Darstellung wie solche aus dem Stamm der Wirbeltiere (Vertebraten). So beschreibt er sowohl das Neugier- und Spielverhalten der Ameisen als auch die Variationsbreite von Verhaltensweisen und kognitiver Vermögen von Vertretern unterschiedlicher Klassen der Wirbeltiere. Da der Mensch in der Systematik der Tiere zum Stamm der Wirbeltiere und zur Klasse der Säugetiere gehört, ist ein Vergleich mit den verschiedenen Klassen der Wirbeltiere und hier wiederum mit Vertretern aus der Ordnung der Primaten für Darwin von besonderem Interesse.

Vogel spricht hier kritisch von den «uns heute teilweise geradezu rührend-naiv anmutenden ‹vermenschlichenden› Vor- und Darstellungen tierischen Verhaltens» und führt diese «Anthropomorphismen» darauf zurück, daß Darwin weitgehend auf dilettantische Berichte angewiesen war und es eine Ethologie «im Sinne einer modernen biologischen Wissenschaft mit strengen Dokumentations- und Interpretationskriterien tierischen Verhaltens seinerzeit noch nicht gab» (Vogel 1982, XXVII). Dabei übersieht Vogel jedoch, daß im Rahmen eines evolutionstheoretischen Ansatzes nicht jede Beschreibung von Tieren unter Verwendung mentaler und emotiver Kategorien eine unzulässige Übertragung menschlicher Eigenschaften auf andere Tiere darstellt. Nach der Logik der Evolutionstheorie und ihrer Annahme der Verwandtschaftsbeziehungen zwischen Tier und Mensch verfügt der Mensch nur deshalb über diese Fähigkeiten, weil es vor ihm bereits Lebewesen gab, die damit ausgestattet waren, wenn auch nicht unbedingt im selben Grade. Damit werden die Unterschiede zwischen Tier und Mensch also nicht nivelliert. Vielmehr kommt es darauf an, Gemeinsamkeiten und Unterschiede auszumachen. Zu fragen ist, wo die Grenze zu ziehen ist zwischen legitimer und anthropomorpher Terminologie. Dazu bedarf es der Zusammenarbeit aller biologischen Disziplinen und der Berücksichtigung unserer Alltagserfahrung im Umgang mit Tieren. Auch ist es nicht gerechtfertigt, hier von Dilettantismus zu sprechen, es sei denn, es würde auch der heutige Wissensstand aus der Perspektive zukünftiger Wissenschaftsgeschichte als Dilettantismus charakterisiert. Trotz der damals vorwiegend anekdotischen Vorgehensweise gibt es bemerkenswerte Parallelen zwischen der damaligen und heutigen Diskussionsstruktur sowie den erzielten Ergebnissen.

Darwin stützt sich auf Autoren, die zu seiner Zeit einen Namen hatten. Zu den in *Descent* vielzitierten Autoren gehören der bekannte deutsche Zoologe und Forschungsreisende A. E. Brehm (1829–1884), auf dessen Hauptwerk *Thierleben* (1864) er vielfach Bezug nimmt, sowie der Schweizer Naturforscher, Mediziner und Forschungsreisende J. R. Rengger (1795–1832), dessen *Naturgeschichte der Säugetiere von Paraguay* (1830) vor allem auf Grund der Freilandbeobachtungen für Darwin eine reichhaltige Erfahrungsquelle bildet und in der Fachwelt geschätzt war. Für die Insekten stützt sich Darwin auf den französischen Wissenschaftler P. Huber.

Darwin verwendet den Ausdruck «niedere Tiere» (*lower animals*) je nach Kontext in zwei verschiedenen Bedeutungen. Beim Vergleich zwischen Mensch und Tier sind mit «lower animals» alle Tiere gemeint. In anderen Kontexten wird damit eine Hierarchie unter nichtmenschlichen Tieren bezeichnet. Darwin ist sich durchaus bewußt, daß die Verwendung von Kategorien wie «niedriger» und «höher» problematisch ist, denn an welchem Maßstab sollten sich solche Hierarchien orientieren (Kap. III.4)? Im Briefwechsel mit Hooker wird sein Ringen um eine angemessene Terminologie deutlich. Er versuche sorgfältig, diese Ausdrücke zu vermeiden, da er glaube, niemand habe eine definitive Vorstellung von ihrer Bedeutung, außer bei Tierklassen, «die lose mit dem Menschen verglichen werden können» (ML I, 114). Aber dieser unvermeidbare Wunsch, alle Tiere mit dem Menschen als dem höchsten zu vergleichen, sei auch der Hauptgrund für diese Verwirrung. In bezug auf «highness» und «lowness» seien seine Vorstellungen «nur eklektisch und nicht sehr klar» (ML I, 76). Gleichwohl bedient sich Darwin noch der überlieferten naturphilosophischen Terminologie, was sich auch in der häufigen Bezugnahme auf die «aufsteigende Stufenleiter der Natur» ausdrückt.

Im folgenden werde ich der Einfachheit halber von Mensch und Tier statt von menschlichen und nichtmenschlichen Tieren sprechen. Dabei behalte ich durchaus Darwins Perspektive im Auge, daß auch der Mensch in das Tierreich eingeordnet ist.

Gefühl, Verstand und Sprache bei Tieren: Darwin bespricht nachein-
ander eine Reihe von Vermögen, die auch Tiere haben. Hierzu gehören *Gefühle* (*emotions*) wie Freude und Schmerz (*pleasure and pain*),
Glück und Elend (*happiness and misery*). Glück drücke sich nie besser
aus als beim Spiel junger Tiere «wie bei unseren Kindern» (73). Dies
gelte sogar für Insekten (Huber 1810). Daß Tieren Spielfähigkeit
zugesprochen wird, zeigt den radikalen Bruch mit der von Friedrich
Schiller verkörperten Tradition (vgl. Cassirer 1990, 254).

Neben der Beobachtung des Verhaltens kann er sich auch auf die
physiologischen Ähnlichkeiten zwischen Mensch und Tier stützen,
die bei bestimmten Gefühlen auftreten, wie Muskelzittern, Herzklop-
fen, Haarsträuben u. a. Welche große Bedeutung Darwin den Gefühlen bei Mensch und Tier beimißt, drückt sich schon darin aus, daß er
diesem Thema ein ganzes Buch widmet. In *Der Ausdruck der Gefühle
beim Menschen und bei Tieren* (1872) behandelt er, untermalt durch
reichhaltiges Bildmaterial (historische Fotografien, Zeichnungen,
Holzschnitte) und wiederum auf der Grundlage von Vorarbeiten
namhafter Experten aus Anatomie, Neuroanatomie, Verhaltensforschung, die Ähnlichkeiten und Unterschiede der Ausdrucksformen
von Gefühlsäußerungen bei Tieren und dem Menschen. Dieses
lesenswerte Buch enthält minutiöse Detailbeschreibungen und wird
auch in der heutigen philosophischen und neurowissenschaftlichen
Diskussion über die Bedeutung von Gefühlen positiv rezipiert (Damasio 2003, 2004). Ein bedeutender Aspekt ist, daß Mensch und Tier
einander verstehen und ihre Ausdrucksweisen gegenseitig deuten
können (die Ausgabe von Ekman enthält wertvolle Kommentare zu
Darwins Text; s. auch Wallace 1873 und als kritische Würdigung
Wundt 1877).

In *Descent* beschreibt Darwin die beim Menschen und den sogenannten höheren Tieren anzutreffenden Gefühle wie Eifersucht,
Liebe und das Bedürfnis, geliebt zu werden, Wetteifer, das Bedürfnis
nach Zustimmung und Lob, weiterhin Stolz und Selbstzufriedenheit;
Scham im Unterschied zu Furcht, Bescheidenheit, Verachtung, Ra-
che, Mißtrauen. Die meisten komplexen Gefühle haben die höheren
Tiere und der Mensch gemeinsam. Gestützt auf die Literatur und Berichte führt Darwin als Gemeinsamkeit zwischen Tier und Mensch
auch Hilfsbereitschaft und mütterliche Zuneigung an, die sich über
den eigenen Nachwuchs hinaus auch auf kranke, schwache und ver-
waiste Artgenossen und sogar auf Mitglieder anderer Arten erstreckt,

wie das Beispiel artüberschreitender Adoption bei Affen zeigt (74 ff., 104–112). Die mehr intellektuellen Gemütsbewegungen und Fähigkeiten wie Verwunderung und Neugier sind als Grundlage für die Entwicklung der höheren Vermögen von besonderer Bedeutung (75 f.).

Darwins Ausführungen über den Vergleich der *geistigen Fähigkeiten* des Menschen und der Tiere haben bis heute nicht an Aktualität verloren. Beim Lesen fühlt man sich häufig in das 20. und 21. Jahrhundert versetzt. Er verweist auf ein weitverbreitetes Bewußtsein von den intellektuellen Fähigkeiten von Tieren. Nur wenige bestritten heute, daß Tiere über ein gewisses Denkvermögen verfügen (79). Es werde allgemein zugegeben, daß die höheren Tiere Gedächtnis, Aufmerksamkeit, Assoziation und sogar Imagination und Vernunft besitzen (88). Dennoch gebe es selbst heute noch einige Autoren, die leugnen, daß höhere Tiere davon Spuren besitzen, und die versuchen, durch bloße Wortklauberei alle darauf hindeutenden Tatsachen wegzuerklären (83). Darwin benennt und diskutiert sämtliche Vermögen, die auch heute in der Diskussion um die Erkenntnisfähigkeiten von Tieren im Gespräch sind: Denkvermögen, Lernen aus Erfolg und Irrtum in Verbindung mit Gedächtnis, assoziatives Lernen, Verwunderung, Erstaunen, Neugier, Aufmerksamkeit, Imitation, Abstraktionsfähigkeit, die Bildung von Allgemeinbegriffen, Imagination, einsichtiges Verhalten, Selbstbewußtsein, mentale Individualität, Kommunikation, Werkzeuggebrauch und Werkzeugherstellung (vgl. Franck 1997; Bartels 2005). Darwins Studien werden in der aktuellen Diskussion explizit gewürdigt (z. B. Hauser 2001; Perler, Wild 2005) oder zumindest intensiv diskutiert (Daston, Mitman 2005; zum moralischen Status des Tieres im Britannien des 18. Jahrhunderts Bradie 1999).

Die genannten Fähigkeiten sind im Tierreich ganz unterschiedlich verteilt, es gibt kein Alles oder Nichts. Darwin beansprucht auch nicht, alle diese Fähigkeiten bei nichtmenschlichen Tieren anzutreffen. Seine Abstammungstheorie beinhaltet keine Nivellierung von Unterschieden, und die Zuordnung bestimmter Merkmale hängt für ihn auch von der jeweiligen Definition ab. Wenn wir unter Selbstbewußtsein philosophische Reflexionen über unseren Anfang und unser Ende, über Leben und Tod verstehen, so kann dies sicherlich kein Tier leisten. Wählt man jedoch eine weniger anspruchsvolle Definition, wie die Erinnerung an oder das Wissen um die eigenen Freuden und Leiden, so ist Selbstbewußtsein bei bestimmten Tieren nicht auszuschließen. Sprache im Sinne der artikulierten, verbalen Sprache ist dem Menschen vorbehalten. Über Kommunikationsfähigkeiten (Laute, Körpersprache, Bewegungen, Symbolverwendung) mit Ausdrucks-, Appell- und Symbolcharakter zur Darstellung von Sachverhalten verfügen auch Tiere. Zudem bedient sich der Mensch nicht nur der Wortsprache, sondern wie Tiere auch der Körpersprache, Gestik, Mimik, Bewegung der Gesichtsmuskeln, manchmal auch inartikulierter Schreie. Darwin bekommt hier Schützenhilfe von dem Philosophen und Priester L. Stephen aus Cambridge, der religiöse und philosophische *Essays* (1873) verfaßt hat, in denen er die «metaphysische Arroganz» anprangert und überzeugende Beispiele für das Denkvermögen von Tieren anführt. Ferner nennt Darwin A. von Humboldt als Gewährsmann.

Auch bei der Behandlung des Themas «Sprache» zeigt sich wieder, daß Darwin auf dem Stand des Wissens seiner Zeit ist, ja darüber hinaus heutige Diskussionen antizipiert. Er bezieht sich nicht nur auf die neuesten zeitgenössischen neurobiologischen Forschungsergebnisse, sondern begibt sich auch in die sprachphilosophischen Debatten über den Ursprung der verbalen Sprache und die Beziehung zwischen Denken und Sprache, die von Wedgwood, Farrar, Schleicher, Müller, Whitney und Bleek geführt werden. Kann es ein nichtsprachliches Denken geben? Für den Philologen und Darwin-Kritiker Max Müller bildet die Sprache den «Rubikon», dessen «Überschreitung kein Tier wagen wird» (Müller 1861 nach 1887, 177) (vgl. Descent[2] I, 93, Fn. 63). «Kein Verstand ohne Sprache» und «Keine Sprache ohne Verstand», lautet sein Grundsatz (Müller 1887, x). Müller spricht den Tieren das Sprachvermögen ab, weil sie nicht über Allgemeinbegriffe verfügten. Ein sprechender Elefant wäre für ihn per definitionem kein Elefant. Die Sprache wird somit zur *differentia specifica* zwischen Tier und Mensch. Tier und Mensch haben nach Müller nur die «emotionale Sprache», nicht aber die «rationale Sprache» gemeinsam (Müller 1873, 676 f.). Darwin richtet sich gegen die damit verbundene Annahme der Unmöglichkeit nichtsprachlichen Denkens, die auch Konsequenzen für die Sichtweise von Menschen hat, die noch nicht oder nie sprechen können, also von Kleinkindern und Taubstummen (93 f.). Taubstumme verfügen danach nicht über ein Denkvermögen, bevor sie mit ihren Fingern Wörter imitieren können, eine Auffassung, die Darwin strikt zurückweist. Er hält es für unplausibel, daß Kinder und Tiere, so schnell wie sie es tun, bestimmte Laute mit bestimmten Allgemeinbegriffen in Verbindung bringen könnten, wenn solche Ideen nicht bereits in ihrem Geist geformt wären. Darwin erklärt die Entstehung der menschlichen Sprache aus den Tönen und Rhythmen unserer affenähnlichen Vorfahren beim Werben um das andere Geschlecht. Die Sprache hat nach Darwin ihren Ursprung in der Nachahmung und Modifikation natürlicher Laute, der Stimmen anderer Tiere und der instinktiven Ausrufe und Gesänge der menschlichen Vorfahren, unterstützt durch Zeichen und Gesten (91 f.; Descent[2] II, 595 f.). Mit der Imitation musikalischer Ausrufe durch artikulierte Laute entstanden Wörter, so daß der Gesang letztlich Ursprung der Sprache ist. Auch hier zeigen sich wieder starke Übereinstimmungen mit Herder, dessen *Abhandlung über den Ursprung der Sprache* (1772) Darwin jedoch wohl nicht kannte.

Darwin führt zudem noch den Sinn für Schönheit («*sense of beauty*») an, worunter er die Vorliebe für bestimmte symmetrische Muster, Farben und Formen versteht. Dieser Sinn wird relevant in seinen Überlegungen zur geschlechtlichen Selektion.

Neben den zuvor bereits angeführten Gemeinsamkeiten bzw. Ähnlichkeiten sind Mensch und Tier nach Darwin auch mit einigen gemeinsamen *Instinkten* ausgestattet. Hierzu gehören der Instinkt der Selbsterhaltung, geschlechtliche Liebe sowie die sozialen Instinkte wie Eltern- und Kindesliebe, Geselligkeit, Treue, gegenseitige Hilfsbereitschaft, Sympathie für Familien und Gruppenmitglieder u. a. Einige dieser von Darwin als «Instinkt» bezeichneten Merkmale werden heute wohl als «Trieb» bezeichnet. Im Unterschied zum Tier sind die Instinkte beim Menschen nach Darwin jedoch nach Anzahl, Spezialisierungsgrad und Stärke reduziert, seine intellektuellen Fähigkeiten nehmen gegenüber den Instinkten ein größeres Gewicht ein, so daß sein Handeln vorwiegend von höheren geistigen Funktionen geleitet wird. Die damit einhergehende Schwächung der Instinkte begünstigt jedoch nicht nur die Ausbildung des moralischen Sinns (Kap. V), sondern kann auch zu «Perversionen» wie der regelmäßigen Tötung des eigenen Nachwuchses, etwa bei Nahrungsmittelknappheit, oder zur Bevölkerungskontrolle führen (50 f.).

Instinkt, Gewohnheit, Intelligenz: In welchem Verhältnis stehen *Instinkt* und *Intelligenz* nach Darwin zueinander? Wie unterscheiden sie sich voneinander? Wie sind sie entstanden, und welche Funktion haben sie? Welche Gemeinsamkeiten und Unterschiede gibt es in der Beziehung von Instinkt und Intelligenz bei Tier und Mensch? Darwin greift hier auch auf seine Überlegungen aus *Origin* zurück. Instinkte faßt er unter die «geistigen Vermögen» (*mental faculties*). Er verzichtet aber explizit darauf, den Begriff des Instinktes zu definieren, da unter dieser Bezeichnung «ganz verschiedene geistige Tätigkeiten» zusammengefaßt werden. Statt dessen appelliert er unter Zuhilfenahme eines Beispiels an ein allgemeines Vorverständnis von «Instinkt»: Jeder wisse, was damit gemeint sei, wenn man sage, der Instinkt veranlasse den Kuckuck, seine Eier in fremde Nester zu legen. Von Instinkt spricht man nach Darwin im allgemeinen dann, wenn ein Tier, insbesondere ein junges Tier, ohne Erfahrung bestimmte Verhaltensweisen ausübt oder viele Individuen gleichzeitig ohne Kenntnis des Zwecks der Übung Verhaltensweisen ausüben. Allerdings habe keines dieser Merkmale allgemeine Gültigkeit, wie er unter Berufung auf Experten aus der Entomologie wie P. Huber schreibt: Ein wenig Urteilskraft oder Verstand sei auch bei Tieren, die «auf der Stufenleiter des Lebens sehr tief stehen», meist mit im Spiel.

Darwin unterscheidet auch zwischen *Gewohnheit* und *Instinkt*: Zwar gebe es eine Ähnlichkeit bezüglich des Geisteszustandes, in dem gewohnheitsmäßige und instinktive Handlungen vollzogen würden; doch im Unterschied zu instinktmäßigem Verhalten sei gewohnheitsmäßiges Verhalten durch den Willen oder den Verstand modifizierbar. Werden gewohnheitsmäßige Tätigkeiten aber erblich, so werden die Ähnlichkeiten zwischen Gewohnheit und Instinktivem so groß, daß beide nicht mehr zu unterscheiden sind. Gewohnheitsmäßiges und instinktives Verhalten können also dieselbe *Struktur* aufweisen, jedoch unterschiedlichen *Ursprungs* sein.

Darwins Darstellung einiger zeitgenössischer Positionen zum Verhältnis von Intelligenz und Instinkt (Fréderic Cuvier, Pouchet, Morgan, Spencer) macht deutlich, wie ungeklärt die Beziehungen zwischen Intelligenz und Instinkt und ihre Entstehungszusammenhänge sind. Während Cuvier davon ausgeht, daß Instinkt und Intelligenz bei Tieren in umgekehrtem Verhältnis zueinander stehen, d. h. daß ein geringer Intelligenzgrad mit gut ausgeprägten Instinkten korreliert und umgekehrt, glauben andere, daß eine geringe Intelligenz auch wenig entwickelten Instinkten entspricht und die intelligentesten Tiere über die am besten ausgebildeten Instinkte verfügen. Als Beispiele werden Insekten und Biber angeführt. Manche Autoren nehmen an, daß sich die intellektuellen Fähigkeiten aus Instinkten entwickelt haben. Darwin stellt nicht in Abrede, daß Instinkthandlungen ihren «fixierten und ungelehrten Charakter» verlieren und durch andere ersetzt werden können, die mit Unterstützung des «freien Willens» vollzogen werden. Umgekehrt können intelligente Handlungen nach generationenlanger Ausübung in Instinkte verwandelt werden. Doch trifft dies nach Darwin nicht für die Mehrzahl der Instinkte zu. Komplexe Instinkte wie die der Honigbienen und Ameisen können nicht in einer einzigen Generation erworben und dann durch Vererbung auf die nächste und die weiteren Generation übertragen werden. Vielmehr können nach Darwin auch Instinkte wie körperliche Merkmale *spontanen Variationen* unterliegen, deren Ursachen noch unbekannt sind. Diese werden der natürlichen Selektion unterworfen, so daß sich die unter den jeweiligen Lebensbedingungen nützlicheren Abänderungen im Laufe eines langen Prozesses gradueller Anhäufung zu komplexeren oder neuen Instinkten herausbilden. Solche Variationen werden aus Gründen der Unkenntnis dieser Ursachen häufig als «spontan» bezeichnet (71 f.). Einige Instinkte sind einfach durch lange, kontinuierliche und vererbte Gewohnheiten entstanden, andere, hochkomplexe, durch die Erhaltung von Variationen bereits existierender Instinkte, d. h. durch natürliche Selektion («preservation of variations of pre-existing instincts) (Expression, PM 23, 31).

Diese Annahme begründet er mit Spekulationen über das Gehirn. Er geht davon aus, daß die Entwicklung von Instinkten mit einer ererbten Modifikation des Gehirns einhergeht. Mit zunehmender Intelligenz müssen die verschiedenen Teile des Gehirns durch verwickelte Kanäle der freiesten Kommunikation miteinander verbunden werden, so daß infolgedessen jeder einzelne Teil weniger dazu geeignet wäre, auf bestimmte Empfindungen und Assoziationen in bestimmter und vererbter, d. h. instinktiver Weise zu reagieren. Daher hält er es für wahrscheinlich, daß sich «freie Intelligenz» und Instinkt in ihrer Entwicklung wechselseitig beeinträchtigen, ja sogar eine Wechselwirkung zwischen einem geringen Intelligenzgrad und der starken Neigung zur Bildung fester Gewohnheiten besteht (Descent[2] I, 72). Auch unter Tieren ist das Verhältnis von Instinkt und Intelligenz in Abhängigkeit von der jeweiligen Tierart sehr unterschiedlich bestimmt. Einsichtiges Handeln beim Tier, wofür er zahlreiche überzeugende Beispiele anführt, läßt sich nach Darwin nicht auf Instinkt oder ererbte Gewohnheit zurückführen.

Darwins Überlegungen lassen sich dahingehend zusammenfassen, daß der Begriff der Instinkthandlung bei ihm *ex negativo* zu definieren ist, und zwar als Sammelbegriff für alle Handlungen und Verhaltensweisen, die im Einzelfall nicht auf der Grundlage von Reflexion und freiem Willen zustande kommen. An der Unklarheit des Instinktbegriffs hat sich bis heute nichts geändert. Der Instinktbegriff wird ähnlich wie der Triebbegriff «in so unterschiedlicher Bedeutung verwendet und ist derart starken Schwankungen unterworfen gewesen, daß er zu einer Fülle von Mißverständnissen geführt hat. Er soll daher künftig vermieden werden.» (Franck 1985, 10).

Die besondere Bedeutung höherer kognitiver Fähigkeiten: Darwin ist es wichtig, auf die Gefahr einer Unterschätzung der geistigen Fähigkeiten der höheren Tiere, insbesondere des Menschen, hinzuweisen. Diese sieht er darin, Handlungen, die auf Erinnerung an vergangene Ereignisse, auf Voraussicht, Vernunft und Imagination basieren, mit ähnlichen Verhaltensweisen niederer Tiere zu vergleichen, die jedoch auf Instinkt beruhen. Bei ihnen sind diese schrittweise durch die Variabilität der mentalen Organe und natürliche Selektion erworben worden, ohne bewußte Intelligenz seitens der Tiere im Laufe der Generationen (72). Diese kleine «Abschweifung» über die Beziehung zwischen Instinkt und Intellekt ist für das Verständnis von Darwins Moralphilosophie von grundlegender Bedeutung, da er, wie wir sehen werden, die Moralfähigkeit des Menschen von seinen besonderen intellektuellen Fähigkeiten abhängig macht.

Religion: Ein menschliches Spezifikum ist nach Darwin der Glaube an Gott, die *Religion* (98 ff.). Allerdings fügt er einschränkend hinzu, daß der Glaube an die Existenz eines allmächtigen Gottes keine angeborene Idee des Menschen ist. Zahlreiche «Wilde» verfügten nicht über einen Begriff für die Idee eines oder mehrerer Götter. Wenn unter Religion jedoch im weiteren Sinne auch der Glaube an unsichtbare Kräfte oder Geister verstanden werde, Ehrfurcht und Furcht vor ihnen, so liege der Fall anders, da dieser Glaube weit verbreitet sei. Aus ihm kann sich allmählich der Glaube an die Existenz mehrerer Götter und schließlich eines Gottes entwickelt haben. Darwin hat sich hier möglicherweise durch Humes *Naturgeschichte der Religion* und die Beschreibung der Herausbildung des Polytheismus und seiner Entwicklung zum Monotheismus inspirieren lassen.

Auch bei diesem Phänomen läßt sich nach Darwin eine Kontinuität mit den Tieren ausmachen: Ein schwacher Anklang an den Gemütszustand der religiösen Erhebung und damit einhergehende Gefühle wie Unterordnung und Furcht lasse sich auch bei Tieren feststellen, etwa beim Hund (99f.), wobei Darwin sich auch auf Braubach stützt (Braubach 1869). Allerdings reduziert er Religiosität nicht auf die Furcht, die bereits Tiere vor ihrem Herrn haben. Einzelne Merkmale des Menschen stellen durchaus eine qualitative Besonderheit gegenüber Tieren dar, worauf noch ausführlich eingegangen wird (Kap. V). Darwin radikalisiert Humes religionsphilosophischen Ansatz. Während dieser versucht, «die Religion aus der anthropologisch kontingenten Subjektivität des Ichs heraus zu verstehen» (Kreimendahl in Hume 1984, XXV), bindet Darwin sie mit seiner Abstammungstheorie noch über die Geschichte des Menschen hinaus rückwärts an die Naturgeschichte.

Ausdrücklich thematisiert er damit nicht die Frage, ob es einen Schöpfer und Regenten des Weltalls gibt, welche von einigen der größten Geister bejaht worden sei (98).

4.5 Über die Verwandtschaft und den Stammbaum des Menschen

Kapitel 6 «On the Affinities and Genealogy of Man» behandelt die Verwandtschaft und den Stammbaum des Menschen. Obgleich die Unterschiede in den geistigen Fähigkeiten von Mensch und Tier ungeachtet ihrer nur graduellen Differenzen «ganz ungeheuer» sein können (152), berechtige uns dies nicht, den Menschen in der biologischen Systematik in ein eigenes Reich einzuordnen, er gehöre ins Tierreich. Eine Klassifikation, die sich auf ein einziges Merkmal oder ein einziges Organ stütze, erweise sich fast stets als ungenügend, «sei es auch so wunderbar komplex und bedeutend wie das Gehirn oder die hohe Entwicklungsstufe der geistigen Fähigkeiten» (153). Das Kapitel ist auch wissenschaftshistorisch wegen der vielen von Darwin hergestellten Bezüge (Blumenbach, Cuvier, Owen, Lyell u. a.) interessant. Die von ihm vertretene Affinität zwischen Mensch und Menschenaffen und die Annahme, daß der Mensch in seiner Organisation weniger von den «höheren» Affen abweicht als diese von «niederen», hat sich im Lichte der heutigen Genetik bestätigt. Seine Annahme, daß die Anthropomorpha und wir gemeinsame Vorfahren haben, gilt heute als erwiesen, auch daß die Wiege des Menschen in Afrika ist. Der Mensch ist ungeachtet seiner hohen geistigen Fähigkeiten nur eine von mehreren außergewöhnlichen Primatenformen (160). Darwin verweist auch auf die Ähnlichkeiten im Ausdruck des Gemüts bei Mensch und Affen.

«Auf diese Weise haben wir dem Menschen einen Stammbaum von ungeheurer Länge gegeben, aber nicht, wie man sagen könnte, von edler Qualität. … Wenn wir nicht absichtlich unsere Augen schließen, so können wir nach unserem jetzigen Wissen annähernd unsere Abstammung erkennen; auch brauchen wir uns derselben nicht zu schämen. Der geringste Organismus ist etwas viel Höheres als der unorganische Staub unter unseren Füßen; und kein vorurteilsfreier Mensch kann irgendein lebendes Wesen, wie gering es auch sein mag, studieren, ohne in Enthusiasmus über seine wunderbare Struktur und Eigenschaften zu geraten.» (171).

4.6 Über die Menschenrassen

Gegenstand des 7. Kapitels «*On the Races of Man*» sind die «sogenannten Menschenrassen». Darwin möchte die Frage beantworten, welche Bedeutung ihre Unterschiede unter klassifikatorischen Gesichtspunkten haben und wie sie entstanden sind. Dabei kommt er zu dem Ergebnis, daß ungeachtet der Unterschiede, die Mitglieder verschiedener Menschenrassen in vielen Merkmalen aufweisen, sich die Rassen untereinander so ähnlich sind, daß ihre Mitglieder miteinander Nachkommen erzeugen können. Da Fortpflanzungsschranken der herkömmliche und beste Beweis für Artverschiedenheit sind, ist davon auszugehen, daß die verschiedenen Rassen zu einer Art gehören, die Menschheit also eine Einheit bildet (Monogenie) (180). Darwin stützt sich auf differenzierte Darstellungen in Veröffentlichungen, welche die Annahme, daß die Mitglieder unterschiedlicher Rassen keine Nachkommen erzeugen können, widerlegen, wie auf den Anthropologen und Neurologen Paul Broca, «einen vorsichtigen und philosophischen Beobachter» (176). Der Eindruck der Unfruchtbarkeit kann auch durch den Infantizid von Mischlingen nach deren Geburt entstehen, den Darwin an Beispielen belegt (176). Er führt die Möglichkeit der auf Rassenunterschieden basierenden Einteilung des Menschen in verschiedene Arten ad absurdum, indem er hinsichtlich der angegebenen Anzahl unter-

schiedlicher Menschenrassen vierzehn verschiedene Positionen auf-
listet, darunter die von Kant, Blumenbach und Buffon, die insgesamt bis zu 63 Rassen angeben. Er zieht daraus die Konsequenz, daß
keine scharfen Unterscheidungsmerkmale zwischen den Rassen
auszumachen sind. Heute wird die Fragwürdigkeit menschlicher
Rassenunterschiede auf genetischer Ebene bestätigt (Pääbo 2003).

Darwin legt nicht nur die Probleme bei der Bestimmung von
Rassenunterschieden offen, sondern hebt darüber hinaus auch die
Ähnlichkeit zwischen den Individuen verschiedener Rassen hervor.
Trotz der großen Unterschiede zwischen den «Eingeborenen Amerikas, den Negern und den Europäern» weisen diese doch erhebliche
Ähnlichkeiten auf, wobei sich Darwin auch auf eigene Erfahrungen
mit den drei Feuerländern an Bord der Beagle während seiner Weltreise (Kap. I.3) stützt, auf die vielen kleinen Charakterzüge, welche
eine große Ähnlichkeit zwischen ihren geistigen Anlagen und uns
zeigen. Große Ähnlichkeiten der Menschen aller Rassen sind auch
in ihren Geschmacksrichtungen, Dispositionen und Gewohnheiten
feststellbar (184 f.). Weiterhin weist er auf Ähnlichkeiten der Erfindungen und ähnliche geistige Vermögen sowie Parallelen im Ausdruck der Gemütsbewegungen hin (185). Darwin hofft, daß mit der
Durchsetzung der Entwicklungslehre der Streit zwischen den Mo-
nogenisten und Polygenisten allmählich still und unbeobachtet sterben werde (187).

In diesem Kapitel befaßt sich Darwin auch mit der Entstehung
und dem Aussterben von Menschenrassen. Menschenrassen entstehen nach ihm nicht unter dem Druck der Anpassung an unterschiedliche klimatische Bedingungen nach dem Prinzip der natürlichen
Selektion – deren Einfluß sei gering bis fehlend (199) –, sondern
durch geschlechtliche Selektion, d. h. die Wahl der Individuen eines
Geschlechts durch das andere nach bestimmten Kriterien. Dieses
Thema greift er in den Kapiteln neunzehn und zwanzig wieder auf.

Das Aussterben von Rassen ist nach Darwin durch alte Monu-
mente und Steinwerkzeuge, von denen keine Tradition lebender
Einwohner mehr berichtet, belegt. Hier scheint Darwin den Begriff
der Rasse aber im Sinne von «Stamm» zu verstehen. Er führt das
Aussterben hauptsächlich auf Nahrungsknappheit, die zu Konkur-
renzsituationen von Rassen bzw. Stämmen untereinander führt,
Kriege, Naturereignisse, Ausschweifungen, Frauenraub, Infantizid,
verminderte Fruchtbarkeit und Krankheiten zurück. Kriege unter

den Rassen bzw. Stämmen führen zu «Abschlachtung, Kannibalismus, Sklaverei und Absorption» (188). Der Prozeß des Aussterbens ist nicht an den unmittelbaren Kampf der Stämme untereinander gebunden, sondern kann sich auch allmählich durch innere Schwächung einer Gruppe vollziehen.

Darwins Beschreibung und seine hierarchische Bewertung von Menschenrassen und ihrer Fähigkeiten und Sitten ist durch eine eurozentrische Perspektive geprägt. Er verfügt über dezidierte Vorstellungen von moralischem Fortschritt, was sich in der selbstverständlichen Verwendung der Begriffe «höher» und «niedriger» äußert. Dennoch vertritt er keinen biologischen Rassismus, was auch in der Hervorhebung der Ähnlichkeiten zwischen europäischen, afrikanischen und südamerikanischen Rassen zum Ausdruck kommt. Da er ungeachtet seiner Verwendung des Begriffs «Rasse» an dessen Brauchbarkeit als biologischer Klassifikationskategorie zweifelt und sich seine Wertungen auf die «Wilden» im Vergleich zu den Zivilisierten beziehen, ist der Begriff «Rassismus» zur Kennzeichnung seiner Position unangemessen. Darwin diskriminiert Menschen nicht auf Grund ihrer Hautfarbe, sondern er prangert die «barbarischen» Sitten an, die sich in Infantizid, Kannibalismus und Sklaverei äußern. Obwohl er hierbei vorwiegend die «Barbaren» oder «Wilden» im Auge hat, lehnt er diese Praktiken und Institutionen auch in zivilisierten Nationen ab, wo immer sie auftreten. Die Sklaverei in Amerika betrachtet er als «großes Verbrechen» (121), die Züchtigungen von Sklaven, die er auf seiner Weltreise miterleben mußte, widerten ihn zutiefst an, und in einem Brief an Gray im April 1866 bringt er sein Glück über die Abschaffung der Sklaverei in Amerika zum Ausdruck (vgl. auch Kap. I,3). Allerdings geht er davon aus, daß diese Mißstände bei den «Wilden» viel häufiger geschehen. Ob dies ein Vorurteil und in diesem Sinne eine kulturelle Diskriminierung ist, läßt sich nur anhand des genauen Studiums historischer Quellen entscheiden. Darwin stützt sich hierbei auf die ihm verfügbare Literatur, vor allem auf Lubbock (1865). Darwins Ablehnung von Sklaverei, Infantizid und anderen Greueltaten als solchen und sein Eintreten für Humanität wird wohl kaum jemand beanstanden wollen. Wofür er sich hier einsetzt, ist bei uns grundgesetzlich verankert und in den meisten Nationen verfassungsrechtlich geschützt. Dies als Rassismus zu bezeichnen, wäre verfehlt, denn es handelt sich um Wertungen auf Grund von moralischen und ethischen Kriterien. Jeder Mensch verfügt nach Darwin ganz unabhängig von Hautfarbe und Herkunft, Sitten und Kultur über die Menschenwürde.

Nach Darwin hat der Mensch den «Rang des Menschen» (*rank of manhood*, Descent[2] II, 633) vor der Herausbildung von Rassen erlangt, d.h. mit der Menschwerdung. Dies bedeutet einerseits, daß für ihn die Angehörigen *aller* Menschenrassen über die Menschenwürde verfügen, ein weiteres Kennzeichen dafür, daß er keine Rassen diskriminiert. Allerdings ist es schwer, einen genauen Zeitpunkt anzugeben, ab wann der Begriff «Mensch» anwendbar ist (Descent[2] I, 186 f.). Dieser fließende Übergang macht auch die Möglichkeit einer genauen Bestimmung des Momentes, von dem an von Menschenwürde gesprochen werden kann, obsolet (vgl. Kap. V.9).

4.7 Geschlechtliche Selektion beim Menschen

Gegenstand der Kapitel neunzehn und zwanzig ist die geschlechtliche Zuchtwahl beim Menschen (Descent[2] II, PM 22). Im Kampf mit ihren männlichen Rivalen um die Weibchen mußten die halbmenschlichen Vorfahren des Menschen nicht nur ihre körperlichen Kräfte erproben, sondern auch Strategien aller Art entwickeln, wofür höhere geistige Fähigkeiten erforderlich waren. Diese waren ständig unter Beweis zu stellen, sowohl gegen ihre Rivalen als auch bei der Verteidigung ihrer Familien gegen Feinde. Im Laufe der menschlichen Evolution wurden diese Fähigkeiten somit teils durch natürliche Selektion, teils durch geschlechtliche Selektion modifiziert und verbessert. Nach Darwin ist dieser Prozeß mit der Herausbildung geschlechtsspezifischer Unterschiede in körperlicher, geistiger und seelischer Hinsicht verbunden. Männer seien Frauen körperlich und geistig überlegen, Frauen zeichneten sich dafür durch größere Zartheit und geringere Selbstsucht aus. Darwin berührt hier Themen, die einer ausführlicheren Diskussion bedürften. Seine Ausführungen sind im einzelnen wenig überzeugend und teilweise widersprüchlich. Daß es statistisch betrachtet mehr Männer in den Wissenschaften und Künsten gibt als Frauen, ist kein Argument für deren geistige Überlegenheit, sondern spiegelt gesellschaftliche Strukturen mit ihrer traditionellen Rollenaufteilung wider. Dies klingt bei Darwin zwar auch an, wird aber nicht weiter entfaltet. Er diskutiert auch die Frage, welches Geschlecht bei der

Partnerwahl die aktive und ausschlaggebende Rolle spielt. Bei Tieren sind dies nach Darwin meist die Weibchen, welche die kräftigsten und schönsten Männchen aussuchen. Er nimmt an, daß dies auch bei den Vorfahren des Menschen und beim Frühmenschen der Fall war. Obwohl Frauen bei den «Wilden» eine untergeordnete Position einnehmen, ist nach Darwin auch hier, etwa bei afrikanischen Ureinwohnern, in gewissem Rahmen die Möglichkeit weiblicher Präferenzsetzung gegeben (II, 622 f. und die angegebenen Quellen).

In *Origin* 1859 (142 f.) hatte er bereits kurz angedeutet, daß sich mittels der Theorie der geschlechtlichen Selektion die Entstehung der Menschenrassen erklären lasse. Darwin nahm an, daß keine der Verschiedenheiten zwischen den Menschenrassen von irgendeinem direkten oder speziellen Nutzen sei und sich daher deren Entstehung nicht durch natürliche Selektion, die Erhaltung und Ansammlung kleiner nützlicher Abänderungen, erklären lasse. Die Urmenschen haben sich nach Darwin sehr früh in Gruppen aufgeteilt und über den Kontinent verbreitet, so daß in Anpassung an die jeweiligen Lebensbedingungen gruppenspezifische Besonderheiten entstanden. Durch die Trennung der Gruppen voneinander konnten sich auch unterschiedliche ästhetische Kriterien entwickeln und zur Anwendung kommen. Zu den besonders wichtigen Schönheitsmerkmalen gehört nach Darwin die Hautfarbe. Menschengruppen unterschiedlicher Hautfarbe und anderer charakteristischer Merkmale wie Kopf- und Gesichtsform sind nach Darwin durch geschlechtliche Zuchtwahl nach dem Maßstab ästhetischer Kriterien entstanden. Wallace geht demgegenüber davon aus, daß die Rassenbildung beim Menschen eine durch natürliche Selektion entstandene Anpassung an unterschiedliche Lebensbedingungen wie Klimaschwankungen, veränderte Ernährung und neue Feinde bei seiner Verbreitung über die Erde darstellt (Wallace 1864). Auch Darwins Theorie der «sexual selection through female choice», wie Wallace sie nennt, überzeugt ihn schon bei Tieren nicht (zur Argumentation Wallace 1905 II, 17–20).

Abschließend weist Darwin auf die mangelnde wissenschaftliche Präzision seiner Ausführungen über die geschlechtliche Selektion hin. Er ist sich dessen bewußt, daß sich der Ursprung jeder einzelnen Modifikation und der daran beteiligten Faktoren nicht bestimmen läßt, und gibt also jene Einflüsse an, die nach ihm bei der Entstehung des Menschen generell beteiligt waren (630).

V. Der Mensch – das moralfähige Tier

1. Der Zugang zum Text

Daß *Descent of Man* kein rein naturwissenschaftliches Werk ist, zeigt sich spätestens mit den Kapiteln vier und fünf. Hier ist Darwins Denkprozeß beim Versuch der Konstruktion eines neuen, die Fachgrenzen überschreitenden Systems festgehalten, in dem Natur- und Geisteswissenschaften miteinander vermittelt werden sollen. Gegenstand dieser Kapitel ist der moralische Sinn des Menschen, der aus ganz unterschiedlichen Perspektiven beleuchtet wird.

Darwins Berufung auf Philosophen unterschiedlicher Traditionen wie des Empirismus und des deutschen Idealismus und ihre unkonventionelle Inanspruchnahme erweckt zunächst einmal den Eindruck, daß sein Werk nicht aus einem Guß ist. Kantianer könnten seine naturgeschichtliche Reformulierung von Kants Frage nach dem Ursprung der Pflicht als naturalistisches Mißverständnis zurückweisen. Anhänger des klassischen Empirismus könnten einwenden, daß er der Vernunft zuviel zumute. Dieser Zugang wird Darwin jedoch nicht gerecht. Er greift auf die Philosophie als eine Quelle der Erfahrung mit dem Menschen zurück, in welcher dieser unter dem Aspekt eines *moralischen Wesens* betrachtet wird und die ihm das kategoriale Instrumentarium für eine angemessene Beschreibung an die Hand geben soll. Ihn interessiert das gemeinsame Anliegen, die Konvergenz der verschiedenen ethischen Systeme, die in dem «kurzen, aber gebieterischen Wort ‹ought›» als Charakteristikum menschlicher Moralität ausgedrückt wird (Descent[2] I, PM 21, 101). Kants Idee der Menschenwürde und des Menschen als Selbstzweck (114) und die englisch-schottische Moralphilosophie (Butler, Smith, Makkintosh u. a.) mit der Theorie des moralischen Sinns kommen hier gleicherweise zur Geltung. Darüber hinaus sollen Abstammungstheorie und Philosophie in einen fruchtbaren interdisziplinären Zusammenhang gebracht werden, um die Erträge beider Perspektiven zu nutzen. Darwin ist – wie die Evolution – ein Bastler, der ausprobiert, ob sich die *moralische Sonderstellung* des Menschen innerhalb eines *naturalistisch-evolutionären* Rahmens formulieren läßt, und sich dabei jener Elemente bedient, die ihm aus verschiedenen Quellen verfügbar sind. Darüber hinaus holt er einzelne Philosophen dort ab, wo sie zu ihrer Zeit stehengeblieben sind, und versucht, ihr Denken in seinen Ansatz zu integrieren.

Daher läßt sich Darwin auch nicht eindeutig einer bestimmten philosophischen Tradition zuordnen, was auch für sein Menschenbild gilt. Er paßt dieses Menschenbild nicht an eine bestimmte Philosophie an, sondern zeichnet den Menschen so aspektreich und konfliktvoll, wie er in Wirklichkeit ist. Gefühl und Vernunft sind für die Moral konstitutive Instanzen im Menschen, deren Bedeutung und Aufgaben vor dem Hintergrund der menschlichen Abstammungsgeschichte zu verstehen sind.

2. Philosophische und historische Einflüsse

Gleich zu Beginn des 4. Kapitels betont Darwin, er unterschreibe vollkommen den Standpunkt jener, die den *moralischen Sinn* oder das *Gewissen* für den bei weitem bedeutendsten Unterschied zwischen dem Menschen und den Tieren halten. Später hebt er hervor, daß die Moralfähigkeit den Menschen gegenüber anderen Tieren auszeichne, ja nur bei ihm anzutreffen sei. Nur der Mensch verfüge über ein *Bewußtsein für Recht und Unrecht*, einen *moralischen Sinn*, ein *Gewissen*. Damit wird der Mensch zu einem besonderen Lebewesen, da er mit einem Vermögen ausgestattet ist, das es im gesamten übrigen Tierreich nicht gibt.

Ist dies ein Bruch mit der bisherigen Argumentation? Zuvor war es Darwins primäres Ziel, seine Hypothese vom abstammungsgeschichtlichen Zusammenhang des Menschen mit anderen Tieren zu fundieren. Aus diesem Grunde hob er immer wieder hervor, daß zwischen dem Menschen und den anderen Tieren nur ein gradueller, kein wesentlicher Unterschied bestehe, wenngleich dieser ungeheuer groß sein könne. Nun betont Darwin den Unterschied.

Innerhalb eines evolutionstheoretischen Rahmens stellt sich nun die Frage, welcher Art diese auf seiner Moralfähigkeit basierende Sonderstellung des Menschen in der Natur ist. Müssen wir die Moralfähigkeit des Menschen als *Novum der Evolution* auf dieselbe Weise verstehen wie die Entstehung anderer neuer Merkmale im

Laufe der Evolution, etwa die Herausbildung von Flügeln und Armen gegenüber Flossen, des aufrechten Gangs gegenüber dem Kriechen, Schwimmen und vierfüßiger Fortbewegung, oder beinhaltet sie noch etwas Zusätzliches? Die genannten körperlichen Unterschiede sind verschiedene Weisen der Erfüllung derselben *Funktion* oder Aufgabe, hier der Fortbewegung, und sind damit in dieser Hinsicht miteinander vergleichbar. Wenn Darwin nun die Moralfähigkeit für den Menschen reserviert, ist an ihn die Frage zu richten, auf welcher Ebene dies zu verorten ist. Ist sie etwas Besonderes, vergleichbar mit anderen Innovationen der Evolution, durch die aber ein und dieselbe Funktion erfüllt wird, oder gibt es hier eine *differentia specifica* in der Aufgabe und den Eigenschaften der Moral, die nirgends sonst im Tierreich realisiert ist? Begründet die Moralfähigkeit des Menschen damit einen wesentlichen, prinzipiellen oder fundamentalen Unterschied (*difference of kind*) zwischen dem Menschen und den übrigen Tieren? Und worauf basiert sie, an welche Voraussetzungen ist sie gebunden, und in welcher Beziehung stehen diese Voraussetzungen zu Fähigkeiten, die es im übrigen Tierreich bereits gibt? Stößt Darwins Theorie bei der Erklärung menschlicher Moralfähigkeit an ihre Grenze? Gibt es hierbei vom allgemeinen Prinzip der Natur, keine Sprünge zu machen, eine Ausnahme? Was bedeutet dies für den abstammungsgeschichtlichen Zusammenhang zwischen Mensch und Tier und für die qualitative Beziehung zwischen beiden? Diese Fragen werden Gegenstand der folgenden Abschnitte sein.

Darwin führt Autoren aus den verschiedensten Disziplinen an, für welche der moralische Sinn des Menschen den wichtigsten Unterschied zwischen Mensch und Tier ausmacht. Sie kommen aus der Anthropologie, Ethik, Philosophie, Psychologie, Geschichte, Kulturgeschichte, Prähistorie, der Allgemeinen Zoologie usw., womit er sich auf eine breite Grundlage aus Natur- und Geisteswissenschaften stützt. Hier können nur einige genannt werden.

Darwin zitiert gleich zu Beginn den Ethiker James Mackintosh (1837) sowie Kant und dessen Frage nach dem Ursprung der Pflicht (Übersetzung von J. W. Semple: Metaphysics of Ethics, Edinburgh 1836, 136; vgl. Kant, Kritik der praktischen Vernunft, Teil 1, 1. Buch, 3. Hauptstück, 1788, 86). In einer Fußnote verweist er zudem auf das umfangreiche Kompendium der Psychologie und Ethik *Mental and Moral Science* von Alexander Bain. Auch nennt er den französischen Anthropologen De Quatrefages und dessen Werk über die Einheit der menschlichen Spezies (1861). Weiterhin führt er den Historiker und Essayisten William Lecky an (1869), den er mehrfach zitiert, und den Prähistoriker Sir John Lubbock, dessen Werk (1865) ihm neben seinen eigenen Erfahrungen, die er mit Ureinwohnern auf seiner Weltreise gemacht hat, als Quelle für seine Beschreibungen der «Wilden» dient.

Bains *Mental and Moral Science* enthält auch einen umfangreichen Überblick über die griechische Ethik – Aristoteles' *Nikomachischer Ethik* wird besondere Aufmerksamkeit gewidmet – sowie ein Kapitel über die mittelalterliche Ethik. Darwin legt sein Augenmerk vor allem auf die britischen Autoren von Hobbes bis Whewell. Bis auf Marc Aurel enthält *Descent* keine direkten Hinweise auf die antike Tugendlehre. Die Idee sozialer Tugenden war in der englisch-schottischen Moralphilosophie weit verbreitet und fest etabliert, so daß Darwin sich durch diese inspirieren lassen konnte. Unbeschadet der Unterschiede zwischen Aristoteles und Darwin gibt es zwischen den Tugendauffassungen beider gewisse Parallelen, wie etwa die Hervorhebung der Rolle der Gewöhnung bzw. Gewohnheit beim Erwerb der Tugenden. «Darum werden uns die Tugenden weder von Natur noch gegen die Natur zuteil, sondern wir haben die natürliche Anlage, sie in uns aufzunehmen, zur Wirklichkeit aber wird diese Anlage durch Gewöhnung.» (Aristoteles NE 1103a, Z. 23–27, 1972, 26).

Die Art von Darwins Fragestellung verdeutlicht das radikal Neue seines Ansatzes gegenüber bisherigen Beiträgen zur Naturgeschichte der Moral. Denn während Hume in seiner *Untersuchung über die Prinzipien der Moral* (1751) in einer Fußnote bemerkt, es bestehe keine Notwendigkeit, seine Untersuchungen bis zu der Frage voranzutreiben, *warum* wir Menschlichkeit und ein Mitgefühl für andere besitzen (Hume 1777, 219f; 2002, 141f.), und Butler und Mackintosh davon ausgehen, daß der moralische Sinn eine dem Menschen von Gott eingepflanzte Orientierungsinstanz ist, fragt Darwin nach dem Ursprung des Gewissens in der Evolutionsgeschichte des Menschen. Auch hier soll also das theologische Stadium der Wissenschaft überwunden werden. Harald Höffding reiht den «Moralphilosophen» Darwin aus diesem Grund in die Tradition der Philosophie des *moral sense* ein, der er eine biologische Fundierung gegeben habe (Höffding 1910, 460).

Darwin zitiert zustimmend Mackintosh, nach dem das Moralvermögen eine «rechtmäßige Überlegenheit über jedes andere Prinzip menschlichen Handelns» hat (Descent[2] I, 101). Dessen Einfluß und einiger der von ihm vorgestellten und besprochenen Philosophen auf Darwin ist unverkennbar, was nicht bedeutet, daß er allem zugestimmt hätte (vgl. Marg. 557–559). Mackintosh kennzeichnet das Gewissen als Kompositum verschiedener Gefühle wie Dankbarkeit, Mitgefühl, Scham. Sekundärursachen sind dabei Erziehung, Nachahmung, die allgemeine Meinung, Gesetz und Regierung. Im reifen Zustand richtet sich das Gewissen auf unseren Willen, um ihn zu orientieren. Es ist ein ebenso wesentlicher Teil der menschlichen Natur wie der Verstand. Diese Beziehung auf den Willen rechtfertigt es für ihn, das Gewissen im Anschluß an Bischof Butler als ein universelles, unveränderliches und unabhängiges Vermögen im Menschen zu kennzeichnen, das dessen moralische Freiheit gewährleistet. Die Vorschriften des Gewissens stehen in Übereinstimmung mit dem recht verstandenen Prinzip der Beförderung des größten Glücks, sie sind das von unserem wohlwollenden Schöpfer eingerichtete «Gesetz unserer Natur». Der moralische Sinn des Menschen billigt das, was das Glück seiner Art befördert, denn alle Prinzipien, aus denen das Gewissen zusammengesetzt ist, konvergieren zum Glück der Menschheit (1837, 359). Dieser Aspekt des Gewissens, sein Ursprung im Schöpfer, kommt bei Darwin zwar nicht zur Geltung, doch hebt er in *Descent* die Bedeutung der religiösen Erziehung für dessen Herausbildung und Wirkung mehrfach nachdrücklich hervor. Das Wort «sollte» (*ought*), das auf perfekteste Weise die Pflicht bezeichnet, ist für Mackintosh der einfachste und allgemeinste Ausdruck des moralischen Sinns.

Auch Mackintoshs Abrechnung mit Hobbes, der nur die gezielte Verfolgung persönlicher Vorteile als einzig mögliches Motiv menschlichen Handelns gelten lasse (1837, 130), war Darwin bekannt. Mandeville tut er als «Possenreißer und Sophist der Kneipe» ab (1837, 133). Mackintoshs Kritik am ethischen Egoismus und seine eindeutige Parteinahme für ethische Theorien, die selbstloses Wohlwollen als nichtreduzierbare Wurzel moralischen Handelns anerkennen, spiegelt sich in Darwins *Descent* wider.

Mackintosh mag Darwin auch noch bezüglich einer feinen begrifflichen Differenzierung beeinflußt haben, auf die Butler großen Wert legt. Es ist die Unterscheidung zwischen der Selbstliebe (*self-love*) einerseits und der Freude andererseits, die wir durch die Liebe zu anderen und unsere das Wohlergehen anderer fördernden Handlungen empfinden. Dieses Thema wird auch von Whewell in seiner Einleitung zu Mackintoshs *Dissertation* in aller Ausführlichkeit und Subtilität behandelt. Die Autoren richten sich gegen die Auffassung von Vertretern des ethischen Egoismus, daß alle unsere Gefühle und all unser Handeln, also auch fremdnütziges Handeln, letztlich egoistisch (*selfish*) seien, weil es uns befriedigt und uns in diesem Sinne zugute komme, und sie führen diese Auffassung auf eine Verwechslung zwischen dem Selbst als Subjekt und als Objekt des Gefühls zurück. Wohlwollen ist deshalb nicht identisch mit Selbstsucht, weil der Gegenstand des Wohlwollens nicht das eigene Selbst, sondern ein anderer ist. Würden wir Verstandestätigkeiten wie Urteilen, Reflektieren, Verstehen als egoistisch oder selbstsüchtig bezeichnen, weil sie Akte eines Selbst sind? Sicherlich nicht! Ebensowenig läßt sich Wohlwollen auf Selbstliebe reduzieren, nur weil es von einem Selbst empfunden wird. Wir würden uns aller Differenzierungsmöglichkeiten zur Beschreibung und Bewertung von Gefühlen und Handlungen berauben, wenn wir alles als Selbstliebe bezeichnen würden.

Eine spezifische Frage des 19. Jahrhunderts ist die der wechselseitigen Beziehungen zwischen Utilitarismus und Evolutionslehre, welche ein Diskussionsthema zwischen Mill und Spencer bildet (Mill 1985, 108 f.). Darwin bemängelt, daß Mill die evolutionären Wurzeln unserer moralischen Gefühle nicht berücksichtige (Descent[2] I, 102; vgl. M 132e), und zitiert aus einem Brief Spencers an Mill, in dem Spencer Mills Vorwurf des Anti-Utilitarismus zurückweist und für die Vereinbarkeit von Utilitarismus und Evolutionslehre argumentiert (127). Der Utilitarismus soll nach Spencer durch die Evolutionslehre als Moralwissenschaft fundiert werden (Spencer in Bain 1868, 722; vgl. Engels 1993).

3. Instinktreduktion und Vernunft als Voraussetzungen für Moralfähigkeit

3.1 Die Evolution der intellektuellen und moralischen Fähigkeiten des Menschen

Für Darwin ist der Mensch selbst im «rohesten Zustand das dominanteste Tier, das jemals auf dieser Erde erschienen ist» (52). Er verdankt seine ungeheure Überlegenheit seinen intellektuellen Fähigkeiten in Verbindung mit seiner Sprache und den sozialen Tugenden. Hier zeigt sich der Einfluß von Wallace auf Darwin. Dessen «großer Leitgedanke», daß während der späteren Evolutionsphasen des Menschen dessen Geist in viel größerem Maße als sein Körper Veränderungen unterworfen war, ist für Darwin ganz neu (CCD 12, 216). Indem sich der Selektionsdruck vom Körper auf die Herausbildung seiner intellektuellen und moralischen Fähigkeiten verlagerte, kam die körperliche Veränderung des Menschen mit Ausnahme des Gehirns als «Organ des Geistes» und des Schädels weitgehend zum Stillstand (Wallace 1864, clxix). Diese Fähigkeiten erwiesen sich von ihrer ersten Entstehung an als vorteilhaft für die Gemeinschaft und förderten damit auch das Überleben des Einzelnen. Der besondere Vorteil der intellektuellen und sprachlichen Fähigkeiten des Menschen liegt für Wallace und Darwin darin, mit *unverändertem Körper* in *harmonischem* Verhältnis zu dem sich verändernden Universum bleiben zu können (132). Kein Lebewesen konnte bisher dem Gesetz der Abänderung seines Körpers unter dem Druck wechselnder Umwelt- und Lebensbedingungen entkommen. Der Mensch ist jedoch durch die Technik in der Lage, seine Umwelt in Anpassung an seine Bedürfnisse selbst zu schaffen, statt sich umgekehrt an diese durch die allmähliche Veränderung seiner körperlichen Struktur anpassen zu müssen. Hierzu gehören Angriffs- und Verteidigungsmittel, Techniken zum Beutefang, Fortbewegungsinstrumente wie Flöße und Boote. Von besonderer Bedeutung war die Entdeckung des Feuers. Mittels der Technik hat sich der Mensch jedoch nicht nur von der Wirkung der natürlichen Selektion auf seinen Körper befreit, sondern er hat die Natur darüber hinaus bis zu einem gewissen Grade entmachtet. Wallace sieht hierin ein neues Argument für die *Sonderstellung des Menschen*. Seine Entstehung bedeutet eine «*Revolution*» in der Natur. Wallace betrachtet den Menschen nicht nur als Spitze und Kulminationspunkt in der großen Reihe der Lebewesen, sondern in gewisser Weise als eine neue und andere Seinsordnung (*new and distinct order of being*).

Wenige Jahre später bestreitet er zu Darwins großer Enttäuschung die Möglichkeit einer selektionstheoretischen Erklärung der Entstehung des Menschen (Wallace 1870), woraufhin Darwin ihm schreibt: «Ich hoffe, Sie haben Ihr eigenes und mein Kind nicht zu vollständig ermordet.» (ML II, 39). In *Descent* greift Darwin dennoch auf Wallace' Argumente von 1864 zurück und äußert sein Unverständnis über dessen Wende. Wallace begründet seine Position damit, daß sich mittels der natürlichen Selektion nicht die dem Gehirn eines Philosophen entsprechende Hirngröße der «Wilden» erklären lasse, welche die Ausübung intellektueller Fähigkeiten ermögliche, die unter seinen primitiven Existenzbedingungen gar nicht erforderlich seien und bereits auf ihren zukünftigen Nutzen in der Zivilisation angelegt seien. Ch. Wright entgegnet, daß eine Analyse der Sprachfähigkeit, über die auch Wilde verfügen, zeige, daß hierfür ein entsprechend großes Gehirn erforderlich sei (Wright 1870). Hinzuzufügen ist, daß Organismen nicht völlig an die Erfordernisse der Umgebung angepaßt sein können, sondern ein weiteres Funktionsspektrum besitzen müssen, als es für die Existenzerhaltung unter den jeweiligen Bedingungen notwendig ist. Ohne solche «Reservekapazitäten» wäre Evolution nicht möglich. Wallace hatte sich vermutlich unter dem Einfluß des Spiritismus von der Anwendung der Selektionstheorie auf den Menschen abgewandt (vgl. Shermer 2002, 231; vgl. Wallace 1891, Kap. XV).

Darwin spricht auch von der «freien Intelligenz» (*free intelligence*), um damit die Flexibilität der menschlichen Erkenntnisleistungen von der Automatik der Instinkte abzuheben (72). Im Laufe der Evolution nehmen diese kognitiven Leistungen sowie die Rolle der Erfahrung gegenüber den Instinkten einen immer breiteren Raum ein. Sie sind auch eine notwendige Bedingung für die Möglichkeit des *moralischen Sinns*. Nach Darwin konnte sich beim Menschen ein moralischer Sinn auf Grund seines gegenüber dem Tier enorm gesteigerten intellektuellen Vermögens herausbilden. Die mentalen Fähigkeiten des Menschen, die sich für ihn während seiner Evolution als überlebensrelevant erwiesen, sind zugleich die *Bedingungen seiner Moralfähigkeit*. Als organische Grundlage dieser Fähigkeiten ist unser plastisches Gehirn auf Moralfähigkeit eingerichtet, es verfügt über eine diese ermöglichende, komplexe Struktur. Über die Bedingungen für die Entstehung solcher Merkmale läßt sich nur spekulieren. Denkbar ist, daß die allmähliche Instinktreduktion mit der überlebensnotwendigen Herausbildung sozialer Verhaltensweisen einherging, die höhere intellektuelle Leistungen erforderten, so daß auf deren Entwicklung ein Selektionsdruck lag. Elemente dieses Sozialverhaltens, wie Hilfsbereitschaft und Fürsorge, sind auch Bestandteile der Moral. Damit wird Moral in ihrem Gehalt nicht funktionalistisch auf ihre Überlebensrelevanz reduziert, denn mentale und organische Funktionen können über weitere Funktionsspielräume verfügen als diejenigen, die bei ihrer Entstehung von primärer Bedeutung waren (vgl. McGinn 1979).

Ausgangspunkt von Darwins Überlegungen zur Entstehung der *Moralfähigkeit* des Menschen ist die Annahme gut ausgeprägter *sozialer Instinkte*, mit denen schon Tiere, die «affenähnlichen Vorfahren» des Menschen und der Urmensch ausgestattet sind. Auf Grund dieser Abstammung kommt der Urmensch nicht als *tabula rasa* zur Welt. Nach Darwin ist das Fundament der sozialen Instinkte die Zuneigung zwischen Eltern und Kindern. Ihr erwächst auch das Vergnügen an der Gesellschaft anderer, das sich als eine Erweiterung dieser ursprünglichen Zuneigung herausgebildet hat und durch natürliche Selektion als Haupttriebfeder entstanden ist. Weitere soziale Instinkte sind Treue, wechselseitige Unterstützung, Hilfsbereitschaft, die bisweilen auch jenen zuteil wird, welche die Hilfe aus Schwäche oder Krankheit nicht erwidern können. Darwin führt ein ganzes Repertoire an Beispielen für Hilfeleistungen bei sozial lebenden Tieren an, wie gegenseitiges Warnen vor Gefahren, wechselseitige Fell- und Hautpflege, gemeinsames Jagen und Fischen, Unterstützung kranker, schwacher und verwaister Artgenossen, Adoption (74 f., 104–112), und stützt damit seine These, daß bereits bei Tieren das Mitgefühl (*sympathy*) ein wesentliches Element und den Grundstein (*foundation-stone*) aller *sozialen Instinkte* bildet (103; II, 637). Dabei beruft er sich neben Brehm, Belt, Morgan u. a. auch auf einige deutsche Autoren, die bereits vor dem Erscheinen der Erstauflage von *Descent* aus der Darwinschen Theorie Konsequenzen für Ethik, Religion und Philosophie gezogen haben, wie Braubach (1869) und Jäger (1869).

Auch der Mensch ist ein *soziales Tier*. Darwin geht davon aus, daß die Urmenschen noch über starke soziale Instinkte verfügten. Bei ihnen wie bei den modernen «Wilden» erstrecke sich der Radius der sozialen Instinkte jedoch nur auf die Mitglieder derselben Gemeinschaft oder desselben Stammes, nicht auf alle Artgenossen. Nicht *Art*erhaltung interessiere den Menschen zunächst einmal, sondern die Erhaltung der *eigenen Bezugsgruppe*. Darwin bewertet diese eingeschränkte Sympathie als eine niedrige Stufe der Moral. Sein Gedanke vom *abgestuften Wohlwollen* als Merkmal der menschlichen Natur war unter Philosophen weit verbreitet. Hutcheson, Hume, Sidgwick u. a. weisen darauf hin, daß es ein universelles, sich auf alle Menschen im selben Grade erstreckendes Wohlwollen als naturwüchsige Anlage im Menschen nicht gebe. Nach Hume liebt ein Mensch «naturgemäß unter im übrigen gleichen Umständen seine Kinder mehr als seine

Neffen, seine Neffen mehr als seine Vettern, und seine Vettern mehr als Fremde.» (Hume 1978 Bd. 2, 227; vgl. 83 ff.).

Beim heutigen Menschen haben die Instinkte nach Darwin in dreifacher Hinsicht ihren Einfluß verloren, und zwar bezüglich der *Anzahl* der Instinkte, ihres *Spezialisierungsgrades* und ihrer *Stärke* (Descent[2] I, 113, II, 636). Die Instinktreduktion des Menschen ist auch eine zentrale Annahme der philosophischen Anthropologie (Gehlen u. a.) des 20. Jahrhunderts. Obwohl die sozialen Instinkte heute weitgehend ihre motivierende Kraft verloren haben, geben sie nach Darwin jedoch noch die *Impulse* zu unserem Sozialverhalten. In diesem Sinne sind sie die Wurzel unserer Moralität. Aus einer weit zurückliegenden Zeit haben wir noch einen gewissen Grad an instinktiver Liebe und instinktivem Mitgefühl für unsere Mitmenschen beibehalten. Zur Begründung seiner Annahme der Existenz solcher Impulse im Menschen stützt sich Darwin auf unsere *Selbsterfahrung*, wie sie auch von Hume beschrieben wird: «Hier scheint es notwendig zu sein, zuzugeben, daß das Glück und Elend anderer für uns kein gänzlich gleichgültiges Schauspiel ist, sondern daß der Anblick von Glück ... eine stille Freude und Befriedigung vermittelt und das Bild von Elend wie eine drohende Wolke oder eine unfruchtbare Landschaft einen düsteren Schatten auf unsere Phantasie wirft.» (Hume 2002, 169; Descent[2] I, 113).

3.2 Der moralische Sinn im Unterschied zum Instinkt

Entwicklung und Überleben des Menschen sind keine Selbstverständlichkeit. Wäre die Instinktreduktion nicht mit der Herausbildung bzw. Steigerung anderer Fähigkeiten wie Reflexionsvermögen und Sprache einhergegangen, gäbe es uns vermutlich nicht. Zu unserer Entstehung bedurfte es einer einmaligen Konstellation von Bedingungen. Instinktreduktion unter Beibehaltung von Impulsen für soziales Verhalten, die Entwicklung höherer kognitiver Leistungen in Verbindung mit der Weiterentwicklung des Gehirns und der Herausbildung einer verbalen Sprache bilden in ihrem Entstehungsprozeß einen komplexen Zusammenhang, auch wenn sich dieser Prozeß nicht in jedem einzelnen Schritt rekonstruieren läßt, wie Darwin zugibt.

Der moralische Sinn ist nach Darwin das beste und höchste Unterschiedsmerkmal zwischen Mensch und Tier. Wie kam er zustande, woraus besteht er, welche Bedeutung hat er, und welches sind seine Funktionen?

Der moralische Sinn hat sich nach Darwin ursprünglich aus den sozialen Instinkten *abgezweigt*, denn beide beziehen sich in erster Linie ausschließlich auf das Wohl der Gemeinschaft (Descent[2] I, 123). Da ein wesentliches Element der sozialen Instinkte das Mitgefühl ist, gehört dieses nach Darwin als unverzichtbarer Bestandteil auch zum moralischen Sinn. Damit ist dieser Sinn an die Naturgeschichte des Menschen gekoppelt. In der frühesten Periode seiner Entwicklung werden dem Menschen instinktive Impulse noch als grober Maßstab für Recht und Unrecht gedient haben (129). Heute sind sie die Voraussetzung dafür, daß wir überhaupt Mitgefühl empfinden können. Doch ist das Motiv unseres sozialen Handelns kein blinder instinktiver Impuls mehr (Descent[2] II, 636). Auch fehlen uns spezielle Instinkte, die uns in bezug auf das Wie unserer Hilfe leiten könnten. Unser moralischer Sinn erschöpft sich also nicht in Gefühlsimpulsen. Darwin charakterisiert den «moral sense or conscience» als ein «hochkomplexes Gefühl (*sentiment*) – mit Ursprung in den sozialen Instinkten, weitgehend geleitet durch die Anerkennung unserer Mitmenschen, geregelt durch Verstand, Eigeninteresse und in späteren Zeiten durch tiefe religiöse Gefühle sowie bekräftigt durch Erziehung und Gewohnheit» (Descent[2] I, 137). Unsere sozialen Tugenden als Ausdruck des moralischen Sinns sind nach Darwin somit die verfeinerten und erweiterten «Nachkommen» sozialer Instinkte, wie man sagen könnte. Tugendhafte Neigungen können sich dem Geist zunächst durch Gewöhnung, Unterricht und beispielhaftes Vorbild eingeprägt haben, die generationenlang in der Familie gepflegt wurden. Darwin schließt nicht aus, daß die individuell erworbenen und zur *Gewohnheit* gewordenen Tugenden nach generationenlanger Ausübung vererbt werden (136). Andererseits ist er in dieser Frage unschlüssig, da im Falle einer Vererbung von Tugenden auch sinnlose Sitten und abergläubische Gebräuche vererbt werden müßten, worauf es seines Erachtens aber keine Hinweise gibt. Doch glaubt er, auch die Vererbung der Neigung zu Delikten und Untugenden wie Diebstahl und Lüge ausmachen zu können (128). Dieses Beispiel zeigt die Probleme, vor welche die wissenschaftlich noch ungeklärte Vererbungslehre Darwin stellte.

Darwin greift zur Erklärung der allmählichen Ausdehnung des

Kreises unseres Wohlwollens auf alle Menschen und schließlich alle Lebewesen auf einen gruppenselektionistischen Ansatz zurück (vgl. Abschnitt 3.4). Stämme, deren Mitglieder sich wechselseitig unterstützten, über soziale Qualitäten wie Treue, Sympathie, Mut verfügten, waren überlebensfähiger als intern zerstrittene oder weniger kooperativ zusammengesetzte Gruppen, und sie konnten sich daher gegenüber den anderen Stämmen durchsetzen, ein Vorgang, der sich im Laufe der Geschichte vielmals wiederholte (137). Doch wie konnte bei den *Individuen* innerhalb eines Stammes ein moralischer Sinn allererst entstehen, was ja die Voraussetzung für seine Verbreitung über die Grenzen dieses Stammes hinaus ist? Darwins Antwort ist verblüffend. Er weist explizit darauf hin, daß er die Herausbildung sozialer Tugenden wie Hilfsbereitschaft, Treue, Uneigennützigkeit bei einer größeren Anzahl von Individuen innerhalb eines Stammes durch natürliche Selektion für unwahrscheinlich hält. Seine Skepsis begründet er damit, daß Individuen, die etwa über die Tugend der Opferbereitschaft verfügten, statistisch betrachtet häufiger als ihre egoistischen Artgenossen ihr Leben verloren und daher ihre Disposition zur Opferbereitschaft nicht an ihre Nachkommen weitervererben konnten. Nach der Logik der Selektionstheorie hätte sich ein solches Merkmal in der Population eines Stammes also nicht durchsetzen können. Darwin greift daher auf andere Erklärungsmuster zurück:

Soziale Tugenden wie die Hilfsbereitschaft entstehen in den Individuen durch die Erfahrung der Nützlichkeit reziproker Unterstützung, welche, zur Gewohnheit geworden, das Gefühl der Sympathie füreinander stärkt. Am Anfang dieses Prozesses steht nach Darwin das «ziemlich niedrige Motiv», anderen in der Erwartung ihrer Gegenleistung zu helfen. In späteren Phasen der Entwicklung kommen die regulierende Leistung des Verstandes, Erziehung, Religion hinzu, wobei die sicherste Richtschnur moralischen Handelns schließlich die eigenen habitualisierten, durch Vernunft kontrollierten Überzeugungen seien. Gefühl, Verstand und Urteilskraft als Vermögen des Menschen sowie Erziehung, Religion, Gesetz und öffentliche Meinung als externe Faktoren münden in das komplexe Gebilde des moralischen Sinns. Obgleich ursprünglich eigennützigen Motiven entsprungen, entwickelt sich im Laufe der Zeit eine eigenständige und echte moralische Motivation zur Beförderung des Wohlergehens anderer und der Gemeinschaft.

Darwin wendet sich damit gegen den ethischen Egoismus, wie er von Hobbes und Mandeville vertreten wird. Die Stoßrichtung seiner Argumentation ist die Zurückweisung der Annahme, daß die Grundlage der Sittlichkeit in «einer Art Selbstsucht» liege. Auch wenn sich unsere Förderung des Wohls anderer letztlich auch für uns als nützlich erweist, bedeutet dies nicht, daß sich der moralische Sinn auf das Prinzip der Selbstsucht reduzieren läßt. Mag er von seiner Entstehung her auch in «niedrigen Motiven» wurzeln, so kann er sich im Laufe der Menschheitsgeschichte gegenüber diesem Ursprung verselbständigt und neue Qualitäten hinzugewonnen haben. Es ist daher grotesk, Darwins Theorie als «die gefährlichsten Lehren seit Mandeville» zu bezeichnen, wie Cobbe es tut (vgl. Kap. IV.1).

Die Bedeutung der Religion für den moralischen Fortschritt wird von Darwin wiederholt hervorgehoben. Bei uns hatte, so Darwin, der Glaube an die Existenz eines allwissenden Gottes einen mächtigen Einfluß auf den Fortschritt der Moral (Descent[2] II, 637). Die *Kultur* mit ihren Institutionen wird somit zu einem *qualitativ neuen Faktor* für die Entwicklung des Menschen. «Große Gesetzgeber, die Stifter wohltätiger Religionen, große Philosophen und Entdecker tragen durch ihre Arbeiten in weit höherem Maße zum Fortschritt der Menschheit bei als durch das Hinterlassen einer großen Nachkommenschaft.» (Descent[2] I, 141 f.).

Das von Darwin hier in Anspruch genommene *Fortschrittskriterium* ist nicht die Steigerung der reproduktiven Fitneß, sondern die Kultivierung unseres Moralvermögens. «So bedeutend der ‹struggle for existence› war und es sogar noch ist, so sind doch in bezug auf den höchsten Teil der menschlichen Natur andere Wirkungen noch bedeutender. Denn die moralischen Qualitäten sind entweder direkt oder indirekt durch die Wirkungen der Gewohnheit, das Denkvermögen, Unterweisung, Religion usw. als durch natürliche Selektion fortgeschritten; obgleich auf diese sicher die sozialen Instinkte zurückgeführt werden können, die die Grundlage für die Entwicklung des moralischen Sinns bereitstellten.» (Descent[2] II, 643).

Ein entscheidender Faktor für die Entstehung und Befestigung sozialer Tugenden ist die Entwicklung der Sprache, die es ermöglicht, Prinzipien und Normen in *artikulierbare symbolische Strukturen* zu gießen, ihnen einen für alle verständlichen Ausdruck zu verleihen sowie die öffentliche Meinung in Form von Lob und Tadel, Billigung und Mißbilligung zu artikulieren. Das gebieterische Wort «soll» bezeichnet nach Darwin das Bewußtsein von der

Existenz einer Richtschnur des Handelns (Descent[2] I, 120). Durch Sprache ist die Formulierung ethischer Prinzipien wie die der Goldenen Regel und des Prinzips der Achtung vor der Menschenwürde möglich. Daß Darwin «zu wenig herausarbeitet, wie die menschliche Kultur mit der Entstehung der Sprache einen hohen Grad an Freiheit von der biologischen Basis gewonnen hat», wie Hösle und Illies kritisieren (Hösle, Illies 2005, 92), kann daher nicht bestätigt werden, zumal er mehrfach auf die besondere Bedeutung der Sprachentwicklung beim Menschen in ihrer Verknüpfung mit der Herausbildung der höheren intellektuellen Fähigkeiten hinweist.

Obwohl Darwin beim Jetztmenschen von einer Instinktreduktion ausgeht, verwendet er manchmal den Instinktbegriff auch dort, wo nur abgeschwächte instinktive Impulse gemeint sein können. Dies ist eine sprachliche Unachtsamkeit, die er teilweise selbst in der 2. Auflage behebt. So schreibt er in der 1. Auflage im Kontext seiner Zurückweisung des ethischen Egoismus, daß der moralische Sinn im wesentlichen mit den sozialen Instinkten identisch sei (98), was in der 2. Auflage jedoch gestrichen ist. Durch diese Unachtsamkeit hat er den Einwand herausgefordert, daß er keinen einheitlichen Begriff von Sympathie durchhalte, sondern diesen einerseits als Instinkt definiere, andererseits aber auf den Sympathiebegriff von Hume und Smith zurückgreife. Durch seinen doppelten Sympathiebegriff werde verdeckt, daß Darwin Wertmaßstäbe einer ethischen Reflexion voraussetze, die er nicht selbst aus der Evolution ableiten könne (Vogt 1997, 130).

Darwin beurteilt bestimmte natürliche Phänomene wie Mitgefühl und Sympathie im Lichte ethischer Wertmaßstäbe, die er nicht aus der Evolution ableiten kann, dies aber auch nicht beansprucht. Damit eröffnet sich zugleich eine Möglichkeit, Darwins Entwurf als einen kohärenten Ansatz zu interpretieren: Darwin operiert nicht mit zwei Sympathiebegriffen, sondern er verfolgt ein Element des moralischen Sinns, die Sympathie, in seine Evolutionsgeschichte zurück, um dessen Wurzeln in sozialen Instinkten aufzuspüren. Dies ist durchaus mit seinem Konzept des moralischen Sinns vereinbar, der ein weitaus differenzierteres Vermögen als die Instinkte der Tiere darstellt, jedoch mit diesen durch seine Naturgeschichte verbunden ist. Zudem muß stets das Evolutionsstadium des Menschen im Auge behalten werden, auf das sich Darwin in seiner jeweiligen Argumentation bezieht. Beim sehr frühen Menschen hatte die

Sympathie nach Darwin noch stark instinktive Züge. Und schließlich bedürfte es einer genaueren Untersuchung der Beziehung von Instinkt und Sympathie bei Hume und Smith. Hume selbst verwendet den Instinktbegriff im Zusammenhang mit der Sympathie: «Die sozialen Tugenden der Menschlichkeit und des Wohlwollens üben ihren Einfluß unmittelbar, durch eine direkte Tendenz oder einen direkten Instinkt aus ... Eltern eilen ihrem Kind zu Hilfe, getrieben durch die sie bewegende natürliche Sympathie...» (Hume 2002, 236). Gleichwohl gibt Darwin auf Grund seiner unpräzisen Ausdrucksweise an zahlreichen Stellen Anlaß zu Mißverständnissen und kritischer Hinterfragung.

3.3 Reflexionsfähigkeit als Merkmal eines moralischen Wesens

Darwins Theorie des Gewissens Darwin verwendet die Begriffe «moralischer Sinn», «Gewissen», «Gefühl für Recht und Unrecht» meist synonym, was verwirrend ist. Sein Sprachgebrauch mag auf den gemeinsamen Ursprung und die Kompositionsweise dieser moralischen Vermögen zurückführbar sein. Andererseits schreibt Darwin dem moralischen Sinn eine andere Funktion als dem Gewissen zu: Der moralische Sinn sagt uns, was wir tun sollen, während uns das Gewissen tadelt, wenn wir unserem moralischen Sinn nicht gehorchen (121). Der moralische Sinn ist also unser innerer Gesetzgeber, das Gewissen die innere Sanktionsinstanz. Es ist auf das Gewissen zurückzuführen, daß wir im Falle eines Verstoßes gegen die Gebote des moralischen Sinns Reue, Bedauern, Scham und, wie es treffend heißt, Gewissens*bisse* empfinden können und moralkonformes Handeln ein «gutes» Gewissen herbeiführt. Selbst wenn wir allein sind, können wir uns die Billigung und Mißbilligung unseres Handelns durch andere vorstellen. Dies ist die notwendige Folge der Ausstattung des Menschen mit *Reflexionsfähigkeit* (116, II, 636).

Darwin stellt hier eine Theorie des Gewissens vor, in welcher die Reflexion die entscheidende Rolle spielt. Dank seiner Reflexionsfähigkeit kann der Mensch es nicht vermeiden, Eindrücke früher empfundener, vorübergehender Begierden und Leidenschaften, wie etwa von befriedigtem Rachedurst, mit den Imperativen der Sympathie und den moralischen und gesellschaftlichen Normen zu vergleichen (116 f.). Die sozialen Instinkte und die beim Menschen daraus entspringenden sozialen Tugenden bezeichnet Darwin als permanent, sie können jedoch von anderen, auch kurzfristigen Begierden und Antrieben überwältigt werden. Beispiele für tugendhafte Handlungen dieser Art sind die Rettung eines Mitmenschen unter Gefährdung des eigenen Lebens, die eine Überwindung der Furcht vor dem eigenen Tod erfordert, sowie der Einsatz einer Mutter für ihre Kinder, welcher vielfältige Opfer verlangt. Wenn der Mensch die nach der Befriedigung vorübergehender Begierden schwächer gewordenen Eindrücke mit den immer gegenwärtigen sozialen Instinkten – hier müßte es korrekterweise heißen, mit den in permanenten sozialen Instinkten wurzelnden Tugenden – vergleicht und sie in der Reflexion am Urteil der Mitmenschen mißt, wird er Gewissensbisse (*remorse*), Reue (*repentance*), Bedauern (*regret*) oder Scham (*shame*) empfinden (118). Diese Gefühle stellen sich also ein, wenn wir den Impulsen der dauerhaften sozialen Instinkte nicht folgen, sondern statt dessen niederen Impulsen auf Kosten der sozialen Gefühle nachgeben (siehe bereits OUN 45). Kraft seines Gewissens wird der Betreffende den Entschluß fassen, in Zukunft anders zu handeln, denn das Gewissen schaut zurück und dient als Führer in die Zukunft (118). Voraussetzung hierfür sind Spuren sozialer Instinkte und Reflexionsfähigkeit. Ein Mensch, der solche Spuren nicht in sich trüge, wäre ein *unnatürliches Monster* (116; vgl. Hume 2002, 159). Darwin ist optimistisch und nimmt an, daß die Impulse, die ihre Wurzeln in dauerhaften sozialen Instinkten haben, kraft unseres moralischen Sinns und unseres Gewissens die weniger beständigen Impulse überwinden werden. Diese Hierarchie drückt sich auch in der Bewertung moralischer Regeln aus. Ungeachtet vieler Zweifel können wir im allgemeinen leicht zwischen «höheren» und «niederen» moralischen Regeln unterscheiden, wobei sich erstere auf das Wohl der Gemeinschaft, letztere auf die Verfolgung eigener Interessen richten. Er hält es bei den niederen jedoch nicht in jedem Fall für gerechtfertigt, sie so zu klassifizieren, insbesondere nicht, wenn sie Selbstaufopferung verlangen. Möglicherweise meint Darwin damit die Tugenden der Mäßigung und Keuschheit (137, 123).

Die Funktion unseres moralischen Sinns und des Gewissens besteht mithin darin, die uns von unserer evolutionären Vergangenheit her noch innewohnenden Impulse oder sozialen Gefühle zu *orientieren* und zu *kultivieren*. Obgleich der moralische Sinn in den sozialen Instinkten wurzelt, ist er ein qualitativ neues Vermögen, über das nach Darwin nur der Mensch verfügt. Moral besteht für Darwin nicht im blinden Befolgen von Instinkten, sondern im bewußten Urteilen und Handeln nach Prinzipien wie Kants Sittengesetz und der Goldenen Regel (114, 131).

«Böses mit Gutem zu vergelten, deinen Feind zu lieben, ist eine sittliche Höhe, zu welcher uns die sozialen Instinkte wohl nicht von selbst geführt hätten. Es ist notwendig, daß diese Instinkte zusammen mit der Sympathie und mit Hilfe der Vernunft, Erziehung, Liebe zu Gott oder Gottesfurcht kultiviert wurden, bevor jemals eine solche Goldene Regel hätte gedacht oder dieselbe befolgt werden können.» (117). Voraussetzung hierfür ist ein bestimmtes *Entwicklungsniveau der intellektuellen Fähigkeiten.* Diese sind für Darwin die entscheidende Bedingung dafür, ein Wesen überhaupt als moralisch bezeichnen zu können (vgl. Erny 2003).

Besonderheiten des Intellekts Nach Darwin ist ein *moralisches Wesen (moral being)* in der Lage, seine vergangenen und zukünftigen Handlungen und Motive zu vergleichen und sie zu billigen oder zu mißbilligen. Für ihn gibt es keinen Grund zu der Vermutung, daß irgendein anderes Tier als der Mensch über diese Fähigkeit verfügt. Daher bezeichnen wir nach Darwin das Verhalten eines Neufundländer-Hundes, der ein Kind aus dem Wasser zieht, oder eines Affen, der sich zur Rettung eines Kameraden in Gefahr begibt, nicht als moralisch. Beim Menschen jedoch, der allein mit Sicherheit den Rang eines moralischen Wesens einnehme, werden Handlungen «einer bestimmten Klasse» als moralisch bezeichnet (115 f.).

Da Darwin in den vorherigen Kapiteln auch bei Tieren eine Reihe sogenannter höherer intellektueller Leistungen ausgemacht hat, welche ein Stützpfeiler seines Argumentes vom abstammungsgeschichtlichen Zusammenhang zwischen Mensch und Tier sind, fragt sich nun, ob in seiner Argumentation ein Bruch vorliegt. Denn die Besonderheit der Moralfähigkeit, welche Darwin ja für den Menschen reserviert, liegt auf intellektuellem Gebiet:

«Die moralischen Fähigkeiten werden im allgemeinen und zu Recht höher geschätzt als die intellektuellen Vermögen. Doch sollten wir im Auge behalten, daß die Aktivität des Geistes in der lebhaften Wiedererinnerung früherer Eindrücke eine der fundamentalen, wenn auch sekundären Grundlagen des Gewissens ist. Dies ist das stärkste Argument für die Erziehung und Anregung der geistigen

Fähigkeiten jedes Menschen auf alle möglichen Weisen.» (Descent[2] II, 636 f.).

Welches Leistungsspektrum umfassen die intellektuellen Fähigkeiten des Menschen, die auch für die Moralfähigkeit relevant sind? Ein Vergleich der vergangenen und zukünftigen Handlungen und Motive beinhaltet das Vermögen der Rückschau und damit der *Erinnerung* sowie der *Antizipation* zukünftiger Handlungen, Ereignisse und deren Folgen. Es enthält damit auch Vorstellungsvermögen sowie *Imagination*. Darüber hinaus umfaßt es *Selbstbewußtsein*, d. h. die Kontinuität des Bewußtseins der eigenen Motive sowie Handlungen und ihrer Konsequenzen, und damit die Möglichkeit ihrer Zuschreibung zum Selbst als Grundlage für die Übernahme von *Verantwortung*. In Darwins Diskussion der Moral wird die Antizipation von künftigen Wirkungen von Handlungen und Verhaltensweisen auf das individuelle wie das allgemeine Wohl mehrfach erwähnt. Auch die zu erwartenden positiven wie negativen Reaktionen der Mitmenschen in Form von Sanktionen gehören dazu. Und schließlich beinhaltet die Moralfähigkeit eine Erkenntnis der Unterschiede, andernfalls wäre kein Vergleich möglich.

Ein zentrales Element der *Imagination* als Voraussetzung für moralisches Handeln ist das Vermögen, sich *in andere hineinzuversetzen*. Dies geht über die Vorstellung der Handlungsfolgen noch hinaus, denn es beinhaltet ein Bewußtsein des Bewußtseins anderer als die Fähigkeit, sich vorzustellen, was diese fühlen und denken. Der Mensch verfügt also über eine «theory of mind», wie es heute heißt. Es wird darüber diskutiert, in welchem Alter Kinder eine «theory of mind», also die Fähigkeit, die Perspektive anderer einzunehmen, entwickeln, und ob bestimmte Tierarten auch darüber verfügen. Bei Hume, Smith und Bain, auf die sich Darwin bezieht, spielt die Imagination im Zusammenhang mit der Sympathie, dem Mitgefühl, eine zentrale Rolle. Erst wenn wir in der Phantasie mit jemandem «den Platz tauschen», können wir seine Gefühle nachempfinden (Smith 1985, 3). Dank unserer Einbildungskraft können wir den Standpunkt wechseln. «Wir betrachten uns so, wie wir anderen erscheinen, oder andere so, wie sie selbst sich fühlen.» (Hume, 1978 II, 343). Nach Bain bedeutet «sympathy», in die Gefühle anderer hineinzugehen, «to act them out», als ob es die eigenen wären (Bain 1868, 276 f.).

Diese Fähigkeit schafft aber auch die Möglichkeit der Täuschung, Verstellung und Lüge, was Darwin ausblendet. Damit eröffnen sich

Handlungsspielräume, die unter Umständen überlebensrelevant sein können (vgl. Engels 1989, 168 ff., auch Bezüge zu Nietzsche). Auch bei nichtmenschlichen Tieren ist Täuschung ein weitverbreitetes Phänomen, wenngleich hier nicht immer eine bewußte Täuschungsabsicht zu unterstellen ist (vgl. Sommer 1992).

Weiterhin hat unser Verstand die Funktion, Impulse zu orientieren. Und schließlich ist eine weitere zentrale Voraussetzung für Moral die *Einsicht in Prinzipien und Normen*, wie das Prinzip der Achtung vor der Menschenwürde und die Goldene Regel. Handeln aus Einsicht in Prinzipien bildet den *Kern moralischer Autonomie*.

Mit dem Begriff der «*freien Intelligenz*» hebt Darwin die Plastizität der kognitiven Leistungen im Unterschied zur Starrheit der Instinkte hervor. Für ihn ist damit auch ein *freier Wille* verbunden, denn er grenzt Handlungen aus freiem Willen von instinktivem, fixiertem und ungelehrtem (*untaught*) Verhalten ab. Dabei schließt er – zeitbedingt – nicht die Möglichkeit aus, daß instinktgeleitetes Verhalten seinen starren Charakter im Laufe der Zeit verliert und umgekehrt intelligentes Handeln, das zur Gewohnheit geworden ist, in instinkthaftes Handeln übergeht (vgl. Kap. IV.4.4). Darwin beansprucht damit nicht, das metaphysische Problem der Willensfreiheit bearbeitet zu haben. Probleme wie die des freien Willens und der Prädestination hält er für unlösbar (PM 20, 372). Wenn er von «freiem Willen» spricht, so meint er die in der Selbsterfahrung gegebene, unmittelbar erfahrbare Freiheit, sich Ziele zu setzen, und diese im Handeln zu verfolgen.

Während der letzten zwei Millionen Jahre menschlicher Evolution hat sich das Hirnvolumen verdreifacht. Damit stellt sich die Frage, durch welchen Selektionsdruck diese enorme Steigerung, insbesondere des Neocortex, verursacht wurde (Maier 2004, 289). Möglicherweise bestand dieser in der Notwendigkeit einer intensivierten Reflexion auf die eigenen Existenzbedingungen und der kognitiven Bewältigung komplexer Sozialbeziehungen.

Moralfähigkeit als Besonderheit des Menschen findet ihren Ausdruck auch in einer anderen, spezifisch menschlichen Eigenschaft, dem Erröten. Kein Tier ist hierzu in der Lage, doch beim Menschen ist Erröten eine Universalie und kommt bei allen Rassen vor. Darwin hat diesem Thema in *Expression* ein ganzes Kapitel gewidmet (PM 23, Kap. 13), und sein Interesse daran läßt sich bis in die *Notebooks M* und *N* zurückverfolgen. Die Ursache für das Erröten im Zusammenhang mit der Moral ist der Gedanke, daß andere uns für schuldig halten oder wissen, daß wir schuldig sind (PM 23, 261). Die Fähigkeit des Errötens setzt also die Fähigkeit der Reflexion voraus. Andere Ursachen für das Erröten sind Verstöße gegen die Etikette und Bescheidenheit.

Darwins ‹Kohlberg-Schema› Darwins Vorstellungen von moralischem Fortschritt im Laufe der Menschheitsgeschichte äußern sich auch in seiner Bewertung der Motive bzw. Gründe für moralisches Handeln, die mit dem im 20. Jahrhundert von Kohlberg aufgestellten Stufenschema der moralischen Entwicklung beim Individuum gewisse Parallelen zeigt (Kohlberg 1996). Normkonformes Handeln aus reiner Furcht vor Strafe und zur Verfolgung des Eigeninteresses hält Darwin für unsittlich. Kohlberg bezeichnet diese Stufe als das *präkonventionelle* Niveau der Entwicklung. Die Befolgung von Normen aus Gründen der öffentlichen Anerkennung, wegen des Lobes oder Tadels unserer Mitmenschen, ist bei Kohlberg die *konventionelle* Stufe der Moralentwicklung. Die öffentliche Meinung betrachtet Darwin zwar als wichtige Kontrollinstanz für die Gewährleistung sozialen Verhaltens, doch ist sie auch für ihn nicht die höchste Entwicklungsstufe. Diese hat der Mensch erst erreicht, wenn er Kraft seiner Überlegung auch die Urteile seiner Mitmenschen auf ihren Wert hin zu überprüfen lernt und schließlich in der Lage ist, um mit Kant zu sprechen: «Ich will in meiner eigenen Person nicht die Würde der Menschheit verletzen.» (Descent[2] I, 114). «Schließlich akzeptiert der Mensch nicht Lob und Tadel seiner Mitmenschen als seinen einzigen Führer, obgleich wenige diesem Einfluß entgehen, sondern seine durch Vernunft kontrollierten, gewohnten Überzeugungen bieten ihm die sicherste Richtschnur. Dann wird sein Gewissen der höchste Richter und Mahner.» (Descent[2] II, 637). Dies würde der *postkonventionellen* Stufe Kohlbergs entsprechen, auf welcher ein Individuum aus Einsicht in Normen urteilt und in diesem Sinne die Stufe der moralischen Autonomie erreicht hat.

Damit spricht Darwin dem Verstand bzw. der Vernunft die Funktion der Orientierung unserer Impulse zu. Er unterstützt die Erziehung, Anregung und Kultivierung unserer intellektuellen Fähigkeit, weil die Aktivität des Geistes bei der lebhaften Wiedererinnerung früherer Eindrücke eine der fundamentalsten Grundlagen des Gewissens ist

(636 f.). Der Intellekt, der Geist des Menschen, macht das Gewissen feinfühliger und kann schwache soziale Affekte und Sympathien kompensieren. Mit anderen Worten, der Intellekt des Menschen kann an die Stelle der schwachen Instinkte treten, er erfüllt eine kompensatorische Funktion, dabei aber ist er kein reiner Ersatz, denn er greift auf andere Mittel zurück. Er ist nicht «blind». Die moralische Natur des Menschen hat ihren gegenwärtigen Grad durch Urteilskraft, Reflexion, aber auch mittels der Wirkungen der Gewohnheit erreicht. Beim Menschen gibt es somit ein enges Zusammenspiel von Gefühl und Verstand. Der Bezugspunkt ist hier unser evolutionäres Erbe, das Mitgefühl, über das wir noch verfügen, auch wenn unsere sozialen Instinkte ihre Kraft eingebüßt haben. Unser moralischer Sinn, dessen wesentliches Element die Sympathie ist, funktioniert so gut, daß er uns die motivierende Kraft verleiht, uns anderen gegenüber human zu verhalten; doch wie Humanität jeweils inhaltlich situationsangemessen auslegbar ist, entscheidet der Verstand durch das Durchspielen der Konsequenzen der Anwendung von Prinzipien.

Mit seiner Bestimmung der Aufgaben und Möglichkeiten der Vernunft geht Darwin in zweifacher Hinsicht über Hume hinaus. Nach Hume hat die Vernunft weder die Funktion der Bestimmung unserer moralischen Ziele, noch hat sie die motivierende Kraft, unser Handeln in diese Richtung zu bewegen. Vernunft bzw. Verstand hat nur die Aufgabe, für die Verwirklichung der von unseren Gefühlen bestimmten Ziele des moralischen Handelns die passenden Mittel auszuwählen. Darwin spricht dem Intellekt jedoch darüber hinaus eine *Orientierungsaufgabe* bei der Auswahl der Leidenschaften zu, denen wir folgen dürfen oder sollen. Mittels des Verstandes bewerten wir unsere Willensimpulse, die Reste unserer evolutionären Vergangenheit (vgl. OUN 50 g.). Darwins Moralkonzeption hat im Unterschied zu Humes in stärkerem Maße rationalistische Elemente.

Aber die Vernunft hat gemäß Darwins Darstellung des Fortschrittsprozesses auch eine *motivierende Funktion* im Hinblick auf die Erweiterung unseres Mitgefühls und Wohlwollens: Wenn die Stämme sich zu größeren Gemeinschaften vereint haben, überzeugt die «einfachste Überlegung» jedes Mitglied davon, daß es seine sozialen Instinkte und sein Mitgefühl auf alle Mitglieder derselben Nation, auch die ihm persönlich unbekannten, ausdehnen «sollte» (Descent[2] I, 127). Ist der Mensch einmal an diesem Punkt angelangt, kann ihn nur noch eine «künstliche Schranke» daran hindern, seine Sympathie auf die

Menschen aller Nationen und aller Rassen auszudehnen. Sobald Humanität von einigen wenigen Menschen ausgeübt und geschätzt wird, breitet sie sich durch Unterricht und Vorbild in der Jugend aus und wird allmählich zum Bestandteil der öffentlichen Meinung.

3.4 Die Erweiterung und Verfeinerung des Wohlwollens – Der Mensch als Weltbürger

Die Instinktreduktion des heutigen Menschen wird von Darwin – etwa im Unterschied zu Gehlen – nicht bedauert, ganz im Gegenteil: Durch die sich im Laufe seiner Evolution vollziehende Instinktreduktion bei gleichzeitiger Steigerung seiner intellektuellen Vermögen eröffnet sich dem Menschen die positive Chance, ein moralisches Wesen (*moral being*) zu werden. Instinktreduktion beinhaltet nicht nur die Möglichkeit der Steuerung, d.h. Orientierung der abgeschwächten Instinkte durch die Vernunft, sondern auch eine *Erweiterung* der sozialen Instinkte im Laufe der Evolution und Kulturgeschichte des Menschen, wodurch unsere Sympathien feiner und umfassender werden (139, Descent[2] II, 637). Indem sich die Umklammerung des Menschen durch seine Instinkte allmählich löst und die instinktive Fokussierung des Mitgefühls auf den Nahbereich der unmittelbaren Familien- und Stammesgemeinschaft über diesen hinaus erweitert wird, kann der Mensch auch die Mitglieder anderer Nationen und Rassen, ja selbst die entferntesten, ihm unbekannten Mitglieder der Weltgemeinschaft und schließlich alle empfindungsfähigen Lebewesen in sein Wohlwollen einschließen. Diese Erweiterung bewertet Darwin als *moralischen Fortschritt* in der Menschheitsgeschichte.

Darwin verficht folglich nicht die Idee territorialer Abgrenzung, Mißtrauen gegen Fremde oder gar Fremdenfeindlichkeit, sondern unterstützt Weltbürgertum und allgemeine Menschenliebe. Auch hier gibt es wiederum Parallelen zu Hume, der die Erweiterung unseres Mitgefühls konstatiert und dies auch als ethisches Postulat aufstellt: «Das Mitgefühl mit Personen, die uns fernstehen, ist viel schwächer als mit Personen, die nahe sind und uns nahestehen; aber genau aus diesem Grund ist es für uns notwendig, in unseren ruhigen Urteilen und Gesprächen über die Charaktere der Menschen alle diese Unterschiede zu vernachlässigen und unsere Gefühle allgemeiner und sozialer zu machen.» (Hume 2002, 152). Eine weitere

Folge der Verfeinerung und Erweiterung der sozialen Instinkte ist nach Darwin die Bereitschaft zur Unterstützung Schwacher, Kranker und Hilfloser, durch deren Vernachlässigung wir den «edelsten Teil unserer Natur» entwerten würden (139; Kap. V.4).

Zur Erklärung der zuvor beschriebenen sukzessiven Erweiterung und Verfeinerung unseres moralischen Sinns bedient sich Darwin wie zuvor Wallace eines *gruppenselektionistischen* Ansatzes. Stämme, deren Mitglieder sich wechselseitig unterstützten, über soziale Qualitäten wie Treue, Sympathie, Mut verfügten, waren überlebensfähiger als intern zerstrittene oder weniger kooperativ zusammengesetzte Gruppen und konnten sich daher gegenüber den anderen Stämmen durchsetzen, ein Vorgang, der sich im Laufe der Geschichte vielmals wiederholte (137). Dadurch vereinigten sich kleine Stämme zu größeren Gemeinwesen. Dies brachte eine allmähliche Erweiterung und Verfeinerung des Wohlwollens mit sich, das sich nun auch auf die persönlich unbekannten Mitglieder desselben Gemeinwesens erstreckte. Die für das Funktionieren von Sozialverbänden erforderlichen moralischen Qualitäten konnten sich so allmählich über die ganze Welt verbreiten. Darwin hebt hier die Bedeutung der *Kooperation* als erfolgreiches Mittel im Ringen um die Existenz hervor. Die große Bedeutung, die soziale Tugenden für Darwin haben, wurde bereits zu seinen Lebzeiten in der Rezeption hervorgehoben und als Grundlage für die praktische Vereinbarkeit von christlicher Ethik und Darwins «new ethics» herausgestellt (Everett 1878). Vor allem in der russischen Darwin-Rezeption rückte der Aspekt der Kooperation in den Vordergrund (Todes 1989, 1995).

Für zukünftige *Generationen* stellt Darwin optimistische Prognosen. Er geht davon aus, daß die tugendhaften Gewohnheiten stärker und vielleicht durch Vererbung noch befestigt werden. In diesem Fall wird der Kampf zwischen den höheren und niederen Impulsen immer mehr von seiner Schwere verlieren, und die Tugend wird immer häufiger triumphieren (129f.). Der Fortschritt überwiegt den Rückschritt (150), obwohl er kein unabänderliches Gesetz ist und von vielen Faktoren abhängt (145). Die uneigennützige Liebe zu allen Lebewesen hält Darwin für die «edelste Eigenschaft des Menschen» (130).

Den Höhepunkt der Humanität sieht Darwin erreicht, wenn sie sich nicht nur auf alle Menschen, sondern auch auf die Tiere erstreckt. Die Aufnahme der Tiere in den Kreis der moralisch zu berücksichtigenden Lebewesen, die «moral community», wie es in der heutigen

Tierethik heißt, liegt Darwin besonders am Herzen (127, 129, 130, 644; vgl. Kap. I.1, I.4). Daß der Mensch das einzige moralfähige Lebewesen ist, der einzige «moral agent», wie wir heute sagen, bedeutet für Darwin also nicht, daß er auch der einzige «moral patient» ist, d. h. das einzige Wesen, das moralische Berücksichtigung verdient. Weil die ursprünglich engen Instinkte ihre dominierende Kraft verloren haben, können wir Weltbürger sein und zudem, die menschliche Spezies überschreitend, Rücksicht auf andere, nichtmenschliche Lebewesen nehmen.

F. Cobbe hält Darwins Beschreibung des Menschen für unrealistisch, da viel zu positiv. Darwin habe unbewußt seine eigene, außergewöhnlich versöhnliche Natur auf den Rest der menschlichen Spezies übertragen. Auf welcher «Insel der Gesegneten» gebe es diese universelle Liebe, die auch die gemeinen, vulgären, abstoßenden miteinschließe (Cobbe 1871, 183)? Wie andere Evolutionstheoretiker des 19. Jahrhunderts – Spencer, Haeckel, Wallace usw. – hatte Darwin tatsächlich eine sehr optimistische Einstellung zum moralischen Fortschritt, deren Berechtigung aus heutiger Sicht angesichts vielfältiger und nicht abreißender neuer negativer Erfahrungen relativiert werden muß. Dennoch läßt sich durchaus von einem moralischen Fortschritt sprechen, der in der Anerkennung der allgemeinen Menschenrechte zum Ausdruck kommt, auch wenn diese noch nicht überall befolgt werden.

4. Die Unterstützung der Schwachen als moralisches Gebot

Darwin schätzt, wie gesagt, die verfeinerte und erweiterte Form des Mitgefühls sowie die Tugend der Humanität als die «edelste Seite unserer Natur». Hat sie mithin uneingeschränkte Gültigkeit gegenüber anderen Gütern, oder darf sie gegebenenfalls zur Disposition gestellt werden? Dürfen wir zur Erhaltung oder Verbesserung der Gesundheit einer Nation, Rasse oder der menschlichen Spezies dasjenige Prinzip anwenden, dem wir unsere Entstehung und das hohe Niveau unserer intellektuellen Fähigkeiten verdanken, die natürliche Selektion, das Prinzip des «survival of the fittest»? Diese Frage behandelt Darwin im Zusammenhang mit seinen Überlegungen zur Wirksamkeit der natürlichen Selektion unter den Bedingungen der Zivilisation. Dabei greift er auf unterschiedliche Quellen zurück.

Neben Galton und Wallace hat vor allem Greg mit seinem vielbeachteten und kontrovers diskutierten Artikel «On the Failure of ‹Natural Selection› in the Case of Man» (Greg 1868) Einfluß auf ihn ausgeübt. Der englische Begriff «failure» kann neutral mit «Ausbleiben», jedoch auch wertender mit «Mißlingen» oder «Versagen» übersetzt werden.

Als Testfall können wir Darwins Äußerungen zu menschlicher Schwäche, Behinderung und Krankheit anführen. Dürfen wir die hilflosen Mitglieder unserer Gesellschaft ihrem Schicksal überlassen? «Bei den Wilden werden die an Körper und Geist Schwachen bald eliminiert werden, und die Überlebenden legen gewöhnlich eine kräftige Gesundheit an den Tag. Wir Zivilisierten tun andererseits unser möglichstes, um den Prozeß dieser Eliminierung zu verhindern.» Darwin führt den Bau von Heimen für Kranke und Behinderte, die Verabschiedung von Armengesetzen und das Engagement von Ärzten an, die ihr Äußerstes geben, «um das Leben von Kranken bis zum letzen Moment zu erhalten.» (139)

Haben wir einmal dieses hohe Niveau der Humanität erreicht, können wir nach Darwin die Schwachen und Hilflosen nicht vernachlässigen, ohne daß es zu einem Verfall (*deterioration*) im edelsten Teil unserer Natur käme (139). Obgleich moralischer Fortschritt, wie er sich auch in der Unterstützung Kranker und Schwacher äußert, nach Darwin biologisch negative Konsequenzen für die menschliche Spezies haben kann, wobei er sich auf Ergebnisse aus dem Bereich der Tierzucht beruft, dürfen wir den Hilfsbedürftigen aus ethischen Gründen unsere Unterstützung nicht vorenthalten. Deren absichtliche Vernachlässigung im Dienste des Wohls der Menschengattung ginge nach Darwin mit einer Verrohung des Menschen, einer Zersetzung seines moralischen Sinns einher. Der kontingente Nutzen wäre mit einem überwältigenden Übel verbunden. Wie begründet Darwin dies?

Unsere sozialen Tugenden haben sich in einem mühsamen und langwierigen Entwicklungsprozeß herausgebildet und bedürfen der fortdauernden Kultivierung, wenn wir dieses einmal erreichte Niveau nicht gefährden wollen. Daher müssen wir die «zweifellos schlechten Folgen ertragen, die mit dem Überleben und der Vermehrung der Schwachen verbunden sind», selbst wenn uns die Vernunft etwas anderes sagt (139). Darwin stellt hier also den moralischen Sinn und die Idee der Humanität über eine an der Gesundheit der Spezies orien-

tierte Vernunft. Humanität darf biologischen ‹Imperativen› nicht ge-
opfert werden. Die in Urgesellschaften noch praktizierten Auslesemechanismen dürfen wir nicht zur Richtschnur unseres Handelns
machen, da dies zur Abstumpfung unseres moralischen Sinns führen
würde. Die sich als Nebenresultat der Verfeinerung und Erweiterung unseres Mitgefühls herausbildende *Idee der Humanität* umfaßt
die Fürsorge für Kranke und Behinderte, also auch für diejenigen,
die sich für die ihnen entgegengebrachte Hilfe nicht aktiv revanchie-
ren können. Darwins moralische und ethische Wertungen begründen
sich in seiner Einbettung in bestimmte Traditionen und seiner Orientierung an Konzeptionen philosophischer Ethik (vgl. Kap. V.3.2). Hier
zeigt sich auch der Einfluß von Wallace. Nach Wallace hat der Mensch
auf *sozialem Gebiet* die natürliche Selektion *außer Kraft gesetzt*.
Die Herausbildung von Sympathie und moralischen Gefühlen hat
dazu geführt, daß auch die schwachen und kranken Mitglieder einer
Gesellschaft durch die aktive Unterstützung ihrer Mitmenschen
am Leben erhalten bleiben. In diesen beiden Errungenschaften, Geist
und Moral, sieht Wallace die «wahre Größe und Würde des Menschen». P. Tort bezeichnet dies als «Umkehreffekt der Evolution»
(*effet réversif de l'évolution*): Mit der Hervorbringung des Menschen
durch natürliche Selektion unterwirft sich die natürliche Selektion
ihrem eigenen Gesetz: Mit dem Menschen hat sie ein Wesen selek-
tioniert, das sich dank seiner Moralität *antiselektiv* verhält und die
natürliche Selektion selbst eliminiert.» (1996, 1334)

Mögliche Degenerationserscheinungen sind der Preis der Moral
und sollten nach Darwin auf anderem Wege als durch gewaltsame Eliminierung der schwachen Gesellschaftsmitglieder verhindert werden.
Daher hofft und fordert er, daß sich «die an Körper und Geist Schwachen» der Heirat und der Nachkommenschaft enthalten (*refraining
from marriage*) (139). Doch hält er seine Hoffnungen für utopisch,
solange die Vererbungsgesetze nicht bekannt sind. Erst dann würden die verantwortlichen Politiker nicht länger Pläne zur Erforschung
der negativen Konsequenzen von Heiraten unter Blutsverwandten
verächtlich zurückweisen (Descent² II, 643). Darwin schreibt dies
aus konkretem Anlaß. Er denkt hier vor allem an Ehen unter Blutsverwandten, die damals keine Seltenheit waren. Augenfällige Beispiele sind Darwin und Haeckel selbst, die beide Cousinen ersten
Grades heirateten. Darwin hatte größte Bedenken, daß seine Kinder
seine Krankheiten geerbt haben könnten. Da die Familien Darwin

und Wedgwood mehrere Generationen lang durch eheliche Verbindungen miteinander verwandt waren (Freeman 1984), spekulierte Darwin über die möglichen schädlichen Folgen dieser Inzucht. In England und anderen Ländern gab es jedoch trotz solcher Bedenken gegen Cousinenheiraten keine statistischen Untersuchungen über mögliche schädliche Folgen für den Nachwuchs. Darwin schrieb an Lubbock, daß diese nötig seien, um diese Befürchtungen beurteilen zu können und von Cousinenheiraten abzuraten, falls sie begründet seien (LL III, 129).

Lubbock und Plaifair machten daher einen Vorstoß, bei der Verabschiedung des Gesetzes zur Volkszählung 1871 («Census Act») eine Frage in den Fragenkatalog aufzunehmen, mit der die Verbreitung von Ehen mit Cousinen ermittelt werden sollte. Das Parlament lehnte dies jedoch mit knapper Stimmenmehrheit mit der Begründung ab, die Statistiken könnten dazu benutzt werden, um in Asylen zu ermitteln, ob unter den Kranken der Prozentsatz des Nachwuchses aus blutsverwandten Ehen größer sei als unter der gesunden Bevölkerung, um damit die Frage der Schädlichkeit solcher Heiraten zu entscheiden (G. Darwin 1875). Sein Sohn George führte daraufhin auf eigene Faust auf der Grundlage bereits verfügbarer Statistiken und von ihm angeregter Patientenbefragungen in Asylen eine solche Untersuchung durch und stellte sie 1875 der Statistischen Gesellschaft vor. Die Ergebnisse bedürften einer sorgfältigen Analyse und Diskussion, erwiderte der Präsident der Gesellschaft. Und tatsächlich verbietet sich eine vereinfachte Zusammenfassung. Darwin widmete sich diesem Thema der Inzucht auch eingehend in seinen vergleichenden Studien zur Fremd- und Selbstbefruchtung bei Pflanzen (PM 25).

Darwins Äußerungen über biologisch möglicherweise negative Effekte der Zivilisation, wie sie oben vorgestellt wurden, sind nicht im Sinne einer pauschalen Zivilisationskritik zu verstehen. Seine Einstellung zur Zivilisation ist vielmehr ambivalent: Das Leben in der Zivilisation bringt gerade auch für die *Verbesserung* der *körperlichen Konstitution* durch bessere Nahrung und Schutz vor Notständen Vorteile mit sich.

Zudem gibt es nach Darwin auch in der Zivilisation noch gewisse Selektionsmechanismen, die Einfluß auf die Entwicklung der intellektuellen und moralischen Fähigkeiten haben. So nimmt er an, daß intelligentere und begabtere Mitglieder der Gesellschaft durchschnittlich erfolgreicher sind als die anderen und sich daher zahlreicher vermehren können, so daß ihre Begabung weitervererbt wird, was Darwin auch als eine Form der natürlichen Selektion bezeichnet (148). Gestützt auf seinen Vetter F. Galton geht er davon aus, daß es auf diese Weise allmählich zu einer *qualitativen* Steigerung der intellektuellen Fähigkeiten und Begabungen kommen kann. Auch für die moralischen, psychischen und geistigen Fähigkeiten gibt es nach Darwin unter den Bedingungen der Zivilisation noch bestimmte Auslesemechanismen, die dazu führen, daß unerwünschte Eigenschaften nicht weitervererbt werden. Hierzu gehören die Inhaftierung Straffälliger, der Gewahrsam psychisch Erkrankter und Geisteskranker, die Auswanderung in Kolonien (141 f.). Da hierdurch unerwünschte Merkmale reduziert werden sollen, kann man auch von einer negativen Selektion sprechen. Auslesemechanismen der Zivilisation können nach Darwin aber auch zum Verlust von Begabungen und Tugenden führen. Im Anschluß an Galton wählt er als historisches Beispiel den kulturellen Abstieg der Spanier, welchen er auf die negativen Auswirkungen von Zölibat und Inquisition, insbesondere auf ihre gleichzeitige Wirksamkeit, zurückführt. Das Erstgeburtsrecht trage zudem dazu bei, daß die Erstgeborenen ganz unabhängig von ihrer geistigen und körperlichen Verfassung heiraten, während den häufig jüngeren und vorteilhafter veranlagten die Ehe verweigert würde (140).

Darwin vermutet, daß die natürliche Selektion nur eine geringfügige Rolle für die qualitative Steigerung der Sittlichkeit und den quantitativen Zuwachs sittlich Handelnder spielt, und hält ihren positiven Einfluß in diesem Sinne für unbedeutsam. Moralischer Fortschritt vollziehe sich eher auf dem bereits zuvor beschriebenen Wege des sozialen Lernens, durch Überlegung, Erfahrung und Religion. Damit wirkt die natürliche Selektion im Bereich des Moralischen unter zivilisatorischen Bedingungen als Mechanismus *negativer Auslese*, sie erfüllt jedoch keine *konstruktive Funktion* als Antrieb des moralischen Fortschritts.

Obwohl sich Darwin für die Unterstützung der Schwachen ausspricht, ist seine Sprache aus heutiger Sicht stellenweise sehr unsensibel. Seine Ausführungen enthalten Urteile über den Lebenswert unter den Bedingungen von Krankheit, Behinderung und Schwäche. Dabei ist allerdings zu bedenken, daß Darwin durch seine Krankheit selbst Betroffener ist und sein Urteil hierdurch mitgeprägt ist.

5. Der Mensch, das religiöse Wesen

Darwin hat in *Descent* der Religion und dem Glauben an Gott für die Herausbildung und Verankerung menschlicher Moralität eine außerordentlich große Bedeutung beigemessen. Die Religion ist für ihn die wichtigste Triebkraft für die Verankerung von Moral im Individuum. Das in der Autobiographie thematisierte Theodizee-problem und seine Ambivalenz in religiösen Fragen tritt völlig hinter den positiven Funktionen der Religion für den Einzelnen und die Gesellschaft zurück. Diese positive Bewertung der Religion für die Kulturentwicklung beinhaltet bei Darwin jedoch kein Argument für die *Existenz* Gottes. Lediglich der *Glaube* an ihn hat eine wichtige Funktion für die Herausbildung und Stabilisierung des moralischen Sinns. Der wissenschaftstheoretische Verzicht auf die Annahme Gottes als Schöpfer der Arten und Regent der Natur geht also nicht mit einem Verzicht auf eine Würdigung der Bedeutung einher, die der Gottesglaube im Leben der Menschen spielt. Darwin wehrt mehrfach den möglichen Vorwurf der Irreligiosität seiner Ergebnisse ab, indem er den Vergleich mit der Individualentwicklung des Menschen heranzieht. Hier stütze man sich auch auf Naturgesetze, nämlich die der Reproduktion. Auch bei der Vorwegnahme der Frage, was die Entwicklung des Menschen aus einer niederen Form für den Glauben an die Unsterblichkeit der Seele bedeute, greift er auf die Embryogenese und Ontogenese zurück. Die Bestimmung des Zeitpunktes, ab dem der Mensch in der Evolution über eine unsterbliche Seele verfüge, sei ebenso unmöglich wie die Angabe dieses Zeitpunktes in der Individualentwicklung.

6. Das moralische Individuum – Rätsel oder Anomalie für Darwins Theorie?

In der Sprache Th. Kuhns formuliert, stellt sich die Frage, ob Darwins Ansatz mit einem Rätsel oder einer Anomalie konfrontiert ist, wenn er die Anwendbarkeit der Theorie der natürlichen Selektion für die Erklärung der Entstehung einer Disposition zu sozialen Tugenden im Individuum bestreitet. Während Rätsel und deren Lösung, das *puzzle solving*, zum Alltag der normalwissenschaftlichen Forschungspraxis gehören, können Anomalien für diese der Beginn einer Krise sein, wenn Naturereignisse wiederholt von den aus einer Theorie abgeleiteten Prognosen abweichen und das Unerwartete nicht mehr assimilierbar ist (Kuhn 1979, 95 f.).

Im Unterschied zu Darwin vertreten heutige Soziobiologen auf der Grundlage von Untersuchungen zum Sozialverhalten von Tieren die Position, daß auch das Sozialverhalten menschlicher Individuen selektionstheoretisch erklärbar ist. Bei genauerem Hinsehen lasse sich feststellen, daß Menschen zu *abgestufter Solidarität* neigen. Die beschriebenen Tugenden richten sich nicht uneingeschränkt auf beliebige Adressaten als deren Nutznießer. Eine uneingeschränkte Solidarität, die sich gleicherweise auf alle Menschen erstreckt, gibt es nach soziobiologischer Auffassung nicht als Regelfall. Dabei bevorzugen sie den Begriff des *Altruismus*, womit Phänomene wie Hilfsbereitschaft, Wohlwollen, Solidarität usw. konnotiert werden, die Darwin im Blick hatte. Dieses abgestufte Wohlwollen lasse sich aber sehr wohl mit Hilfe selektionstheoretischer Modelle erklären. Soziobiologen bedienen sich dazu zweier Erklärungsmodelle, die sich am Adressaten oder Nutznießer des Altruismus orientieren in Abhängigkeit davon, ob eine genetische Verwandtschaft mit dem Altruisten besteht oder nicht. In beiden Modellen wird davon ausgegangen, daß die *Gene* ein Verhalten steuern, welches sich für ihre *eigene Reproduktion* auszahlt. Daher ist zur Bezeichnung dieses Genkonzeptes der Begriff «*selfish gene*», «*egoistisches Gen*», geprägt worden (Dawkins 2005). Hier werden den Genen keine bewußten Motive unterstellt, vielmehr werden die *Konsequenzen* der Wirkungsweise von Genen beschrieben, wobei die Nutznießer dieser Konsequenzen die Gene selbst sind, die ihre eigene Reproduktion steuern.

Gesamtfitness durch Verwandtenselektion   Zur Erklärung altruistischen Verhaltens gegenüber genetisch Verwandten wird das Modell der *Verwandtenselektion* (*kin selection*) mit seiner Idee der «*Gesamtfitness*» (*inclusive fitness*) von Haldane und Hamilton angewandt (Haldane 1955; Hamilton 1964), während altruistisches Verhalten gegenüber Nichtverwandten unter Inanspruchnahme der Spieltheorie nach dem Modell des «*reziproken Altruismus*» von Trivers erklärt wird (Trivers 1971). Die Autoren gehen davon aus, daß es eine genetische Disposition zum Altruismus gibt, die sich sehr wohl in der Evolution durch natürliche Selektion herausbilden konnte, was jedoch nur unter bestimmten Voraussetzungen möglich war.

Nach dem Modell der *Verwandtenselektion* von Haldane und Hamilton können sich die Gene eines Altruisten innerhalb einer Population auch dann halten, wenn das betreffende Individuum beim altruistischen Verhalten ums Leben kommt, vorausgesetzt, es trägt zum Überleben seiner genetisch Verwandten bei. Dies können alle Verwandten des Altruisten sein, nicht nur seine Kinder. Die Wahrscheinlichkeit, mit seinen Verwandten bestimmte Gene gemeinsam zu haben, wird mit abnehmendem Verwandtschaftsgrad geringer, was auch für die Gene für Altruismus gilt. Nach diesem Modell ist zu erwarten, daß die Bereitschaft zu altruistischem Verhalten gegenüber Verwandten mit zunehmendem Verwandtschaftsgrad wächst, weil sich die Gene eines Individuums in einer Population andernfalls nicht hätten ausbreiten können. Damit werden keine Aussagen über bewußte Kalkulationen gemacht. Vielmehr wird versucht zu erklären, wie sich unsere Vorfahren verhalten mußten, wenn die genetische Disposition zum Altruismus, die dabei vorausgesetzt wird, durch natürliche Selektion entstanden sein soll.

Reziproker Altruismus Altruismus gegenüber Nichtverwandten wird von Trivers und in der Soziobiologie mit Hilfe des spieltheoretischen Modells des *reziproken Altruismus* erklärt. Danach zahlt sich kooperatives Verhalten für den Einzelnen auf Dauer mehr aus als egoistisches, nur am augenblicklichen eigenen Vorteil orientiertes Verhalten, wenn die Bedingungen gegeben sind, daß sich der Empfänger des altruistischen Verhaltens bei entsprechender Gelegenheit gleichwertig revanchiert. Diese Strategie wird in der Spieltheorie als «tit for tat», «Wie Du mir, so ich Dir», bezeichnet. Danach konnte sich die Disposition zu altruistischem Verhalten gegenüber Nichtverwandten im Laufe der Evolution durchsetzen, weil kooperativ handelnde Individuen gegenüber ihren rein egoistisch handelnden Artgenossen größere Reproduktionschancen hatten. Spieltheoretische Kalkulationen haben gezeigt, daß auch nach diesem Modell nicht mit einem uneingeschränkten und bedingungslosen Altruismus gegenüber allen Menschen zu rechnen ist. Ein solches Verhalten könnte sich nicht als eine «evolutionär stabile Strategie» durchsetzen, um einen Begriff von Maynard Smith zu verwenden, da es sich nicht gegen konkurrierende Strategien behaupten könnte.

Darwins Aktualität Darwins Erklärung der Entstehung tugendhaften Handelns beim Individuum kommt dem Modell des reziproken Altruismus sehr nahe. Am Anfang dieses Prozesses steht das «niedrige Motiv», anderen in Erwartung ihrer Gegenleistung zu helfen, wobei die Erfahrung der Nützlichkeit reziproker Unterstützung dann das Gefühl der Sympathie füreinander stärkt und zur Fortsetzung des Prozesses gegenseitiger Hilfe führt (vgl. auch Hösle, Illies 2005, 101). Allerdings bleibt Darwin hier nicht stehen, wie seine Kritik am ethischen Egoismus zeigt. Denn im Laufe der Menschheitsgeschichte hat sich nach Darwin unter dem Einfluß der Kultur ein moralischer Sinn mit neuen Qualitäten herausgebildet. Er vertritt einen differenzierteren Ansatz als manch heutiger Soziobiologe, der Moral auf der Basis des Konzepts des «egoistischen Gens» als eine Form des Egoismus zu entlarven beansprucht. Auch gibt es innerhalb der Soziobiologie eine Weiterentwicklung im Sinne von Überlegungen zu einer Gen-Kultur-Koevolution. Die Soziobiologie wurde zudem im Kontext der Diskussion um die Evolutionäre Ethik rezipiert. Hier kann nur auf Literatur zum Thema verwiesen werden (Gräfrath 1997; Rauprich 2004; Fehr, Fischbacher 2003).

Auch der Gedanke der Verwandtenselektion findet sich schon bei Darwin. Neben der Verbreitung und Tradierung technischer Erfindungen durch Nachahmung verbessert sich das Niveau eines Stammes, indem erfinderische Mitglieder ihre Begabungen an ihre Kinder vererben können und, selbst wenn sie keine Kinder hinterließen – hier kommt die *inclusive fitness* ins Spiel –, ihre Blutsverwandten über die betreffenden Merkmale verfügten (134; Vogel 1982, XXXIX). Dabei stützt sich Darwin auf die Erfahrungen von Landwirten. Er hat dies jedoch nicht weiter ausgeführt und für die Erklärung des Sozialverhaltens unter Verwandten fruchtbar gemacht. Hinweise in diese Richtung gibt es jedoch bei der Erklärung von sterilen Insekten und der Bedeutung der Sterilität für ihre Gemeinschaft im 8. Kap. von *Origin* (Kap. III.4).

7. Der Einwand des Relativismus

Alles deutet bisher darauf hin, daß Darwin ungeachtet der Kontinuität zwischen Mensch und Tier für den Menschen in bezug auf die Moralfähigkeit eine Sonderstellung reklamiert. Durch ein Gedankenexperiment scheint er diese ausgezeichnete Position nun aber zu relativieren. Darwin argumentiert, daß jedes Tier, das über gut ausgebildete soziale Instinkte verfügt, unausbleiblich einen moralischen Sinn oder ein Gewissen entwickeln würde, wenn seine intellektuellen Fähigkeiten so weit oder nahezu so weit entwickelt wären wie die des Menschen. Neben dem Menschen gäbe es dann also noch andere mit Moralfähigkeit ausgestattete Lebewesen. Allerdings macht Darwin eine Einschränkung. Er behauptet nicht, daß soziale Tiere genau *denselben* moralischen Sinn wie der Mensch entwickeln würden. Das verdeutlicht er an einem von ihm selbst als extrem bezeichneten Beispiel: Wäre der Mensch wie die Biene erzogen, würden die unverheirateten menschlichen Weibchen es ebenso wie die Arbeitsbienen für eine heilige Pflicht halten, ihre Brüder und ihre fruchtbaren Töchter zu töten, und niemand würde daran denken, es zu verhindern. Hätte sich unser moralischer Sinn also unter den Bedingungen eines Bienenstocks entwickelt, würden bei uns andere moralische Regeln gelten. Gleichwohl könnten solche Bienen ein Gefühl für Recht und Unrecht entwickeln, über einen «inneren Mahner» verfügen.

Nach Frances Cobbe hat Darwin damit gezeigt, daß unser moralischer Sinn für ihn nur ein Instinkt ist, der wie ein Dutzend anderer unter unseren Lebensbedingungen entstanden ist und im *struggle for existence* unter allen anderen Instinkten rein zufällig die Oberhand gewonnen hat. Cobbe wirft Darwin vor, daß nach seiner Theorie nicht nur die Quelle unseres moralischen Sinns keinen besonderen Respekt verdient, sondern dieser darüber hinaus auch keinen universellen Verpflichtungscharakter habe. Unsere Idee der Gerechtigkeit sei nur unsere und habe für jedes andere intelligente Wesen im Universum möglicherweise keinerlei Bedeutung (als Repliken auf Cobbe s. Anon. 1872, 462; Sidgwick 1872). Darwin entgegnet Cobbe, sie übersehe, daß die Instinkte der Bienen zum Wohl der Gemeinschaft erworben worden seien. Was bedeutet dies konkret?

Darwins Ziel ist die Erklärung der *Entstehung* des moralischen Sinns. Er vertritt nicht die Auffassung, daß es für den Menschen ethisch vertretbar wäre, für das Wohl der Gemeinschaft seine Geschwister zu töten. Auch Infantizid hält er für barbarisch (147). In bezug auf sein Gedankenexperiment ist jedoch zu fragen, wieso er annimmt, daß der Mensch es als seine Pflicht betrachten würde, Brüder und Töchter zu töten, wenn er wie Bienen erzogen worden wäre. Unter welchen Bedingungen wäre eine derartige Erziehung beim Menschen überhaupt vorstellbar? Doch nur dann, wenn dem Instinkt eine weitaus größere Rolle für das Verhalten zugesprochen wird als in Darwins sonstigen Ausführungen, wo er beim Menschen die Moralfähigkeit neben instinktiven sozialen Impulsen wesentlich von der Reflexionsfähigkeit abhängig macht. Konsequenter wäre es gewesen, auch bei diesem Gedankenexperiment auf dem einmal erreichten Entwicklungsniveau des moralischen Sinns zu bleiben und ethische Normen wie die Goldene Regel oder das Prinzip der Achtung vor der Menschenwürde ins Spiel zu bringen. Wie seine Replik auf Cobbe deutlich macht, beinhaltet sein Gedankenexperiment als moralische Norm die Orientierung am Wohl der Gemeinschaft, hier des Bienenvolkes, und die Unterordnung von Individuen unter dieses Wohl. Es bleibt somit letztlich unklar, was in diesem Gedankenexperiment der Begriff des moralischen Sinns in der Anwendung auf Tiere bedeutet. Wenn Darwin sagen möchte, daß Tiere auf einer intellektuell ähnlich hoch entwickelten Stufe wie der Mensch ihre Instinkte in ihren unterschiedlichen Varianten und Realisationsweisen bewußt als Normen ihres Verhaltens formulieren würden, würde dies den Sinn der Moral verfehlen, da diese nach Darwin gerade in der Orientierung von Impulsen durch Reflexion besteht. Dies wäre auch nicht vereinbar mit Darwins Verständnis von Humanität und Menschenwürde. Darwins Gedankenexperiment muß jedoch nicht als Verteidigung eines ethischen Relativismus interpretiert werden, wonach alle Moralsysteme gleicherweise akzeptabel wären, sondern kann als evolutionärer Relativismus gedeutet werden, der besagt, daß es de facto unterschiedliche Moralsysteme geben könnte, wenn Tiere moralfähig wären. Es ist verständlich, daß sein Gedankenexperiment Mißverständnisse und Irritationen ausgelöst hat.

8. Der Mensch auf dem Gipfel der organischen Stufenleiter – Ein Resümee

Darwin wollte sich der Frage nach dem Ursprung des moralischen Sinns oder Gewissens einmal ausschließlich aus der Perspektive der Naturgeschichte annähern und untersuchen, wie sich der moralische Sinn im Lichte des Studiums nichtmenschlicher Tiere darstellt.

Abschließend soll ein Resümee der wichtigsten Ergebnisse gezogen werden: Darwins Ethik ist erstens keine primär biologisch-naturwissenschaftliche Ethik, zweitens keine evolutionäre Ethik und drittens keine sozialdarwinistische Ethik.

1) Wie gezeigt wurde, stützt sich Darwin in seiner konkreten ethischen Argumentation vor allem auf Ansätze und Diskussionen der *philosophischen Ethik* sowie auf die *kulturelle* und *religiöse Tradition*, in der er aufwuchs. Zwar wurzeln die *Entstehungsbedingungen* unserer moralischen Fähigkeiten nach Darwin in der Naturgeschichte des Menschen. Doch sind damit weder alle notwendigen noch alle hinreichenden Bedingungen für die Entstehung, Manifestation und Realisation von Moral gegeben, die für ihn das Spezifische des Menschen im Unterschied zu den übrigen Tieren ausmacht. Darwins Ausgangsfrage ist mit ihm also dahingehend zu beantworten, daß der Mensch im Laufe seiner Evolution von Tieren instinktive, auf das Wohl anderer bezogene Impulse geerbt hat, welche die notwendige Bedingung für die Herausbildung seines moralischen Sinns bilden. Ein Mensch, der nicht wenigstens Spuren solcher Instinkte in sich trüge, wäre ein «unnatürliches Monster» (116). Beim Menschen sind diese sozialen Instinkte jedoch reduziert, im Laufe der Kulturgeschichte haben sie sich unter dem Einfluß der Zunahme seines Reflexionsvermögens zunehmend erweitert und verfeinert. Auch die intellektuellen Fähigkeiten des Menschen in Verbindung mit der spezifisch menschlichen Sprachfähigkeit als zweite wesentliche Voraussetzung für menschliche Moralfähigkeit sind nach Darwin im Laufe der Evolution durch natürliche Selektion entstanden. Trotz dieses naturgeschichtlichen Erbes, das uns mit anderen Lebewesen verbindet, ist Moralfähigkeit im genuinen Sinn dem Menschen vorbehalten. Dieses spezifisch menschliche Vermögen und seine Konkretisierung in Moral läßt sich mit den Kategorien der Naturgeschichte im engeren Sinne einer biologisch-naturwissenschaftlichen Betrachtungsweise und dem Mechanismus der natürlichen Selektion nicht erschöpfend erklären und reformulieren. Hierzu bedarf es eines anderen kategorialen Rahmens, der sich in kultureller Überlieferung und in Form von ethischen Prinzipien und dem sich daran orientierenden Gewissen geltend macht. Obgleich Darwin von nur graduellen Unterschieden in den kognitiven und sozialen Fähigkeiten zwischen Tieren und Menschen ausgeht, nehmen diese Unterschiede im Kontext seiner Überlegungen zur Ethik den Rang einer qualitativen Dif-

ferenz ein, da moralisches Handeln für Darwin *nicht* gleichzusetzen ist mit instinktivem Verhalten.

2) Darwin vertritt damit weder im *deskriptiv-explanativen* noch im *normativen* Sinne eine evolutionäre Ethik. Durch seine Abkehr von der Naturtheologie hat die Natur mit ihren Gesetzen für ihn keine normative Relevanz, denn er betrachtet im Unterschied zu Malthus Naturgesetze nicht als göttliche Vorschriften. Es wäre ein naturalistischer Fehlschluß, ohne normative Zusatzprämissen aus dem Prinzip der natürlichen Selektion Handlungsnormen ableiten zu wollen. Huxley wies in seinem lesenswerten Essay «Evolution and Ethics» (1893) explizit auf die «fallacy» der «so-called ‹ethics of evolution›» hin (1989, 138) und sieht diesen Trugschluß in der Annahme, der Mensch müsse sich in seiner Eigenschaft als moralisches Wesen am Naturprozeß des *struggle for existence* und dem daraus resultierenden *survival of the fittest* orientieren, um seine Vervollkommnung zu befördern. Tugend besteht nach Huxley nicht in der Förderung des «survival of the fittest», sondern umgekehrt darin, so viele Menschen wie möglich für das Überleben fit zu machen (1989, 140).

Das Prinzip der natürlichen Selektion spielt bei Darwin für die Erklärung komplexer Instinkte eine Rolle. Auch der soziale Instinkt, von dem wir noch Spuren in uns tragen, gehört hierzu. Eine weitere Anwendung des Selektionsgedankens ist die Annahme, daß sich moralischer Fortschritt im Laufe der Entwicklung des Menschen durch Gruppenselektion vollzogen hat. Soziale Tugenden als spezifisch menschliche Merkmale lassen sich nach Darwin jedoch nicht durch natürliche Selektion erklären, wie ausgeführt wurde.

3) Darwin ist weder Sozialdarwinist noch Rassist. Die weitverbreitete Vorstellung, der von ihm verwendete Ausdruck «struggle for life» sei primär oder gar ausschließlich im Sinne eines rücksichtslosen Kampfes aller gegen alle, als egoistische Durchsetzung der eigenen Interessen oder als blinde Unterwerfung von Individuen unter Gemeinschaft und Staat auszulegen, ist verfehlt. Vielmehr vertritt Darwin die Auffassung, daß wechselseitige Unterstützung, die *Kooperation* unter den Mitgliedern derselben Bezugsgruppe, das Überleben gegenüber der Natur und fremden Gruppen sichert und damit eine *Grundlage* im Ringen um die Existenz darstellen kann. Darwin stellt auch kein auf dem Prinzip des *survival of the fittest* basierendes sozialpolitisches Programm auf. Bezeichnenderweise

kritisierten Autoren wie Alexander Tille und Wilhelm Schallmayer Darwins Festhalten an christlichen, humanitären Idealen (Tille 1894; Tille 1895). Darwin habe die Tragweite seiner Theorie nicht voll gewürdigt, meint Schallmayer, der den ersten Preis in dem 1900 von Haeckel, Conrad und Fraas gestellten und von Krupp finanzierten Preisausschreiben «Was lernen wir aus den Prinzipien der Descendenztheorie in Beziehung auf die innerpolitische Entwickelung und Gesetzgebung der Staaten?» gewann (Schallmayer 1903, 96). Zwar habe Darwin die «schweren Störungen, welche die natürliche Auslese durch unsere Kulturzustände erleidet, natürlich sehr wohl erkannt und sich privatim ziemlich düster über deren Folgen ausgesprochen. Aber zu der Forderung, diese Verhältnisse zweckmäßig zu ändern, hat er sich nicht mehr aufgerafft. Auch Wallace, Huxley, Balfour und andere erkennen wohl das Uebel, verabscheuen aber jeden Gedanken an eine sozial kontrollierte geschlechtliche Auslese und hoffen zum Teil auf recht fragliche Gegenwirkungen in der Zukunft.» (Schallmayer 1902, 271 f.). Unter geschlechtlicher Zuchtwahl versteht Schallmayer hier die selektive Zulassung zur Fortpflanzung. Schallmayers Urteil über Darwin verdeutlicht, daß dieser von denjenigen, die sich tatsächlich für eine Kontrolle der Fortpflanzung aussprachen, auf Grund seiner humanitären Ideale nicht akzeptiert wurde. Auch aus diesem Grunde ist der Begriff «Sozialdarwinismus» eine Fehlbezeichnung (siehe zur Spannbreite der politischen Interpretationen des Darwinismus den informativen Überblick von Bayertz 1998; zur Abwehr des Einwandes, Darwin sei Sozialdarwinist, siehe auch Peters 1972; Bayertz in Bayertz et al. 1982; Engels 1995b; Vogt 1997; Hösle, Illies 2005). Daß Darwin keinen Rassismus, sondern eher einen Eurozentrismus vertreten hat, wurde bereits ausgeführt (Kap. IV.4.1). Er ist daher auch nicht als Wegbereiter des Nationalsozialismus zu deuten. G. Hecht, Referent im Rassenpolitischen Amt der NSDAP, weist ausdrücklich die Vorstellung zurück, daß Lamarck, Darwin, Haeckel und deren Anhänger «Vorläufer oder gar Begründer politischer Grundsätze des Nationalsozialismus» waren (1937, 288). Hecht grenzt hier dezidiert den Nationalsozialismus als *politische Bewegung* von der Wissenschaft ab (zu diesen Fragen s. auch Hoßfeld 2005).

Die Bedeutung dieser Ergebnisse für Darwins Theorie   Was bedeutet unser Resümee für den *Gradualismus* und das *Selektionsprinzip* als die wesentlichen Bestandteile von Darwins Theorie?

Zum Gradualismus: Darwin gibt in *Origin* die Bedingungen an, unter denen seine Theorie im Kern getroffen werden könnte (Kap. III.4). Moral ist ein komplexes Phänomen, das in der Natur eine Sonderstellung einnimmt. Er vermeidet die Thematisierung der entscheidenden Frage, ob sich die menschliche Moral vom übrigen Tierreich in gradueller oder wesentlicher Hinsicht unterscheidet. Auch gibt er für die von ihm ständig getroffene Differenzierung zwischen einem graduellen und einem wesentlichen Unterschied keine Kriterien an und weicht diesem Problem aus, indem er einerseits von einem nur graduellen Unterschied spricht, andererseits aber zugesteht, daß die Unterschiede zwischen dem Menschen und den übrigen Tieren ungeheuer groß sein können (vgl. Descent[2] I, 69). Für Darwin steht auch außer Zweifel, daß der Mensch einer unvergleichbar größeren und schnelleren Verbesserung *(improvement)* als irgendein anderes Tier fähig ist, was er hauptsächlich auf seine Sprachfähigkeit und die Tradierung von erlerntem Wissen zurückführt (84).

Unterschiede dem Grad und der Art oder dem Wesen nach sind in einem evolutionstheoretischen Rahmen durchaus miteinander zu vereinbaren. Evolutionärer Wandel kann sich graduell, das heißt in Form kleiner Veränderungen vollziehen, die dann die Grundlage für die Entstehung großer neuer Fähigkeiten und Potentiale bilden können, für die Emergenz des Neuen. Dies läßt sich – und auf dieses Beispiel greift Darwin selbst zurück – anhand der Individualentwicklung zeigen. Darwin besteht auf seinem Gradualismus, weil er an der Darstellung abstammungsgeschichtlicher Kontinuität interessiert ist, an der Erklärung der Entstehung neuer Arten durch allmählichen Wandel bereits existierender Arten. Er scheint zu befürchten, daß mit dem Zugeständnis eines wesentlichen Unterschiedes zwischen Arten sein deszendenztheoretisches Projekt in Frage gestellt wird. Der Ausdruck «gradueller Unterschied» ist bei Darwin ein Synonym zur Bezeichnung eines natürlichen, kontinuierlichen Entstehungszusammenhangs von Arten. Seine Befürchtung ist jedoch unbegründet, denn natürliche Entstehung schließt nicht die Möglichkeit aus, Neues jeweils unterschiedlich zu charakterisieren, als graduell oder wesentlich neu. Hierfür müßten aber Kriterien oder *Bewertungsmaßstäbe* angegeben werden, worauf Darwin jedoch verzichtet. Dies führt dazu, daß er in Abhängigkeit vom Ziel, das er im Kontext seiner jeweiligen Argumentation verfolgt, entweder die Gemeinsamkeiten oder – ungeachtet dieser Gemeinsamkeiten – die Unterschiede betont. Hier liegt ein offenes Problem. Denn dadurch bleibt in Darwins Gesamtentwurf eine Spannung bestehen, die ihm entweder entging oder von ihm nicht explizit thematisiert wurde. Er weist wiederholt darauf hin, dass er weder den Ursprung des Lebens noch den geistiger Fähigkeiten zu erklären beansprucht (Kap. IV.4.4). Dies müßte innerhalb eines gradualistischen Ansatzes aber möglich sein. Die Frage ist, ob er auf solche Erklärungsversuche durch den Stand der Naturwissenschaft seiner Zeit verzichtet oder darin ein prinzipielles Problem sieht (vgl. Descent[2] I, 70; CCD 11, 324). Ist letzteres der Fall, dann öffnet er Tür und Tor für Sprünge der Natur bei entscheidenden Schritten wie der Entstehung des Lebens und des Geistes.

Zum Selektionstheorem: Die Existenz des Phänomens der Moral widerspricht aus verschiedenen Gründen nicht den Prinzipien der Evolution. Erstens kann Moral auch unter dem Aspekt ihrer lebenserhaltenden Funktion beschrieben werden. Wechselseitige Unterstützung für einen guten Zweck kann sowohl im Dienste moralischer Ziele stehen als auch nützlich sein. Soziale Tugenden beim Menschen und soziale Instinkte bei Tieren können also in bestimmter Hinsicht unter funktionalen Aspekten vergleichbar sein. Damit wird Moralität gleichwohl nicht auf ihre nützliche Funktion reduziert. Moral bedeutet, beim Handeln das Wohl des Anderen im Auge zu haben, ohne eine gleichwertige Gegenleistung zu erwarten. Unter spieltheoretischen Aspekten betrachtet, dürfen die «Kosten» des Altruisten jedoch eine bestimmte Grenze nicht überschreiten, sie müssen in einem angemessenen Rahmen bleiben, weil andernfalls die Möglichkeit moralischen Handelns unterminiert werden kann. Die Evolution bringt auch Redundanzphänomene hervor, d. h. Organismen verfügen im allgemeinen über größere Spielräume an Möglichkeiten, als für die Erfüllung ihrer jeweiligen lebenserhaltenden Funktionen notwendig ist. In diesem Sinne ist das Phänomen der Moral also mit der Evolutionstheorie vereinbar, sofern es statistisch mit spieltheoretischen Prinzipien konform ist. Dies bedeutet aber nicht, daß das Individuum in seinem konkreten Handeln solche spieltheoretischen Kalkulationen durchführt. Da die Gesetzmäßigkeiten der Abstammungstheorie zudem rein statistischer Art sind, impliziert selbst das Phänomen einzelner Individuen, deren Handeln völlig den Prinzipien der Selektionstheorie widerspricht, nicht die Widerlegung dieser Theorie.

Darwin hält eine Wirksamkeit der natürlichen Selektion für die Herausbildung sozialer Tugenden im Individuum für unwahrscheinlich und greift hier auf andere Erklärungsmuster zurück. Das Selektionstheorem ist für die Erklärung des menschlichen Moralvermögens also nur von eingeschränkter Bedeutung. Als *moralischer Sinn* läßt sich unser Moralvermögen nach Darwin somit nicht mit Hilfe der Theorie der natürlichen Selektion aus der Naturgeschichte ableiten, wohl aber der «Faden», an dem er hängt, die instinktiven Impulse, sowie die für unsere Moralfähigkeit erforderlichen kognitiven Leistungen. Auch legt die natürliche Selektion den sozialen Tugenden eine *Einschränkung* auf, nämlich hinsichtlich des Grades ihrer Ausübung. Würden diese Tugenden zum ausschließlichen Nutzen anderer und damit auf Kosten der Tugendhaften eingesetzt, gäbe es bald keine moralischen Akteure mehr. Darwin setzt sich mit dem Argument seiner Kritiker auseinander, daß es organische Bildungen in der Natur gebe, wie etwa die Schönheit, die zur Ergötzung des Menschen oder des Schöpfers entstanden seien, nicht aber zum Nutzen des Wesens selbst, das sie besitzt. Die Existenz solcher Merkmale wäre für seine Theorie ruinös. Auch wenn Tugend nicht durch natürliche Selektion entstanden ist, so läßt sich Darwins Gedanke fortsetzen, kann ihre Ausübung nicht grenzenlos sein, d. h. zum ausschließlichen Nutzen anderer dienen.

Mit seinem Werk *Descent of Man* wollte Darwin überprüfen, ob sich die allgemeinen Schlußfolgerungen, zu denen er in seinen früheren Werken, allen voran *Origin*, gelangt war, auf den Menschen anwenden lassen, zumal er seine Betrachtungsweise nie gezielt auf eine bestimmte Art angewandt hatte. Wie sich herausstellt, ist der Mensch nur in eingeschränktem Maße ein guter Prüfstein für seine Theorie. Das Studium der «niederen Tiere» führt bei Darwin eher dazu, am Beispiel der menschlichen Moralfähigkeit und seines herausragenden geistigen Vermögens die Sonderstellung des Menschen in der Natur zu zeigen. Wie deutlich wurde, läßt sich Moral in einem evolutionstheoretischen Rahmen nicht «ausschließlich» aus der Perspektive der Naturgeschichte begreifen, sie ist ein kulturgeschichtliches Phänomen mit naturgeschichtlichen Wurzeln. Das Studium der Tiere wirft damit auf ganz andere Weise Licht auf die höchsten Fähigkeiten des Menschen, als vielleicht zunächst erwartet. Unter den Bedingungen der Zivilisation spielt die natürliche Selektion nur noch eine untergeordnete Rolle und wird durch kulturelle und technische Errungenschaften teilweise außer Kraft gesetzt. Mit den gegenüber anderen Tieren gesteigerten intellektuellen Möglichkeiten und der Moralfähigkeit kommt nach Darwin etwas Neues in die Evolution, das auch nach seinen eigenen Maßstäben hinsichtlich der Eingriffstiefe und -weite etwas qualitativ anderes ist: Der Mensch wird hierdurch dazu befähigt, in den Prozeß, der ihn blind hervorgebracht hat, nach den von ihm gesetzten Zielen verändernd und gestalterisch einzugreifen, sein Leben und die Beziehung zu den Mitmenschen und zur übrigen Natur nach moralischen Maßstäben zu gestalten. Und diese Fähigkeit beinhaltet nicht nur eine *Möglichkeit*, sondern auch eine *Notwendigkeit* der Entscheidung nach Kriterien.

Darwin erhebt nicht den Anspruch, die Biologie als Fundamentalwissenschaft für alle Aspekte des Menschen geltend zu machen, sondern er betrachtet diesen zunächst aus biologischer Perspektive, um zu überprüfen, wie weit er damit kommt. Für seine moralphilosophischen Überlegungen schöpft er aus außerbiologischen, vor allem philosophischen Quellen, auch wenn er keine systematischen metaethischen Begründungsversuche anstellt und eher intuitiv vorgeht. Eine außerbiologische Begründung moralischer Normen durch eine säkulare Ethik jenseits der Alternative von Biologie oder Theologie als Fundamentalwissenschaften scheint Darwin also für möglich zu halten (vgl. dagegen Hösle, Illies 2005, 98). Eine solche Begründung selbst zu versuchen, gehörte verständlicherweise nicht zu den Zielsetzungen des Naturforschers Darwin.

9. Evolutionäre Kontinuität und die Würde des Tieres

Darwin erhebt nicht den Anspruch, daß seine Theorie für die Ethik von unmittelbarer normativer Relevanz ist. Dennoch kann man sich fragen, ob im Lichte der Evolutionstheorie nicht eine *Erweiterung* des kategorialen und normativen Rahmens der Ethik naheliegt oder gar geboten ist. Dies hängt unter anderem davon ab, welche Bedeutung wir der Kenntnis über die menschliche Natur generell für die Ethik beimessen. Eine Ethik, die dieser einen hohen Stellenwert einräumt, hat ihre Kategorien sowie ihre Werte, Prinzipien und Normen laufend im Lichte neuerer wissenschaftlicher Ergebnisse zu reflektieren und gegebenenfalls zu modifizieren und zu erweitern.

Zu diesen Ergebnissen gehören auch die Evolutionstheorie, die Ethologie und die evolutionäre Anthropologie.

Hat die Tatsache einer evolutionär bedingten realen Verwandtschaft zwischen dem Menschen und den übrigen Lebewesen Konsequenzen für die *Natur-* und *Tierethik*? Wir gehören zur Spezies homo sapiens und sind die einzige rezente, d. h. lebende Menschenart. Außer Frage steht, daß wir davon ausgehen, daß homo sapiens eine Menschenwürde hat, auch wenn deren Anerkennung nicht in allen Teilen der Welt gleichermaßen geteilt wird. Darwin selbst spricht ganz selbstverständlich von der Würde und dem Rang des Menschentums («dignity», «rank of manhood») (Descent[2] I, 50; II, 633). Als der Mensch in einer weit zurückliegenden Zeit diese Würde noch nicht erreicht hatte, wurde er noch mehr von Instinkten und weniger von Vernunft geleitet. Allerdings ist es schwer, einen genauen Zeitpunkt anzugeben, ab wann der Begriff «Mensch» anwendbar ist (50, 187). Dieser fließende Übergang macht die Möglichkeit einer genauen Angabe des Momentes, von dem an von Menschenwürde gesprochen werden kann, obsolet. Ich formuliere das Problem als Frage: Ab welcher Spezies in der Reihe unserer Vorfahren können wir von Wesen mit Menschenwürde sprechen? War bereits der erste Australopithecus vor etwa 3,5 Millionen Jahren, der über einen aufrechten Gang, aber noch nicht über Sprache verfügte, Träger der Menschenwürde, oder erst jene Menschen, die sprechen konnten?

Unmittelbar relevant für die Praxis werden diese Fragen, wenn wir bedenken, daß die heutigen Menschenaffen und wir gemeinsame Vorfahren haben. Zwar läßt sich Menschenwürde nicht für andere Arten in Anspruch nehmen, jedoch stellt sich die Frage, ob diese nicht auch über eine jeweils artspezifische Würde verfügen. Auch sollten wir uns davor hüten, derartige Fragen aus der Perspektive des Anthropozentrismus anzugehen. Nicht nur die Evolutionslinie, welche den Menschen hervorgebracht hat, gilt es unter dem Aspekt der Würde und des Schutzes zu betrachten, sondern auch alle Organismenarten anderer evolutionärer Verzweigungen. Der Mensch ist nur eine von Tausenden und Abertausenden von Arten, und ohne die allerersten Lebewesen auf diesem Planeten würde es uns nicht geben. Was uns mit anderen verbindet, ist das Prinzip des Lebendigen. Aus der verwandtschaftlichen Beziehung des Menschen mit den übrigen Lebewesen läßt sich möglicherweise eine neue und anders fundierte Solidarität mit der übrigen Natur ableiten. Tierethische Konsequenzen von Darwins Theorie wurden bereits im 19. Jahrhundert hervorgehoben (Kap. VI).

Hans Jonas stellt prägnant den dialektischen Charakter der Darwinschen Theorie heraus: «So untergrub der Evolutionismus den Bau Descartes' wirksamer, als jede metaphysische Kritik es fertiggebracht hatte. In der lauten Entrüstung über den Schimpf, den die Lehre von der tierischen Abstammung der metaphysischen Würde des Menschen angetan habe, wurde übersehen, daß nach dem gleichen Prinzip dem Gesamtreich des Lebens etwas von seiner Würde zurückgegeben wurde. Ist der Mensch mit den Tieren verwandt, dann sind auch die Tiere mit dem Menschen verwandt und in Graden Träger jener Innerlichkeit, deren sich der Mensch, der vorgeschrittenste ihrer Gattung, in sich selbst bewußt ist...Und es stellt sich heraus, daß der Darwinismus, der mehr als jede andere Lehre für die nunmehr dominierende evolutionäre Schau aller Wirklichkeit verantwortlich ist, ein von Grund auf dialektisches Ereignis war.» (Jonas 1973, 84f.).

Zu fragen ist daher, ob die Gründe, die wir für unsere eigene Schutzwürdigkeit in Anspruch nehmen, nicht auch für andere Lebewesen gelten.

Abschließend erinnert Darwin daran, daß der Mensch ungeachtet seines Aufstiegs zum Gipfel der organischen Stufenleiter und all seiner edlen moralischen Qualitäten sowie seines «gottähnlichen Verstandes», durch den er die Bewegungen und den Aufbau des Sonnensystems durchschaut hat, in seinem Körperbau immer noch den unauslöschlichen Stempel seines niedrigen Ursprungs trägt (PM 22, 644).

VI. Rezeption

19. Jahrhundert Darwin hatte mit seiner Theorie ein langfristig
angelegtes Forschungsrahmenprogramm für die gesamte Biologie
entworfen, dessen konkrete Umsetzung und Ausfüllung anschließend der *scientific community* oblag. Die Hauptaufgabe bestand
nun darin, im Lichte der Grundannahmen dieses Forschungspro-
gramms das bereits verfügbare biologische Wissen neu zu deuten
und zu systematisieren, offene Fragen zu beantworten und, was
noch wichtiger war, neue Forschungsprojekte zu formulieren.

Darwins Theorie hat den Charakter eines *Paradigmas*, da unter
ihrem Dach sämtliche biologischen Disziplinen und Fächer wie Zoologie, Botanik, Ökologie, Biogeographie, Verhaltensforschung, Morphologie, Embryologie, Phylogenie, Genetik usw. unbeschadet
ihrer je spezifischen Einzeltheorien und Fragestellungen unter einer
einheitlichen Perspektive, der des Evolutionsgedankens, zusam-
menkommen. Daß Darwin diese Anwendungen nicht alle selbst
leisten konnte, versteht sich von selbst. Mendels Gesetze mußten
wieder entdeckt (Correns 1900; Tschermak-Seysenegg 1900; de
Vries 1900) und neue Disziplinen wie die klassische und die Molekulargenetik erst noch etabliert werden, das Humangenomprojekt
mit vergleichenden Untersuchungen der Genome des Menschen
und anderer Tierarten durchgeführt werden, bevor Darwins Annahme der Einheit des Lebendigen auch auf der genetischen Ebene
bestätigt werden konnte. Daher wird die in den 30er und 40er Jahren des 20. Jahrhunderts entstandene Synthetische Theorie, die Ver-
einigung von Darwins Theorie mit neuen Erkenntnissen der Genetik, Paläontologie, Systematik, Biogeographie zu Recht als «zweite
Darwinsche Revolution» bezeichnet (Mayr 1994, auch der Nachruf
von Curio 2004/05 auf Mayr, einen der «Architekten» dieser Revolution; Junker, Engels 1999; Junker 2004).

In den vorherigen Kapiteln wurde bereits deutlich, daß Darwins
Schaffensprozeß von einer lebhaften Rezeption seiner Werke begleitet war, die unmittelbar im Anschluß an die Veröffentlichung
seiner Hauptwerke einsetzte. Die Rezeption veranlaßte Darwin

dazu, seine Theorie zu erläutern und zu präzisieren, und wurde somit zu einem wichtigen Bestandteil seines Schaffens. Die bisher erwähnte Rezeption ist nur ein winziger Bruchteil dessen, was bereits im 19. Jahrhundert an Literatur zu Darwin erschien. Seine Werke lösten in einigen Ländern, wie Großbritannien und Deutschland, eine Flut von Rezensionen, Artikeln, Büchern fast unüberschaubaren Ausmaßes aus. In seiner Autobiographie weist er darauf hin, daß in Deutschland jährlich oder jedes zweite Jahr ein Katalog oder eine Bibliographie zum «Darwinismus» erscheine (AE 123, AD 127). Deutschland war im 19. Jahrhundert eine Hochburg der Darwin-Rezeption, in keinem anderen Land soll Darwins Theorie derart breit und intensiv diskutiert worden sein wie hier (May 1910; Montgomery 1974). Der Zoologe J. W. Spengel veröffentlicht bereits 1872 in 2. vermehrter Auflage unter dem Titel *Die Darwinsche Theorie* ein «Verzeichniss der über dieselbe in Deutschland, England, Amerika, Frankreich, Italien, Holland, Belgien und den Skandinavischen Reichen erschienenen Schriften und Aufsätze», und 1875 erscheint Nr. 2 seiner *Fortschritte des Darwinismus*. Auch R. Hertwig verweist auf die «Fluth von Schriften», die durch Darwins Werke ausgelöst worden sei. Hierdurch erfuhren «die gesammte Zoologie und Botanik eine tief greifende Umgestaltung», und in gleichem Maße gewannen «die Urtheile über die Bedeutung zoologischer und botanischer Studien auch im Munde der Laien einen ganz anderen Charakter» (R. Hertwig 1883, 21). Verwiesen sei hier auf die Auswahlbibliographie zu «Darwin und Darwinismus» und zu unterschiedlichen speziellen Disziplinen, Fragestellungen und Kontexten in Engels 1995a.

Darwin beeinflußte nicht nur die biologischen Disziplinen. Bereits unmittelbar nach dem Erscheinen von *Origin* (1859) und dann wieder von *Descent* (1871) wurde deutlich, daß die darin vertretenen Auffassungen auch weitreichende Implikationen für Theologie, Philosophie und andere Geisteswissenschaften sowie für den Bereich des Politischen und Sozialen haben könnten. Dementsprechend deckten die Rezensionen und anderen Publikationen ein breites Themenspektrum ab. Die Reaktionen waren sehr unterschiedlich; Darwin fand sowohl begeisterte Anhänger als auch beißende Kritiker. An der Diskussion beteiligten sich Vertreter der verschiedensten Disziplinen sowie des Klerus und die breite Öffentlichkeit. Diskutiert wurden wissenschaftstheoretische Fragen wie das Verhältnis von Induktion und Deduktion und damit zusammenhängend die Frage, ob Darwins Lehre eine Hypothese oder eine Theorie sei, das Teleologieproblem, die Rolle des Schöpfers in der Evolution, der Ursprung des Lebens überhaupt, die Erklärbarkeit des Neuen wie Geist und Seele in einer auf dem Kontinuitätsprinzip basierenden Abstammungslehre, das Leib-Seele-Problem, die Stellung des Menschen in der Natur, Gradualismus versus sprunghafter Evolution (Saltationismus), Fragen der Vererbung und der Fixierung neuer Artgrenzen angesichts des Problems möglicher Rückkreuzungen bei freilebenden Organismen und vieles mehr. Die von Hull herausgegebene Textsammlung und seine Einleitung geben einen guten Überblick über die vor allem in der britischen Diskussion von Wissenschaftlern verschiedener Disziplinen vorgetragenen kritischen Argumente (Hull 1973).

Der amerikanische Mathematiker und Philosoph Ch. Wright, ein Vorkämpfer Darwins in den Vereinigten Staaten, schreibt, daß «wenige Theorien in der wissenschaftlichen Welt so herzlich empfangen wurden und eine so vollständige Revolution in der allgemeinen Philosophie herbeigeführt haben wie die Lehre der Abstammung durch natürliche Selektion ... obwohl diese Lehre nach dem strengen Test wissenschaftlicher Induktion kaum mehr als den Rang einer sehr wahrscheinlichen Hypothese einnimmt.» (1870, 282 f.). Huxley veröffentlichte bereits 1859 und 1860 Artikel über Darwins Theorie bzw. Hypothese, wie er sie nannte. 1864 äußerte er sich zu Darwins Kritikern und später noch einmal allgemeiner zur Rezeption (1871). Dabei nahm er auch wichtige Explikationsaufgaben wahr, indem er sich anläßlich der Publikation einiger kritischer Schriften um die Ausräumung von Mißverständnissen bemühte (Huxley [1864] 1968). Dabei stimmte er nicht einmal in allen Punkten mit Darwin überein. Während für Darwin das Kontinuitätsprinzip, «Natura non facit saltum», essentiell war und er damit bei vielen auf Widerstand stieß, räumte Huxley ein, daß die Natur durchaus hin und wieder Sprünge mache (Huxley [1860], 1968, 77).

In Deutschland fanden Darwins Ideen, Formulierungen und Metaphern Eingang in die verschiedensten Disziplinen, Kontexte und Lebensbereiche, und auch diejenigen, welche sich mit seinen Vorstellungen nicht anfreunden konnten oder sie rundweg ablehnten, bezogen auf die eine oder andere Weise hierzu Stellung. Offenbar schien es nicht möglich zu sein, Darwin zu ignorieren. Bereits 1860 erschienen mehrere Rezensionen zu *Origin*, außerdem war sein Werk auch Gegenstand öffentlicher Vorträge auf den Versammlungen wissenschaftlicher Gesellschaften. In der im Januar 1860 erschienenen zweiteiligen Rezension «Eine neue Lehre über die Schöpfungsgeschichte der organischen Welt» in der Zeitschrift *Das Ausland* wird bereits die epochemachende Bedeutung dieser Theorie vorhergesagt. Der Autor und Redakteur der Zeitschrift, Peschel, stellt Darwins «neue und großartige Theorie» ausführlich vor und diskutiert bereits einige Einwände. In den darauf folgenden Jahren erweist sich *Das Ausland* als eines der wichtigsten Diskussionsforen. Hier werden neue Ergebnisse der Evolutionsforschung präsentiert, Darwins Werke besprochen und die Kontroversen um die Darwinsche Theorie ausgetragen.

1860 erscheint auch eine Besprechung des Heidelberger Paläontologen und Zoologen H. G. Bronn (Bronn 1860). Trotz Bedenken und Kritik hält Bronn den Grundgedanken von Darwins Schrift für geeignet, «noch mehr Bewegung in die wissenschaftliche Welt zu bringen, als einst der in den Lyell'schen *Principles* entwickelte, welcher hier in gewisser Weise fortgesetzt wird» (Bronn 1860, 112). Bronns Rezension verdeutlicht jedoch, daß er den Kerngedanken der Darwinschen Theorie, die Idee der natürlichen Selektion, völlig mißversteht und sie lamarckistisch umdeutet, worauf Darwin ihn auch hinweist (CCD 8, 82 f.). Bronn übersetzt «natural selection» mit «Wahl der Lebens-Weise». Er ist auch der erste Übersetzer von *Origin*. Seine Übersetzung weist zahlreiche Ungenauigkeiten und Fehler auf, angefangen beim Titel des Werkes, in dem er «favoured races» mit «vervollkommnete Rassen» übersetzt (vgl. Junker 1991).

Darwins Theorie wirkte schon bald nach ihrem Erscheinen ausgesprochen stimulierend auf die Naturforschung seiner Zeitgenossen, und unter dem Eindruck seines Werkes wurden zahlreiche Forschungsprojekte initiiert. Der Jenaer Zoologe Ernst Haeckel gilt schon bald als «deutscher Darwin» und befördert durch eine Vielzahl von Publikationen die Verbreitung evolutionärer Ideen (Haeckel 1866). Namhafte Botaniker und Zoologen wie Julius Sachs und Carl Gegenbaur betonen die Rolle von Darwins Prinzip der natürlichen Selektion und nehmen es in ihre Lehrbücher auf. Der nach Südbrasilien ausgewanderte deutsche Biologe Fritz Müller unterstützt Darwins Anpassungstheorie durch eigene Forschungen an Krebstieren (Müller 1864, 1869). Auch in der Paläontologie findet

Darwins Theorie fruchtbare Anwendung. Einen der wichtigsten Beiträge hierzu leistet F. Hilgendorf mit seiner 1866 erschienenen Publikation über die Phylogenie der Schnecke *Planorbis multiformis* aus Steinheim (Schwäbische Alb), die aus seiner Tübinger Dissertation (1863) hervorgegangen ist (Reif 1983). Unterstützung erfährt Darwin auch durch den Botaniker Schleiden, der in Darwins Forschungen eine Realisierung seines eigenen Projekts sah (Charpa in Schleiden 1989, 361) und auch in der Öffentlichkeit als engagierter Anhänger Darwins wahrgenommen wurde.

R. Virchow kann bereits 1863 feststellen, daß selten ein Buch, «und noch dazu ein naturwissenschaftliches, so schnell einen so großen Einfluß gewonnen» habe wie Darwins Werk über den Ursprung der Arten. Schon sehe «man die pflanzen- und thierkundigen Naturforscher aller Richtungen beschäftigt, ihr besonderes Gebiet von Neuem zu durchmustern und in wiederholter Prüfung zu überlegen, ob denn wirklich alles das Arten seien, was sie bis dahin als solche in ihren Sammlungen aufgestellt hatten». Virchow vergleicht die «starke Bewegung», die «in diese Schaar von Gelehrten und Naturfreunden aller Länder hineingekommen» sei, mit einer «tiefgehenden politischen Erschütterung, wo Alles wieder in Frage gestellt wird, was längst abgemacht zu sein schien, wo die Autorität ihre Stärke verliert und wo zuletzt Jeder an sich selbst und der Sicherheit seines Besitzes zweifelhaft wird» (1863, 339). Zugleich weist er auf die *Vernetzung* der *verschiedenen Wissensgebiete* hin, die dazu führe, daß es keine «neutralisierten» Gebiete gebe. Die Gestaltung unseres Wissens auf einem Gebiet habe vielmehr Einfluß auf unser Gesamtwissen und damit auf unsere Gesamtanschauung und unser Handeln (1863, 340). Virchow hofft, daß «die Lehre von der natürlichen Auswahl», die für ihn den Charakter einer «wissenschaftlichen Doktrin» hat, «auch für die praktische Anwendung des Tages manche Frucht tragen» werde (vgl. aber auch seine Kritik an Haeckel in Virchow 1877).

Aber nicht nur Fachleute setzten sich mit Darwin auseinander. Durch die intensive und breit gestreute Rezeption in Zeitschriften kam sehr schnell ein Popularisierungsprozeß in Gang, der auch breite Kreise der Öffentlichkeit mit Darwins Namen bekannt machte. Mit seiner Aufarbeitung der Darwin-Rezeption in britischen Zeitungen und Zeitschriften für den Zeitraum von 1859 bis 1872 hat Ellegård ([1]1958, 1990) einen wertvollen Beitrag geleistet. Für die Darwin-

Rezeption in deutschen Zeitschriften sei auf Engels 1995a (Einführung), 2000a, 2000b verwiesen. Zur Rezeption in weiteren Ländern und vergleichenden Analysen dieser Rezeption seien die Sammelbände von Glick ²1988, Kohn 1985, Engels 1995a sowie der sich in Vorbereitung befindende Sammelband zur Darwin-Rezeption in Europa von Engels und Glick (vorauss. 2008) genannt.

Es entstehen auch neue Zeitschriften, die das transdisziplinäre Gespräch befördern. Für Deutschland sind die seit 1868 erscheinende und sich an «Gebildete aller Berufsklassen» richtende Zeitschrift *Der Naturforscher. Wochenblatt zur Verbreitung der Fortschritte in den Naturwissenschaften* und für England *Nature* als führende Publikationsorgane zu nennen. Im *Naturforscher* werden die Leser auch über das Geschehen im Ausland informiert, indem z.B. Übersetzungen von Vorträgen der Mitstreiter Darwins, Wallace und Huxley, abgedruckt werden. Vor allem steht hier die sachliche Überprüfung der Darwinschen Theorie im Vordergrund. Einzelne Befunde werden in ihrem Lichte gedeutet und die jeweiligen Interpretationen auf ihre Konsistenz und Plausibilität hin überprüft. *Der Naturforscher* erweckt streckenweise den Eindruck, als sei die Darwinsche Biologie in ihre Phase der Normalwissenschaft im Kuhnschen Sinne eingetreten. Als «besonderes Journal für den Darwinismus» wird 1877 die Zeitschrift *Kosmos* gegründet. Sie versteht sich als *Zeitschrift für einheitliche Weltanschauung auf Grund der Entwicklungslehre* und wird von Ernst Krause (Pseudonym Carus Sterne) in Verbindung mit Darwin und Haeckel herausgegeben.

Ein Überblick über die deutsche Zeitschriftenliteratur zu Darwin zeigt die Vielfalt der Themen und Fachgebiete, in deren Kontext Darwin diskutiert wird. Es wird eine potentielle Bedeutung der Darwinschen Theorie für die Philosophie, insbesondere für die Erkenntnistheorie und Ethik, für die Psychologie, Straftheorie, Sprachwissenschaft, Ästhetik und Technik diskutiert. Darwinsches Gedankengut und seine Metaphern finden auch Eingang in die Literatur (Beer 2000; Levine 1992). Weiterhin werden Vergleiche zwischen Darwin und bedeutenden Philosophen angestellt, um Gemeinsamkeiten und Unterschiede in den Positionen herauszuarbeiten. Dabei fallen die Namen Platon, Lessing, die der französischen Enzyklopädisten, Kant, Herder, Schelling, Goethe, Schopenhauer und Nietzsche. Vielfach wird Darwin mit herausragenden Persönlichkeiten der Wissenschaftsgeschichte verglichen, deren revolutionäre Bedeutung bereits anerkannt ist, wie Kopernikus, Galilei und Newton. Darwin wird auch als «Newton der Naturgeschichte» (Wallace 1891, 9; vgl. Haeckel 1902, 95) gewürdigt, den Kant für unmöglich gehalten hatte. Für Du Bois-Reymond ist er der «*Kopernicus* der organischen Welt» (Du Bois-Reymond 1884, 48 f.).

Wie läßt sich erklären, daß Darwin im 19. Jahrhundert trotz der damaligen Lückenhaftigkeit des empirischen Materials zahlreiche naturwissenschaftliche Zeitgenossen von der Bedeutung seiner Theorie überzeugen kann? Und wieso findet er auch unter den Laien eine so große Resonanz? Hierfür gibt es mehrere Gründe. Zunächst einmal erfüllte Darwins Idee der natürlichen Selektion wichtige *methodologische Leitfunktionen* in der Biologie des 19. Jahrhunderts. Bereits vor Darwin gab es vor allem auch in Deutschland eine Bereitschaft zu evolutionärem Denken (Montgomery 1974; Krause 1885). Der Selektionsgedanke beförderte erstens die *Durchsetzung der Abstammungstheorie*, indem diese ohne metaphysische und teleologische Prämissen auskam und damit auch dem wissenschaftstheoretischen Prinzip der Einfachheit entsprach. Darwin hatte gezeigt, wie eine naturwissenschaftliche Begründung der Deszendenztheorie aussehen könnte, selbst wenn es dieser speziellen Variante vielen noch an Überzeugungskraft fehlte. Zweitens erfüllte Darwins Theorie eine wichtige *heuristische Funktion* für die Formulierung biologischer Forschungsprojekte. Darwin wurde als der «bedeutendste Pfadfinder» der Wissenschaft im 19. Jahrhundert gewürdigt (Dodel-Port 1883, 105). Drittens erfüllte seine Theorie eine bedeutende *integrative Funktion* (vgl. Kap. III.1), indem die Ergebnisse verschiedener Einzeldisziplinen nun in einen systematischen Zusammenhang gebracht werden konnten. Sie war der «Ariadnefaden in dem Labyrinth der erdrückenden Fülle von Einzeltatsachen» (Potonié 1909, 98). Viertens kam Darwins nichtteleologische Erklärung der Zweckmäßigkeit in der Natur den Vertretern einer materialistischen und atheistischen Weltanschauung entgegen. Sie sahen in Darwin einen Verbündeten, obgleich er selbst eine ambivalente Einstellung zu religiösen Fragen hatte und sich eher als Agnostiker verstand (Kap. III.7).

Darwins Theorie wurde aber nicht nur in methodologischer und naturwissenschaftlicher, sondern auch in *kultureller* und *ethischer* Hinsicht eine Leitfunktion zugesprochen. Ihre Popularität ist im Rahmen einer breiten Strömung der Popularisierung der Naturwissenschaften im 19. Jahrhundert zu verstehen, für die sich wiederum verschiedene Gründe anführen lassen. Hierzu gehört zum einen das Streben nach Emanzipation von staatlicher und kirchlicher Autorität, dem die Verbreitung naturwissenschaftlicher Bildung entgegenkam (vgl. Daum 1998). Vom Einblick in die Mechanismen der Natur erhoffte man sich deren Beherrschung und damit die Befreiung von blinden, undurchschaubaren Mächten. Die darin zum Ausdruck kommende Grundeinstellung erstreckte sich auch auf die lebensweltliche Praxis und förderte den Wunsch nach eigenständiger und selbstbewußter Gestaltung des privaten und öffentlichen Lebens. Von den aufstrebenden Naturwissenschaften erhofften sich viele aber auch einen objektiven Orientierungsmaßstab. Dies galt insbesondere für Darwins Theorie, da viele Evolution mit Fortschritt gleichsetzten und glaubten, aus dieser Theorie fortschrittsfördernde Rezepte für die Entwicklung der Gesellschaft und der Menschheit insgesamt ableiten zu können. Dies führte ironischerweise dazu, daß den Naturwissenschaften häufig die Funktion einer Ersatzreligion zugesprochen wurde, wofür Haeckel und Ostwald prominente Beispiele sind (Krauße 1997; Daum 1998). Auch Darwins Theorie wurde zunächst noch gern als «Schöpfungsgeschichte», «Schöpfungstheorie» oder «Schöpfungslehre» bezeichnet.

Allerdings wurden solche Hoffnungen schon dadurch enttäuscht, daß aus Darwins Theorie bzw. dem, was man dafür hielt, ganz unterschiedliche, teilweise diametral entgegengesetzte Konsequenzen für Ethik und Politik abgeleitet wurden. Hierfür gibt es mehrere Gründe, von denen einige genannt seien: Erstens waren die Grundlagen bestimmter Ereignisse und Prozesse, wie die der Variation und Vererbung, noch nicht bekannt, so daß es im 19. Jahrhundert verschiedene Vererbungslehren gab. Die vor allem mit dem Namen Lamarck verbundene Lehre von der Vererbung individuell erworbener Eigenschaften bekam im späteren 19. Jahrhundert durch A. Weismann Konkurrenz (Weismann 1885). Nach Weismann bestimmt die Erbsubstanz die Merkmalsausprägungen eines Organismus, während das umgekehrte nicht gilt, so daß nach ihm erworbene Eigenschaften nicht erblich sind. Entscheidungen in Fragen der Vererbungslehre prägten die Vorstellungen über die allgemeine Rolle von Kultur und Zivilisation und ihrer verschiedenen Institutionen einschließlich des Schulsystems. Denn für diejenigen, welche von einer vorwiegend erblichen Bedingtheit geistiger und charakterlicher Eigenschaften ausgingen und diese fördern bzw. unterdrücken wollten, konnten sich die Unterschiede zwischen Lamarcks und Weismanns Vererbungslehre erheblich auf die daraus zu ziehenden praktischen Konsequenzen auswirken. «Wenn Galtons und Weismanns Theorien von der Nichterblichkeit erworbener Eigenschaften sich als völlig allgemein richtig erweisen sollten, dann fällt Herbert Spencers gesammte Ethik in Stücke. Kein anderer Entwicklungsethiker hat so absolut wie er das Element der natürlichen Auslese vernachlässigt und den Schwerpunkt so völlig auf die Vererbung erworbener sittlicher Züge gelegt.» (Tille 1895, 116).

Neben der Frage, *wie* Merkmale vererbt werden, stand auch das Problem zur Diskussion, *welche* Merkmale vererbbar seien. Der Philosoph G. von Gizycki kommt zu dem Schluß, «daß es immer das praktisch Heilsamste bleiben wird, wenn der Erzieher nicht zu viel auf die ‹angeborenen moralischen Intuitionen› vertraut, sondern annimmt, daß sein Kind zwar alle Anlagen hat, um unter günstigen Bedingungen ein moralischer Mensch zu werden, daß es dies aber sicherlich nicht werden wird, wenn jene Bedingungen ausbleiben: und wenn er sich daher in der moralischen Erziehung des Kindes der äußersten Sorgfalt befleißigt.» (Gizycki 1885, 265 f.). Auch Konzepte von Eugenik oder Rassenhygiene und Vorstellungen von der gezielten Kontrolle der menschlichen Reproduktion waren maßgeblich durch das Verständnis von Vererbung beeinflußt (vgl. Ploetz 1895). Aber auch die unterschiedlichen Vorstellungen über den Einfluß von Erziehung und sozialer Umwelt bei vorausgesetzter Vererbungslehre im Sinne Weismanns konnten zu sehr unterschiedlichen Konsequenzen führen, Diskussionen, die auch heute noch im Zusammenhang mit der Frage nach der Rolle von Genen für das menschliche Handeln geführt werden.

Selbst wenn nicht immer versucht wird, normative Urteile aus deskriptiv-explanativen Ergebnissen der Einzelwissenschaften nach dem Muster eines naturalistischen Fehlschlusses abzuleiten, stellt sich die entscheidende Frage, welche der einzelwissenschaftlichen Ergebnisse für Politik und Ethik relevant sein können und nach welchen Kriterien dies zu entscheiden ist. Dieses Problem hat auch eine wissenschaftshistorische Dimension, wie die Bedeutung zeigt, die noch bis in das 20. Jahrhundert hinein der heute als überholt geltenden Theorie der Vererbung erworbener Eigenschaften in verschiedenen Wissenschaften zugesprochen wurde (siehe die Beiträge von Bowler, Harvey, Gatlin, Junker, Pulte und Todes in Engels 1995a). Hier besteht Bedarf für weiterführende Überlegungen zur wechselseitigen Relevanz von Human- und Naturwissenschaften.

Zweitens gibt es auch bei Darwin selbst unterschiedliche Denkstile, welche sich nach Alter, Herkunft, Kontext und Sprache voneinander unterscheiden (vgl. Kap. III.4, III.7). Wir finden Formulierungen, mit denen er auf fast schwärmerische Weise die «Vervollkommnung» der Lebensformen durch die natürliche Selektion beschreibt. An anderen Stellen werden mit ernüchternder Sachlichkeit der *struggle for life*, Aussterben und Tod dargelegt. Drittens entwickelten gerade die von Darwin und seinen Übersetzern verwendeten Metaphern, allen voran der «Kampf ums Dasein», in der Diskussion eine von ihm nicht beabsichtigte Eigendynamik und Suggestivkraft, die nicht mehr aufzuhalten war. Diese Metaphern eigneten sich für den Mißbrauch seiner Theorie und für die vermeintlich wissenschaftliche Fundierung politischer Programme (vgl. Bayertz 1998). Dennoch kann Darwin nicht als Wegbereiter sozialdarwinistischer Programme oder gar des Nationalsozialismus gedeutet werden (vgl. Kap. V.8). Viertens wiesen Darwins Zeitgenossen darauf hin, daß sich dessen komplexe Theorie aus mehreren Bestandteilen zusammensetze, obwohl Darwin selbst von «one long argument» sprach. So unterscheidet R. Schmid in seinem vielbeachteten Buch *Die Darwin'schen Theorien und ihre Stellung zur Philosophie, Religion und Moral* von 1876 zwischen der «*Abstammungs-* oder *Descendenztheorie*», der «*Entwicklungs-* oder *Evolutionstheorie*», womit er den *Gradualismus* im Unterschied zu sprunghaften Veränderungen meint, und der «*Selektionstheorie*». Diese Theorien seien als unabhängig voneinander zu betrachten, so daß sie nicht alle gemeinsam zu akzeptieren oder abzulehnen seien. Auch wenn zu fragen wäre, ob bei der Selektionstheorie und dem Gradualismus nicht besser von *Theoremen* als von Theorien gesprochen werden sollte, ist Schmids Hinweis wichtig. So wurde in der Rezeption von vielen die Deszendenztheorie akzeptiert, nicht aber das Selektionstheorem und der Gradualismus; oder die Deszendenztheorie wurde statt mit dem Gradualismus mit einem Saltationismus kombiniert. In der naturwissenschaftlichen Umsetzung von Darwins Deszendenztheorie übernahm man also nicht immer das gesamte «Bündel». In einigen biologischen Disziplinen wie der Botanik und Paläontologie wurden von manchen Wissenschaftlern *orthogenetische Theorien* favorisiert, wonach die evolutionäre Ent-

wicklung gerichtet verläuft (als Überblick Junker 1989; Junker, Hoßfeld 2001, 148 ff; Levit, Meister, Hoßfeld 2005). Haeckel unterscheidet zwischen der «allgemeinen Entwicklungslehre» als «umfassender
philosophischer Weltanschauung», die er «Monismus» nennt, der
«Abstammungslehre oder Deszendenztheorie» und der «Züch-
tungslehre oder Selektionstheorie», die der eigentliche «Darwinismus» sei (1878, 205 f.). Bereits 1863 verband er mit dem Begriff
«Darwinismus» mehr als die Theorie der natürlichen Selektion. Er
spricht von den «progressiven Darwinisten», die für «Entwicklung»
und «Fortschritt» eintreten, während ihre Gegner «Schöpfung und
Spezies» verteidigen, wobei er mit «Spezies» die Auffassung von der
Konstanz der Arten meint (1968, 46). Hier wird deutlich, daß der
Begriff «Darwinismus» auch wissenschaftsexterne Konnotationen
weltanschaulicher Art umfaßt. Ein Blick in die Zeitschriftenliteratur des 19. Jahrhunderts zeigt, daß der Begriff unzählige Male zur
Bezeichnung ethischer, politischer und weltanschaulicher Positionen verwendet wird, wofür auch die Konstruktion «Sozialdarwinismus» ein augenfälliges Beispiel ist (zu Hertwigs Kritik an solchen
Grenzüberschreitungen s. Hertwig 1921; zum Thema Sozialdarwinismus Hawkins 1998; Himmelfarb 1968; Hofstadter [4]1992; Vogt
1997). Und schließlich sind als weiterer Grund für die Vielfalt der
Darwin-Auslegungen die Fallstricke der Übersetzungen zu nennen,
die wir bereits exemplarisch bei Bronn kennengelernt haben.

Die deutsche Darwin-Rezeption in den Geisteswissenschaften,
insbesondere in der nichtmaterialistischen Philosophie, ist für das
19. Jahrhundert außer für die Politik- und Sozialwissenschaften bisher relativ wenig erforscht. In der Lebensphilosophie und im Neu-
kantianismus und deren verschiedenen Richtungen und Verzweigungen erfolgte eine recht wechselhafte Rezeption. Prominente
Vertreter sind Nietzsche, Simmel und F. A. Lange (zu Nietzsche s.
Henke 1984; Schlossberger 1998).

Im amerikanischen Pragmatismus und Instrumentalismus bei
James, Peirce, Dewey und Royce wird Darwins Theorie für die Er-
kenntnistheorie und Forschungslogik fruchtbar gemacht. In seiner
Vorlesungssammlung mit dem Titel *The Spirit of Modern Philoso-*

phy hebt Royce 1892 die Bedeutung von Darwins *Origin* hervor, welche darin liege, daß die Welt sich nach einer historischen Sichtweise der Phänomene gesehnt habe (1955, 286). Darwins Werk habe nun das letzte große Hindernis auf dem Triumphzug der «historischen Bewegung» aus dem Wege geräumt, nämlich die Grenze zwischen den Arten (287). In den Jahren 1909/10 erscheinen gleich mehrere Arbeiten über den Einfluß der Evolutionstheorie auf die Philosophie. Dewey hält 1909 im Rahmen einer Vorlesungsreihe über «Charles Darwin und sein Einfluß auf die Wissenschaft» an der Columbia Universität einen Vortrag zu dem Thema «Der Einfluß des Darwinismus auf die Philosophie», der noch im selben Jahr veröffentlicht wird. Allein die Kombination der Begriffe «Entstehung» und «Arten» im Titel von *Origin* verkörpere eine «intellektuelle Revolte». Mit dieser neuen Denkweise werde die Erkenntnislogik und folglich unsere Behandlung von Moral, Politik und Religion transformiert (1965, 1 f.). Dewey vergleicht Galileis Ausspruch über die Erde «und sie bewegt sich doch» mit Darwins Verständnis der Arten (8 f.). Exemplarische Themen im Pragmatismus sind die instrumentalistische Deutung des menschlichen Geistes als Mittel im Dienste der Existenzerhaltung, das Verständnis des Denkens als Verhaltensweise, der prospektive Aspekt des Denkens u. a. Besonders klar findet sich diese Position in J. Baldwins Arbeit über *Darwin and the Humanities* (1909) formuliert, wo der Einfluß des Darwinismus auf Psychologie, Sozialwissenschaft, Ethik, Logik, Philosophie und Religion vorgestellt wird. Baldwin untersucht diesen Einfluß vorwiegend unter dem Aspekt der Fragestellung, inwieweit und in welcher Form der Gedanke der Selektion Eingang in diese Disziplinen gefunden hat. Auch Simmel formuliert 1895 konkrete Vorstellungen zu den Konsequenzen der Selektionstheorie für die Erkenntnistheorie. Baldwin skizziert die unter dem Einfluß der Evolutionstheorie entstandene «instrumentale» und «genetische» Logik, wie sie vom amerikanischen Instrumentalismus und Pragmatismus vertreten wird. Alles Wissen bleibt experimentell, bis es bestätigt ist, und dies kann nur durch den Versuch im Bereich seiner angemessenen Anwendung geschehen. Dies führt uns auch zu einem neuen Verständnis der «Gesetze des Denkens», der Kategorien. Die Methode der Darwinschen Selektion findet sich hier in der Konzeption eines «trial and error»-Modells der Wahrheit wieder. Nur durch das Ausprobieren von Hypothesen, sei es im Labortest oder auf dem Wege des imaginativen Durchspielens, wird die Wahrheit eingerichtet, «etabliert». Damit wird die «wissenschaftliche Methode» zur ausschließlichen «epistemologischen Methode» (68 f.). Dasselbe gilt für die Erkenntnisprinzipien (Kategorien, logische Gesetze). Diese sind nach Baldwin Produkte der Evolution, die aus zahllosen möglichen Gedankenvariationen im Laufe der Gattungsgeschichte des Menschen selektiert wurden. Sie repräsentieren Selektionen, Anpassungen an natürliche Situationen, mit denen der Geist konfrontiert wurde (70; vgl. Peirce 1877; Erny 2005). Die «absolutesten» und universal erscheinenden Erkenntnisprinzipien erweisen sich aus der Perspektive der Gattungsgeschichte des Menschen nach dieser Auffassung als «praktische Postulate», die als Voraussetzungen konsistenter und zuverlässiger Erfahrung in das menschliche Denken hineingeflochten sind. Neben der Annahme, daß alle Wahrheit bestätigte Hypothese ist, ist dies die zweite große Eroberung der instrumentellen Logik, beide seien Darwinianisch (71). Für W. James bildete Darwins Theorie einen wichtigen Stützpfeiler in seinem Projekt einer wissenschaftlichen Psychologie vom empirischen und naturgeschichtlichen Standpunkt aus (vgl. Herms 1977).

Darwins Werk gab auch den Anstoß zu tierethischen Reflexionen. Läßt sich aus der evolutionären Verwandtschaft des Menschen mit dem Rest der lebendigen Natur eine Kritik am Anthropozentrismus ableiten, der den Menschen an die Spitze der Stufenleiter stellt und die übrige Natur seinen Zwecken unterwirft? Ist es nicht willkürlich, in den Evolutionszusammenhang beim Menschen eine Zäsur zu schneiden und ausschließlich ihm Wert und Würde um seiner selbst willen zuzuschreiben? Die «Ausdehnung der Humanität über die Grenzen der Menschheit hinaus bis auf Wohl und Wehe unserer ‹erstgeborenen Brüder› ist die nächste Consequenz der Entwicklungslehre auf moralischem Gebiet», schreibt Gizycki mit Hinweis auf Darwins *Descent*. Er wendet sich damit kritisch gegen das biblische Verständnis des Verhältnisses von Mensch und Tier und Kants Vorstellungen (von Gizycki 1876, 1885; Schmid 1876; Flaskämper 1914).

20. und 21. Jahrhundert Um die Jahrhundertwende zum 20. Jahrhundert kam es in der Biologie zu einer «Finsternis des Darwinismus» (*eclipse of darwinism*). Dieser Begriff wurde 1942 von Huxley in seinem richtungweisenden Werk *Evolution. The Modern Synthe-*

sis zur Beschreibung der Situation in der Biologie um die Jahrhundertwende geprägt, als sich viele Biologen von der Idee der natürlichen Selektion abgewandt hatten (Huxley 1942, 22–28). Die Diskussionen glichen denen, die bereits zu Darwins Lebzeiten geführt worden waren. Jedoch war man insofern einen Schritt weitergekommen, als die Evolution als solche nicht mehr fraglich war. Doch bezweifelte man, daß das Kernstück der Darwinschen Theorie, die natürliche, allmähliche Selektion von nicht zielgerichtet entstandenen Varianten der geeignete Mechanismus zum Verständnis der Entstehung neuer Arten sei. Der Physiker Lord Kelvin hatte die Selektionstheorie jahrzehntelang auf der Grundlage seiner mathematischen Schätzungen des Erdalters in Zweifel gezogen, da die Zeit für die Artentstehung nach Darwins Mechanismus nicht ausgereicht habe. Damit wurden orthogenetische Theorien begünstigt, wonach die Evolution ein gerichteter Prozeß ist. In der Genetik wurde von Hugo de Vries eine «Mutationstheorie» entworfen, die unter Mutationen sprunghafte, diskontinuierliche Variation als Grundlage der Entstehung neuer Arten verstand (Bowler [2]1992a, 7ff.; Pulte 1995). Um 1900 waren die Vererbungsvorgänge noch ungeklärt, und die Lehre von der Vererbung individuell erworbener Eigenschaften (Lamarckismus) war noch weitgehend akzeptiert. E. Dennert diagnostiziert in mehreren Zeitschriftenartikeln und schließlich in seiner 1906 in neuer Folge erschienenen Monographie *Vom Sterbelager des Darwinismus* dessen bevorstehenden Tod. Dieser erholte sich jedoch nach einigen Jahrzehnten. Mit der Konstituierung der Synthetischen Theorie der Evolution und einer erheblichen Ausdehnung des Erdalters durch die Möglichkeit neuer Berechnungen nach der Entdeckung der natürlichen Radioaktivität trat der Darwinismus in eine neue Phase. Dies zeigt, wie stark die Durchsetzung einer wissenschaftlichen Theorie vom Stand der für sie relevanten Erkenntnisse aus anderen Wissenschaften abhängt. Daß sich Darwin durch solche Schwierigkeiten nicht beirren und entmutigen ließ und an seiner Theorie festhielt, obwohl er die Gesetze der Variation und Vererbung noch nicht kannte und auch auf anderen für seine Theorie relevanten Gebieten das Wissen seiner Zeit noch nicht weit fortgeschritten war, wie die Einschätzungen des Erdalters zeigen, gehört mit zu seinem revolutionären Format.

Der Prozeß der Weiterentwicklung von Darwins Theorie ist selbstverständlich nicht abgeschlossen, wie unter anderem das aktuelle Beispiel der Synthese von Evolutionsbiologie und Entwicklungsgenetik, die Evo-Devo-Forschung (von *evolution* und *development*) mit ihrer Erforschung von Hox-Genen, zeigt. Hox-Gene steuern die Entwicklung von Bauplänen bei Organismen ganz unterschiedlicher Tiergruppen (z. B. von Ringelwürmern, Gliederfüßern, Wirbeltieren), und in der Evo-Devo-Forschung wird nun die Frage diskutiert, ob und wann sich in der Evolution für diese Gruppen gemeinsame Hox-Gene herausbildeten, die die Segmentierung bei diesen ganz unterschiedlichen Gruppen steuern. Dies wirft neue Fragen über die Phylogenie von Tieren, über das Verhältnis von Homologie (Gemeinsamkeiten auf Grund von Verwandtschaft) und Analogie (Gemeinsamkeiten auf Grund von Anpassung an gleiche Umwelten, konvergente Anpassungen), über die Geschwindigkeit der Evolution und das Verhältnis von gradueller und sprunghafter Evolution auf. Die Evo-Devo-Forschung bietet ein weiteres Argument dafür, daß die Dauer der Evolution für die Entstehung auch komplexer Organismen ausreichend war (Campbell, Reece 2003). Solche theoretischen Entwicklungen in der Biologie werden von der Frage begleitet, ob die Synthetische Theorie des 20. Jahrhunderts eine «Radikalkur» oder nur eine «Schönheitsoperation» benötigt (Campbell, Reece 2003, Kap. 24). Die im 19. Jahrhundert und bis heute von Kritikern der Darwinschen Evolutionstheorie angeprangerte Lückenhaftigkeit der empirischen Befunde verkennt deren Status als Paradigma, innerhalb dessen Rätsellösen (Kuhn: *puzzle-solving*) zur Normalwissenschaft gehört.

Darwins Gradualismus erfuhr später im 20. Jahrhundert durch die Arbeit von N. Eldredge und St. J. Gould mit dem Titel *Unterbrochenes Gleichgewicht: Eine Alternative zum phyletischen Gradualismus* eine neue Herausforderung. Eldredge und Gould vertreten die Auffassung, daß die Vorstellung einer stetigen, graduellen Veränderung von Lebewesen, die zur Entstehung neuer Arten führt, ersetzt werden muß durch ein Evolutionsmodell, wonach eine kurze Periode intensivsten Wandels nach Abzweigung einer neu entstehenden Art von der Elternart erfolgt, anschließend aber kaum noch Veränderungen stattfinden. Dieses Modell steht allerdings insofern noch auf dem Boden der Darwinschen Evolutionstheorie, als damit nicht die von Darwin vorausgesetzten Mechanismen der Evolution (Variation, Vererbung, Selektion) in Frage gestellt werden, sondern vielmehr ein anderes Bild von Evolutionsgeschwindigkeit und -modus gezeichnet wird. Die zwischen Gradualisten und Punktualisten bestehende Differenz hinsichtlich der Evolutionsgeschwindigkeit ist auch mit dem Argument entschärft worden, daß der Eindruck einer Alternative von Gradualismus und Punktualismus auf ein unterschiedliches Zeitverständnis zurückzuführen ist, das durch die jeweilige Disziplin bedingt ist, der Punktualisten (Paläontologen) und Gradualisten (Genetiker) angehören. Weiterhin wurde zu bedenken gegeben, daß sich einzelne Organe im Verlauf der Evolution unterschiedlich schnell verändern können, so daß die punktualistische Argumentation für einzelne Merkmale im Einzelfall korrekt sein kann, ohne daß dies verallgemeinerbar wäre. Biologen scheinen heute davon auszugehen, daß die Evolution nach beiden Mustern verlaufen kann. Und schließlich wurde auch die grundsätzliche Frage diskutiert, wie ein «Punctuated Equilibrium» genau zu definieren ist und welche Kriterien dafür ausschlaggebend sind (Eldredge, Gould 1972; Reif 2000; Campbell, Reece Kap. 23, 24). Neue Herausforderungen bietet auch die evolutionäre Paläobiologie S. C. Morris', der die These vertritt, daß die heute lebenden Organismenformen auf Grund von physikalischen Randbedingungen zu erwarten waren, wobei er sich auf die Konvergenz, das heißt die mehrmalige unabhängig voneinander erfolgte Evolution von Organen, wie die des Linsenauges, in stammesgeschichtlich weit entfernten Tiergruppen stützt. Dabei bleibt er durchaus im Rahmen der Darwinschen Theorie, da er Anpassung auf das komplexe Zusammenspiel von Variation, Selektion und Vererbung zurückführt. War die Entstehung des Menschen also zu erwarten?

Im 20. Jahrhundert wurde die Biologie unter dem Einfluß von Darwins Theorie um neue Disziplinen erweitert. Hierzu gehören die Verhaltensforschung und die Soziobiologie, welche in Erweiterung der Darwinschen Theorie das Sozialverhalten von Tieren einschließlich des Menschen auf der Grundlage des Konzepts genetisch bedingter Verwandtenselektion und des reziproken Altruismus erklärt (Kap. V. 6). Über die Anwendbarkeit dieses Modells auf den Menschen gibt es lebhafte Kontroversen. In der Philosophie wird die Soziobiologie vor allem unter dem Stichwort «evolutionäre Ethik» diskutiert. Ein weiteres vieldiskutiertes Thema im 20. Jahrhundert ist die evolutionäre Erkenntnistheorie in ihren unterschiedlichen Varianten. Wenn wir unter evolutionärer Erkenntnistheorie ein Forschungsprogramm verstehen, das erklärende und beschreibende Funktionen erfüllt und die Entstehung unserer Erkenntnisfähigkeiten und -strukturen aus ihrem Evolutionszusammenhang heraus erklärt, so kann Darwin als dessen Vater gelten (Engels 1989).

Im 20. und 21. Jahrhundert werden auch wieder kreationistische Stimmen laut, vor allem in den USA, welche die gleichberechtigte Vermittlung der Lehre vom *intelligent design* neben der Darwinschen Theorie fordern oder letztere gar verboten wissen wollen (s. zur Kritik daran Kutschera 2004, 2006). In manchen Schulen wird Darwin nicht gelehrt. Dies wird die durch Darwins Leistung herbeigeführte wissenschaftliche Revolution als solche jedoch nicht erschüttern. Selbstverständlich gibt es eine Fülle offener Fragen, und jede Antwort erzeugt neue Fragen. Darwins Vermächtnis ist ein fortdauerndes Projekt, in dem es noch viele Rätsel zu lösen gibt und neue entstehen werden, denen *innerhalb* der Wissenschaften durch Kooperation von Natur- und Geisteswissenschaften zu begegnen ist, nicht außerhalb ihrer. Auf solche Grenzziehungen hat der Agnostiker Darwin großen Wert gelegt.

Anhang

1. Zeittafel

1809	12. Februar: Charles Robert Darwin wird in Shrewsbury als Sohn von Susannah Darwin, geb. Wedgwood, und des Arztes Robert W. Darwin geboren. Er ist das fünfte von insgesamt sechs Kindern.
1817	15. Juli: Tod der Mutter
1817–1818	Besuch der Unitarierschule in Shrewsbury
1818–1825	Besuch des Internats von Dr. Samuel Butler in Shrewsbury
1825–1827	Studium der Medizin an der Universität Edinburgh; Mitglied verschiedener wissenschaftlicher Gesellschaften; erste wissenschaftliche Arbeiten
1828–1831	Studium der Theologie an der Universität Cambridge mit dem Berufsziel, Pfarrer zu werden; Besuch naturkundlicher Lehrveranstaltungen; Bekanntschaft zahlreicher angesehener Wissenschaftler und Naturtheologen
1831	Abschluß des Theologiestudiums mit dem BA; Studium der Geologie; Einladung zur Teilnahme an der Beagle-Expedition als unbezahlter Naturforscher
1831–1836	27. Dezember: Beginn der Beagle-Reise unter Kapitän FitzRoy vom Hafen von Devonport (Plymouth) aus; Stationen: Kapverdische Inseln, Südamerika und Inselgruppen: Falkland-Inseln, Feuerland, Galapagos-Inseln; Tahiti, Neuseeland, Australien, Mauritius, Kapstadt, Brasilien, Rückreise nach Falmouth, Ankunft am 2. Oktober 1836
1837	Umzug nach London; Auswertung der Sammlungen rezenter und fossiler Tiere durch renommierte Experten (Owen, Gould, u. a.); Beginn der Notizbücher zum Artenwandel; Darwin wird Privatgelehrter.
1838	Beginn der Notizbücher zu philosophischen und metaphysischen Fragen
1839	29. Januar: Darwin und seine Cousine Emma Wedgwood heiraten; Veröffentlichung des ersten Reiseberichts *Journal and Remarks*; Beginn langjähriger gesundheitlicher Beschwerden; 27. Dezember: Geburt des Sohnes William (gest. 1914)
1841	2. März: Geburt der Tochter Annie (gest. zehnjährig 1851)

1842	Skizze der Abstammungstheorie, 35 S.; Umzug nach Down in Kent; 23. September: Geburt der Tochter Mary Eleanor (gest. mit drei Wochen)
1843	12. Juli: Tod des Schwiegervaters und Onkels Josiah Wedgwood II. in Maer; 25. September: Geburt der Tochter Henrietta (gest. 1930)
1844	Essay der Abstammungstheorie, 230 S.
1845	9. Juli: Geburt des Sohnes George Howard (gest. 1912); Veröffentlichung der 2. Ausgabe des Reiseberichts unter dem Titel *Journal of Researches*
1846	Beginn der acht Jahre langen Studien zu den Cirripedien (Krebse)
1847	8. Juli: Geburt der Tochter Elizabeth (gest. 1926)
1848	16. August: Geburt des Sohnes Francis (gest. 1925); 13. November: Tod des Vaters in Shrewsbury; Verschlechterung des Gesundheitszustandes
1849	März bis Juni: Aufenthalt im Wasserkurort Malvern, wiederholter Besuch des Kurortes in den folgenden Jahren
1850	15. Januar: Geburt des Sohnes Leonard (gest. 1943)
1851	13. Mai: Geburt des Sohnes Horace (gest. 1928); Veröffentlichung der ersten Teile der Cirripedien-Studie
1853	Auszeichnung mit der Medaille der Royal Society
1854	Veröffentlichung weiterer Studien zu den Cirripedien
1856	Beginn der Arbeit am umfangreichen Werk über die Entstehung der Arten; 6. Dezember: Geburt des Sohnes Robert Waring (gest. 1858)
1857	bedeutender Brief Darwins vom 5. September mit Skizze seiner Theorie an den Botaniker Asa Gray
1858	1. Juli: Verlesung von Wallace' und Darwins Theorie vor der Linnean Society; gemeinsame Veröffentlichung im *Journal of the Proceedings of the Linnean Society* (1859)
1859	24. November: Veröffentlichung von *Origin of Species*
1860	30. Juni: Auseinandersetzung über Darwins Abstammungstheorie zwischen Huxley und Hooker mit dem Bischof von Oxford, S. Wilberforce, auf der Sitzung der British Association of the Advancement of Science in Oxford
1862 bis 1881	Veröffentlichung zahlreicher Bücher und Artikel;
1862	Ehrendoktor der Medizin und Chirurgie der Universität Breslau
1864	30. November: Auszeichnung mit der Copley-Medaille der Royal Society
1868	*The Variation of Animals and Plants under Domestication*; Ehrendoktor der Medizin und Chirurgie der Universität Bonn

1871	*The Descent of Man, and Selection in Relation to Sex*
1872	*The Expression of the Emotions in Man and Animals*
1875	Ehrendoktor der Medizin der Universität Leiden
1882	19. April: Darwins Tod; 26. April: feierliche Beisetzung in der Westminster Abbey

2. Literatur

Ein ausführliches Literaturverzeichnis zu diesem Buch steht unter http://www.uni-tuebingen.de/bioethik/engels.htm zur Verfügung.

1. Werke und Hilfsmittel

1.1 Englische Werk- und Einzelausgaben

Werkausgabe und Textsammlung

Barrett, P. H., Freeman, R. B. (Hrsg.) 1986–1989: The Works of Charles Darwin, 29 Bde., London (The Pickering Masters).

Bd. 1: 1986: Charles Darwin's Diary of the Voyage of H.M.S. Beagle, hrsg. von N. Barlow, Cambridge 1933.

Bd. 2: 1986: *Darwin, Ch.* 1839: Journal of Researches into the Geology and Natural History of the Various Countries visited by H.M.S. Beagle, under the Command of Captain FitzRoy, R.N., from 1832 to 1836, Teil I, London.

Bd. 3: 1986: *Darwin, Ch.*: Journal of Researches, Teil II.

Bd. 4: 1986: The Zoology of the Voyage of the H.M.S. Beagle, *Darwin, Ch.* (Hrsg.) 1840: Teil I, Fossil Mammalia, by R. Owen, with a Geological Introduction by Charles Darwin, London; ders. (Hrsg.) 1839: Teil II, Mammalia, by G. Waterhouse, London.

Bd. 5: 1986: The Zoology of the Voyage of the H.M.S. Beagle, *Darwin, Ch.* (Hrsg.) 1841: Teil III, Birds, by J. Gould, London.

Bd. 6: 1986: The Zoology of the Voyage of the H.M.S. Beagle, *Darwin, Ch.* (Hrsg.) 1842: Teil IV, Fish, by L. Jenyns, London; ders. (Hrsg.) 1843: Teil V, Reptiles, by Th. Bell, London.

Bd. 7: 1986: The Geology of the Voyage of the H.M.S. Beagle, Teil I, *Darwin, Ch.* 1842: The Structure and Distribution of Coral Reefs. Being the First Part of the Geology of the Voyage of the «Beagle», London.

Bd. 8: 1986: The Geology of the Voyage of the H.M.S. Beagle, Teil II, *Darwin, Ch.* 1844: Geological Observations on the Volcanic Islands, visited during the Voyage of H.M.S. Beagle, London.

Bd. 9: 1986: The Geology of the Voyage of the H.M.S. Beagle, Teil III, *Darwin, Ch.* 1846: Geological Observations on South America. Being the Third Part of the Geology of the Voyage of the Beagle, London.

Bd. 10: 1986: The Foundations of the Origin of Species. Two Essays written in 1842 and 1844 by Charles Darwin, hrsg. von F. Darwin, Cambridge 1909.

Bd. 11: 1988: *Darwin, Ch.* 1851: A Monograph on the Sub-Class Cirripedia, with Figures of all the Species, Bd. I, The Lepadidae, London.

Bd. 12: 1988: – 1854: A Monograph on the Sub-Class Cirripedia, with Figures of all the Species, Bd. II, The Balanidae, Teil I, London.

Bd. 13: 1988: – 1854: A Monograph on the Sub-Class Cirripedia, with Figures of all the Species, Bd. II, The Balanidae, Teil II, London.

Bd. 14: 1988: – 1851: A Monograph on the Fossil Lepadidae, London.

Bd. 15: 1988: – 1859: On the Origin of Species by Means of Natural Selection, or the Preservation of Favoured Races in the Struggle for life, London.

Bd. 16: 1988: – 1876: On the Origin of Species by Means of Natural Selection, or the Preservation of Favoured Races in the Struggle for life, 6th ed., with additions and corrections to 1872, London.

Bd. 17: 1988: – [2]1877: The Various Contrivances by which Orchids are Fertilised by Insects, rev., London ([1]1862).

Bd. 18: 1988: – [2]1875: The Movement and Habits of Climbing Plants, rev., London ([1]1867 in Bd. 9. des Journal of the Linnean Society, Botany).

Bd. 19: 1988: – [2]1875: The Variation of Animals and Plants under Domestication, Bd. I, London ([1]1868).

Bd. 20: 1988: – [2]1875: The Variation of Animals and Plants under Domestication, Bd. II, London ([1]1868).

Bd. 21: 1989: – 1877: The Descent of Man, and Selection in Relation to Sex. [2]1874, rev. and augm., Bd. I, London ([1]1871).

Bd. 22: 1989: – 1877: The Descent of Man, and Selection in Relation to Sex. [2]1874, rev. and augm., Bd. II, London ([1]1871).

Bd. 23: 1989: – [2]1890: The Expression of the Emotions in Man and Animals, hrsg. von F. Darwin, London ([1]1872).

Bd. 24: 1989: – [2]1888: Insectivorous Plants, rev. by F. Darwin, London ([1]1875).

Bd. 25: 1989: – [2]1878: The Effects of Cross and Self Fertilisation in the Vegetable Kingdom, London ([1]1876).

Bd. 26: 1989: – [2]1884: The different Forms of Flowers on Plants of the same Species, London (1. Aufl. in fünf Artikeln des Journal of Proceedings of the Linnean Society, 1862–1868).

Bd. 27: 1989: – 1880: The Power of Movement in Plants, assisted by F. Darwin, London.

Bd. 28: 1989: – 1881: The Formation of Vegetable Mould, through the Action of Worms, with Observations on their Habits, London.

Bd. 29: 1989: *Krause, E.* 1879: Erasmus Darwin. Transl. From the German by W. S. Dallas, With a Preliminary Notice by Charles Darwin, London; *Barlow, N.* 1959: The Autobiography of Charles Darwin 1809–1882, London; Consolidated Index.

Barrett, P. H. (Hrsg.) 1977: The Collected Papers of Charles Darwin, 2 Bde., Chicago, London.

Van Wyhe, J. 2006: The Complete Work of Charles Darwin online: http://darwin-online.org.uk/

Einzelausgaben

Darwin, Ch. 1964: On the Origin of Species by Means of Natural Selection, or the Preservation of Favoured Races in the Struggle for life, Faksimile von ¹1859, Cambridge, Mass., London, mit einer Einl. von E. Mayr.

– 1981: The Descent of Man, and Selection in Relation to Sex, Faksimile von ¹1871, Princeton, mit einer Einl. von J. T. Bonner und R. M. May.

– ³1998: The Expression of the Emotions in Man and Animals, mit Einl., Nachwort und Textkommentaren von P. Ekman, London.

– 2003: The Life of Erasmus Darwin, first unabridged edition, hrsg. von D. King-Hele, Cambridge.

Peckham, M. (Hrsg.) 1959: The Origin of Species by Charles Darwin. A Variorum Text, Philadelphia.

1.2 Briefe, Transkriptionen von Handschriften, Autobiographisches u. a.

Bailey, R. V. C., Gosse, J. S. 1960: Handlist of Darwin Papers at the University Library Cambridge, Cambridge. Fortsetzung: http://darwin-online.org.uk/

Barlow, N. (Hrsg.) 1958: The Autobiography of Charles Darwin, 1809–1882, with Original Omissions Restored, London.

– (Hrsg.) 1963: Darwin's Ornithological Notes, in: Bulletin of the British Museum (Natural History) 2, London, 201–278.

Barrett, P. H., Gautrey, P. J., Herbert, S., Kohn, D., Smith, S. (Hrsg.) 1987: Charles Darwin's Notebooks, 1836–1844, New York.

Beer, G. de (Hrsg.) 1958: Evolution by Natural Selection, Cambridge.

– (Hrsg.) 1959: Darwin's Journal, in: Bulletin of the British Museum (Natural History) 2, London, 1–21.

– (Hrsg.) 1960: Darwin's Notebooks on Transmutation of Species No. I-IV, in: Bulletin of the British Museum (Natural History) 2, London, 1st Notebook July 1837–February 1838, 23–73, 2nd Notebook February-July 1838, 75–118, 3rd Notebook July 15th 1838–October 2nd 1838, 119–150, 4th Notebook October 1838–10th July 1839, 151–183.

– (Hrsg.) 1967: Darwin's Notebooks on Transmutation of Species No. VI, in: Bulletin of the British Museum (Natural History) 3, London, Pages excised by Darwin, 131–176.

–, *Rowlands, M. J.* (Hrsg.) 1961: Darwin's Notebooks on Transmutation of Species. Addenda and Corrigenda, in: Bulletin of the British Museum (Natural History) 2, London, 185–200.

Burkhardt, F., Smith, S. et al. (Hrsg.) 1985 ff.: The Correspondence of Charles Darwin, Cambridge, Bd. 1 ff. (Oktober 2006: bisher 15 Bände). http://www.lib.cam.ac.uk/Departments/Darwin/

Darwin, Ch. ²1892: Journal of Researches into the Natural History and Geology of the Countries visited during the Voyage of H.M.S. Beagle round the World under the Command of Captain FitzRoy, R.N., London, Manchester (London ¹1845).

Darwin, F. (Hrsg.) 1887: The Life and Letters of Charles Darwin, 3 Bde., London.

Darwin, F., Seward, A. C. (Hrsg.) 1903: More Letters of Charles Darwin, 2 Bde., London.

Di Gregorio, M., Gill, N. W. (Hrsg.) 1990: Charles Darwin's Marginalia, Bd. I, New York, London.

Gruber, H., Barrett, P. H. 1974: Darwin on Man. A Psychological Study of Scientific Creativity, by H. Gruber, together with Darwin's Early and Unpublished Notebooks, transcribed and annotated by P. H. Barrett, Vorwort von J. Piaget, London.

King-Hele, D. (Hrsg.) 1981: The Letters of Erasmus Darwin, Cambridge.

Stauffer, R. C. (Hrsg.) 1975: Charles Darwin's Natural Selection. Being the Second Part of his Big Species Book written from 1856 to 1858, Cambridge.

1.3 Hilfsmittel

Burkhardt, F., Smith, S., Kohn, D., Montgomery, W. (Hrsg.) 1994: A Calendar of the Correspondence of Charles Darwin, 1821–1882, Cambridge.

Freeman, R. B. ²1977: The Works of Charles Darwin, Chatham (¹1965).

– 1978: Charles Darwin. A Companion, Chatham.

Junker, Th., Richmond, M. 1996: Charles Darwins Briefwechsel mit Deutschen Naturforschern. Ein Kalendarium mit Inhaltsangaben, biographischem Register und Bibliographie, Marburg.

Tort, P. (Hrsg.) 1996: Dictionnaire du Darwinisme et de l'Évolution. 3 Bde., Paris.

Darwin, Ch. 1875–1887: Charles Darwin's Gesammelte Werke. Aus dem Englischen übersetzt von J. Victor Carus. Autorisierte deutsche Ausgabe, 16 Bde., Stuttgart.

Darwin, F. (Hrsg.) 1887: Leben und Briefe von Charles Darwin mit einem seine Autobiographie enthaltenden Capitel (Bd. 1, 25–95) und Francis Darwin: Erinnerungen aus meines Vaters täglichem Leben (Bd. 1, 96–147), 3 Bde.

Krause, E. (Hrsg.) 1886: Gesammelte kleinere Schriften von Charles Darwin, Leipzig.

Einzelausgaben:

Darwin, Ch. 1860: Über die Entstehung der Arten im Thier- und Pflanzen-Reich durch die natürliche Züchtung, oder Erhaltung der vervollkommneten Rassen im Kampfe um's Daseyn. Nach d. 2. engl. Aufl. mit einer geschichtlichen Vorrede und anderen Zusätzen des Verfassers für diese deutsche Ausg. übers. u. m. Anm. versehen v. Dr. H. G. Bronn, Stuttgart.

– 1993: Reise um die Welt 1831–1836, hrsg. von G. Giertz, übers. von J. V. Carus, Stuttgart, Wien (¹1875 Stuttgart) (1993a).

– 1992: Über die Entstehung der Arten durch natürliche Zuchtwahl oder die Erhaltung der begünstigten Rassen im Kampfe um's Dasein. Nach der letzten engl. Ausgabe wiederholt durchges. von J. V. Carus. Hrsg., eingel. und mit einer Auswahlbibliographie versehen von G. H. Müller. Reprographischer Nachdruck der 9. unveränderten Auflage, Stuttgart 1920, Darmstadt.

– 1986: Die Abstammung des Menschen und die geschlechtliche Zuchtwahl, übers. nach der 2. engl. Aufl. von J. V. Carus, Wiesbaden.

– ⁴1982: Die Abstammung des Menschen, übers. nach der 2. engl. Aufl. von Heinrich Schmidt, mit einer Einf. von Ch. Vogel, Stuttgart (⁵2002, durchges. von E. Voland).

– 1993: Mein Leben. Herausgegeben von seiner Enkelin Nora Barlow. Mit einem Vorwort von Ernst Mayr. Aus dem Engl. von Ch. Krüger, Frankfurt a. M., Leipzig. (1993b).

– 1996: Darwin lesen. Eine Auswahl aus seinem Werk, hrsg. von M. Ridley, München (A Darwin Selection, ¹1987).

– 1998: Sind Affen Rechtshänder? Notizhefte M und N und die «Biographische Skizze eines Kindes», übers. und hrsg. von H. Ritter, Berlin.

– 2000: Der Ausdruck der Gemütsbewegungen bei dem Menschen und den Tieren. Kritische Edition, Einl., Nachwort und Kommentar von P. Ekman. Übers. von J. V. Carus und U. Enderwitz, Frankfurt a.M.

– 2001: Die Entstehung der Arten durch natürliche Zuchtwahl. Übers. von

C. W. Neumann. Mit einem Nachwort von G. Heberer, Stuttgart; Sonderausgabe Hamburg.

2. Sekundärliteratur

2.1 Biographisches

Beer, G. de 1963: Charles Darwin. Evolution by Natural Selection, London, New York et al.

Bowlby, J. 1992: *Charles Darwin*, New York, London ([1]1990).

Bowler, P. 1996: Charles Darwin. The Man and His Influence, Cambridge (Oxford 1990).

Browne, J. 1995: Charles Darwin Voyaging. Vol. I of a Biography, London.

– 2002: Charles Darwin. The Power of Place. Vol. II of a Biography, New York.

Colp, R. 1977: To be an Invalid: The Illness of Charles Darwin, Chicago.

Desmond, A., Moore, J. 1994: Darwin, Reinbek bei Hamburg (Darwin, London [1]1991).

Freeman, R. B. 1984: Darwin Pedigrees, London.

Hemleben, J. 1968: Darwin, Reinbek bei Hamburg.

Hösle, V., Illies, Ch. 2005: Darwin, Bamberg (Freiburg 1999).

Howard, J. 1996: Darwin. Eine Einführung, Stuttgart (Darwin, Oxford 1982).

Jahn, I. 1982: Charles Darwin, Köln.

King-Hele, D. 1977: Doctor of Revolution. The Life and Genius of Erasmus Darwin, London.

– 2000: Erasmus Darwin. A Life of Unequalled Achievements, London ([1]1999).

Krause, E. (Hrsg.) 1879: Erasmus Darwin. Translated from the German by W. S. Dallas, with a preliminary notice by Charles Darwin, London.

May, W. 1910: Charles und Erasmus Darwin, in: Archiv für die Geschichte der Naturwissenschaften und der Technik II, 1–90.

Schmitz, S. 1983: Charles Darwin. Hermes Handlexikon, Düsseldorf.

Wuketits, F. 2005: Darwin und der Darwinismus, München.

2.2 Allgemeine Darstellungen, Sammelbände

Altner, G. (Hrsg.)1981: Der Darwinismus. Die Geschichte einer Theorie, Darmstadt.

Bayertz, K., Heidtmann, B., Rheinberger, H.-J. (Hrsg.) 1982: Darwin und die Evolutionstheorie. Dialektik 5, Köln.

Engels, E.-M. (Hrsg.) 1995: Die Rezeption von Evolutionstheorien im 19. Jahrhundert, Frankfurt a. M. (1995a).
Ghiselin, M. 1969: The Triumph of the Darwinian Method, Berkeley, Los Angeles.
Glass, B., Temkin, O., Straus, W. L. (Hrsg.) 1968: Forerunners of Darwin, Baltimore ([1]1959).
Glick, Th. (Hrsg.) [2]1988: The Comparative Reception of Darwinism. With a new Preface, Chicago, London ([1]1974).
Himmelfarb, G. 1959: Darwin and the Darwinian Revolution, London.
Hodge, J., Radick, G. (Hrsg.) 2003: The Cambridge Companion to Darwin, Cambridge.
Hull, D. (Hrsg.) 1973: Darwin and his Critics. The Reception of Darwin's Theory of Evolution by the Scientific Community, Chicago, London. Intr. von Hull, 1–77.
Junker, Th., Hoßfeld, U. 2001: Die Entdeckung der Evolution. Eine revolutionäre Theorie und ihre Geschichte, Darmstadt.
Kohn, D. (Hrsg.) 1985: The Darwinian Heritage, Princeton, Guildford.
Lefèvre, W. 1984: Die Entstehung der biologischen Evolutionstheorie, Frankfurt a. M., Berlin.
Oldroyd, D. R., Langham, I. (Hrsg.) 1983: The Wider Domain of Evolutionary Thought, Dordrecht, Boston,, USA, London.
Ospovat, D. 1981: The Development of Darwin's Theory. Natural History, Natural Theology, and Natural Selection, 1838–1859, Cambridge.
Ruse, M. 1986: Taking Darwin Seriously. A Naturalistic Approach to Philosophy, Oxford.
Tort, P. 1997: Pour Darwin, Paris.
Weber, Th. 2000: Darwin und die Anstifter, Köln.

3. Literatur zu den Kapiteln

Einleitung

Boltzmann, L. 1979: Populäre Schriften, ausgew. von E. Broda, Braunschweig ([1]1905).
Cassirer, E. 1973: Der Darwinismus als Dogma und als Erkenntnisprinzip, in: Das Erkenntnisproblem in der Philosophie und Wissenschaft der neueren Zeit, Bd. 4, Darmstadt 1973, 167–182 ([1]1957).
Freud, S. [3]1966: Eine Schwierigkeit der Psychoanalyse (1917), Ges. Werke, Bd. XII, Frankfurt a. M. (London [1]1947), 3–12 (1966a)
– [4]1966: Vorlesungen zur Einführung in die Psychoanalyse (1916/17), Ges. Werke, Bd. XI, Frankfurt a. M. (London [1]1940) (1966b).

I. Person, Leben, Werk

A New English Dictionary on Historical Principles III, 1897 hrsg. von J. A. H. Murray, Oxford.

Anon. 1795: Dr. Erasmus Darwin, in: The European Magazine, and London Review containing the literature, history, politics, arts, manners & amusement of the age, by the Philological Society of London, February, 75–77.

Coleridge, S. T. 1875: Notes on Stillingfleet, in: The Athenaeum 2474, 422 f.

– 1956: Collected Letters of Samuel Taylor Coleridge, hrsg. von Earl L. Griggs, Oxford.

– 1976: On the Constitution of the Church and State (1830), hrsg. von J. Colmer, Princeton, London.

– 1987: Lectures 1808–1819 On Literature I, hrsg. von R. A. Foakes, Princeton, London.

Darwin, Ch. 1877: A Biographical Sketch of an Infant, in: Mind II, 285–294.

Darwin, E. 1794–1796: Zoonomia: or, The Laws of Organic Life. 2 Bde., London.

– 1797: A Plan for the Conduct of Female Education, in Boarding Schools, Derby, London.

Fleck, L. 1980: Entstehung und Entwicklung einer wissenschaftlichen Tatsache, Frankfurt a. M. (¹1935).

– 1983: Erfahrung und Tatsache, Frankfurt.

Gawlick, G. 1973: Der Deismus als Grundzug der Religionsphilosophie der Aufklärung, in: Hermann Samuel Reimarus (1694–1768). Ein «bekannter Unbekannter» der Aufklärung in Hamburg, Göttingen, 15–43.

Goodwin, H. 1882: Sermon in der Westminster Abbey, 23. April 1882, Darwin Collection at Down House.

Harvey, J. 1995: Charles Darwins ‹Selective Strategies›: Die französische versus die englische Reaktion, in: E.-M. Engels (Hrsg.): Die Rezeption von Evolutionstheorien im 19. Jahrhundert, Frankfurt a. M., 225–261.

Huxley, L. (Hrsg.) 1900: Life and Letters of Thomas Henry Huxley, 2 Bde., New York.

Huxley, Th. H. 1968: Obituary (1888), in: Darwiniana, Collected Essays II, New York, Reprint von 1893, 253–302.

Jameson, R. 1826: Observations on the Nature and Importance of Geology, in: The Edinburgh New Philosophical Journal, 293–302.

King-Hele, D. (Hrsg.) 1981: The Letters of Erasmus Darwin, Cambridge.

Kohn, D., Murrell, G., Parker, J., Whitehorn, M. 2005: What Henslow taught Darwin, in: Nature 436, 643–645.

Krause, E. 1879: Erasmus Darwin, der Großvater und Vorkämpfer Charles Darwin's. Ein Beitrag zur Geschichte der Descendenz-Theorie, in: Kosmos II, Gratulationsheft zum 70. Geburtstage Ch. Darwin's, 397–424.

Kuhn, Th. ⁴1979: Die Struktur wissenschaftlicher Revolutionen, Frankfurt a. M. (The Structure of Scientific Revolutions, Chicago, London 1962¹, 1970²).

Moore, J. R. 1982: Charles Darwin lies in Westminster Abbey, in: Biological Journal of the Linnean Society 17, 97–113.

– 1985: Darwin of Down: The Evolutionist as Squarson-Naturalist, in: D. Kohn (Hrsg.): The Darwinian Heritage, Princeton, 435–481.

Streminger, G. 1994: David Hume. Sein Leben und sein Werk, Paderborn, München, Wien, Zürich.

White, P. 2006: Sympathy under the Knife: Experimentation and Emotion in Late-Victorian Medicine, in: F. Bound Alberti (Hrsg.): Emotions, Medicine and Disease, 1700–1950, London, 100–124.

Zöckler, O. 1880: Darwin's Großvater als Arzt, Dichter und Naturphilosoph. Ein Beitrag zur Vorgeschichte des Darwinismus, Heidelberg.

II. Die Entstehung der Abstammungstheorie

Appel, T. A. 1987: The Cuvier-Geoffroy Debate. French Biology in the Decades before Darwin, New York, Oxford.

Aristoteles 1979: Physikvorlesung. Übers. von Hans Wagner, Darmstadt.

Babbage, Ch. 1989: The Ninth Bridgewater treatise. A fragment, 2ⁿᵈ 1838. Ed. The Works of Charles Babbage 9, New York, 94–99.

Backenköhler, D. 2002: Cuviers langer Schatten – «Il n'y a point d'os humains fossiles», in: U. Hoßfeld, Th. Junker (Hrsg.): Die Entstehung biologischer Disziplinen II, Berlin, 133–147.

Bacon, F. 1605: The Advancement of Learning, hrsg. von J. Devey, New York 1901. The Online Library of Liberty: http://olldownload.libertyfund.org/EBooks/Bacon_0414.pdf.

– 1858: The New Organon. The Works of F. Bacon, hrsg. von J. Spedding, R. L. Ellis, D. D. Heath, Bd. IV, London.

– 1974: Neues Organ der Wissenschaften, übers. und hrsg. von A. T. Brück. Unveränd. Reprogr. Nachdruck der Ausg. Leipzig 1830.

– 2001: The Advancement of Learning, hrsg. von G. W. Kitchin, Philadelphia, Pennsylvania.

Bredekamp, H. 2005: Darwins Korallen. Frühe Evolutionsmodelle und die Tradition der Naturgeschichte, Berlin.

Brooke, J. H. 1991: Science and Religion, Cambridge.

Byl, S. 1973: Le Jugement de Darwin sur Aristote, in: L'Antiquité Classique XLII, 519–521.

Cannon, W. F. 1961: The impact of uniformitarianism. Two letters from John Herschel to Charles Lyell, 1836–1837, in: Proceedings of the American Philosophical Society 105, 301–314.

Colp, R. 1982: The myth of the Marx-Darwin letter, in: History of Political Economy 14, 461–482.

Cuvier, G. 1830: Discours sur les révolutions de la surface du globe, et sur les changements qu'elles ont produits dans le règne animal, Paris.

Durant, J. (Hrsg.) 1985: Darwinism and Divinity. Essays on Evolution and Religious Belief, Oxford.

Engels, E.-M. 1989: Erkenntnis als Anpassung? Eine Studie zur Evolutionären Erkenntnistheorie, Frankfurt a. M..

– 2007: Ziel, Zweck, in: Neues Handbuch philosophischer Grundbegriffe, Freiburg, München (im Druck).

Franck, D. [2]1985, [3]1997: Verhaltensbiologie, Stuttgart ([1]1979).

Gillispie, Ch. C. 1996: Genesis and Geology. A Study in the Relations of Scientific Thought, Natural Theology, and Social Opinion in Great Britain, 1790–1850, Cambridge, Mass., London.

Gruber. H. 1978: Darwin's «Tree of Nature» and Other Images of Wider Scope, in: J. Wechsler (Hrsg): On Aesthetics in Science, Cambride, Mass., London, 121–140.

Gundry, D. W. 1946: The Bridgewater Treatises and Their Authors, in: History. New Series XXXI, 114, 140–152.

Haeckel, E. [10]1902: Natürliche Schöpfungsgeschichte I, Berlin ([1]1868).

Hodge, J. 1991: Origins and Species. A Study of the Historical Sources of Darwinism and the Contexts of Some Other Accounts of Organic Diversity from Plato and Aristotle On, New York, London.

Hooykaas, R. 1972: Religion and the Rise of Modern Science, Edinburgh, London.

Hume, D. 1984: Die Naturgeschichte der Religion [u. a.], übers. und hrsg. von L. Kreimendahl, Hamburg.

– 1993: Principle Writings on Religion including Dialogues Concerning Natural Religion and the Natural History of Religion, hrsg. von J. C. A. Gaskin, Oxford, New York (1993a).

– [6]1993: Dialoge über natürliche Religion, hrsg. von G. Gawlick, Hamburg (1993b).

– [3]2002: Eine Untersuchung über die Prinzipien der Moral, übers. und hrsg. von G. Streminger, Stuttgart ([1]1984).

– 2005: Eine Untersuchung über den menschlichen Verstand, übers. von R. Richter, mit einer Einl. hrsg. von J. Kulenkampff, Hamburg ([12]1993).

Huntley, W. B. 1972: David Hume and Charles Darwin, in: Journal of the History of Ideas XXXIII, 457–470.

Junker, Th., Hoßfeld, U. 2001: Die Entdeckung der Evolution. Eine revolutionäre Theorie und ihre Geschichte, Darmstadt.

Kant, I. 1968: Kritik der Urtheilskraft. Der Kritik der Urtheilskraft Zweiter Theil. Kritik der teleologischen Urtheilskraft, [1]1790, [2]1793, Kants Werke, Akademie Textausgabe, Bd. V, Berlin.

– 1990: Kritik der reinen Vernunft, Hamburg, [1]1781, [2]1787.

Lamarck, J.-B. 1990: Zoologische Philosophie. Ostwalds Klassiker, 3 Teile, Leipzig (Philosophie Zoologique Paris 1809).

Lorenz, S. 1989: Physikotheologie, in: Historisches Wörterbuch der Philosophie Bd. 7, Sp. 948–955.

Lovejoy, A. O. 1964: The Great Chain of Being, Cambridge, Mass., London (^{1}1936).

Lyell, Ch. 1830–1833: Principles of Geology, being an Attempt to explain the Former Changes of the Earth's Surface, by reference to Causes now in Operation, 3 Bde., London, 5. Aufl. 1837, 4 Bde.

– 1838: Address to the Geological Society, delivered at the Anniversary, on the 17th of February, 1837, in: Proceedings of the Geological Society of London, November 1833 to June 1838 II, London, 479–523.

Macculloch, J. 1837: Proofs and Illustrations of the Attributes of God, from the Facts and Laws of the Physical Universe; being the Foundation of Natural and Revealed Religion, 3 Bde., London.

Mackie, J. L. 1985: Das Wunder des Theismus. Argumente für und gegen die Existenz Gottes, Stuttgart (The Miracle of Theism. Arguments for and against the Existence of God, Oxford 1982).

Malthus, Th. R. 1989: An Essay on the Principle of Population; or A View of its past and present Effects on Human Happiness (^{6}1826), 2 Bde., hrsg. von P. James, Cambridge.

Manier, E. 1978: The Young Darwin and his Cultural Circle, Dordrecht, Holland, Boston, USA.

McPherson, Th. 1972: The Argument from Design, London, Basingstoke.

Müller, I. 1990: »L'homme fossile n'existe pas.« Cuviers Hypothese von der Nicht-Existenz fossiler Menschen oder: die Verhinderung der Forschung durch Autorität, in: G. Mann, J. Benedum, W. F. Kümmel (Hrsg.): Die Natur des Menschen. Probleme der Physischen Anthropologie und Rassenkunde (1750–1850), Stuttgart, New York, 281–299.

Ospovat, D. 1979: Darwin after Malthus, in: Journal of the History of Biology 12, 211–230.

Paley, W. 1802: Natural Theology; or Evidences of the Existence and Attributes of the Deity, collected from the Appearances of Nature, London.

Proceedings of the Zoological Society of London, Part V, 1837.

Rudwick, M. J. S. 1997: Georges Cuvier, Fossil Bones, *and* Geological Catastrophes. New translations & Interpretations of the Primary Texts, Chicago.

Ruse, M. 1975: Darwin's Debt to Philosophy: An Examination of the Influence of the Philosophical Ideas of John F. W. Herschel and William Whewell on the development of Charles Darwin's Theory of Evolution, in: Studies in the History and Philosophy of Science 6, 159–181 (1975a).

– 1975: Charles Darwin and Artificial Selection, in: Journal of the History of Ideas 36, 339–350 (1975b).

– 1996: Monad to Man, Cambridge, Mass., London.

Sebright, J. S. 1809: The art of improving the breeds of domestic animals, London.

Sulloway, F. 1982: Darwin and His Finches: The Evolution of a Legend, in: Journal of the History of Biology 15, 1–53 (1982a).

– 1982: Darwin's Conversion: The *Beagle*Voyage and Its Aftermath, in: Journal of the History of Biology 15, 325–396 (1982b).

Voss, J. 2003: Darwins Diagramme – Bilder von der Entdeckung der Unordnung. MPI für Wissenschaftsgeschichte, Reprint 249, Berlin.

– 2007: Darwins Bilder. Ansichten der Evolutionstheorie 1837–1874, Frankfurt a. M.

Wallace, A. R. 1891: Darwinism. An Exposition of the Theory of Natural Selection and Some of Its Applications, London, Reprint London, New York 1975.

Whewell, W. [3]1834: On Astronomy and General Physics considered with Reference to Natural Theology, London ([1]1833). Deutsch: – 1837: Die Sternenwelt, als Zeugniß für die Herrlichkeit des Schöpfers, Stuttgart (Übers. von On Astronomy and General Physics 1833) (1837a).

– 1837: History of the Inductive Sciences I-III, London (1837b).

III. Die Entstehung der Arten

A New English Dictionary on Historical Principles II, 1893, hrsg. von J. A. H. Murray, Oxford

Baer, K. E. von 1873: Der Streit über den Darwinismus, in: Augsburger Allgemeine Zeitung 130, 1986–1988.

Butler, J. 1848: The Analogy of Religion, Natural and Revealed, London.

Campbell, B. (Hrsg.) 1972: Sexual Selection and the Descent of Man 1871–1971, London.

Campbell, N. A., Reece, J. B. 2003: Biologie, hrsg. von J. Markl, 6. Aufl., Heidelberg, Berlin (Biology, London, Amsterdam 2002).

Chambers, R. 1844, Vestiges of the Natural History of Creation, London.

Cronin, H. 1993: The Ant and the Peacock, Cambridge.

Darwin, Ch., Wallace, A. R. 1859: On the Tendency of Species to form Varieties; and on the Perpetuation of Varieties and Species by Natural Means of Selection, in: Journal of the Proceedings of the Linnean Society III, 45–62.

Gould, St. J., Lewontin, R. [2]1995: The Spandrels of San Marco and the Panglossian Paradigm. A Critique of the Adaptationist Programme (1978), in: E. Sober (Hrsg.): Conceptual Issues in Biology, Cambridge, Mass., London, 73–90.

Gould, St. J. 2002: The Structure of Evolutionary Theory, Cambridge, Mass., London.

Gray, A. 1963: Natural Selection not inconsistent with Natural Theology, in: Darwiniana. Essays and Reviews Pertaining to Darwinism, hrsg. von A. H. Dupree, Cambridge, Mass. (New York 1876) (^{1}1860).

Helmholtz, H. von 1968: Über das Ziel und die Fortschritte der Naturwissenschaft (1869^{1}), in: H. von Helmholtz: Das Denken in der Naturwissenschaft, Darmstadt, 31–61.

– 1871: Populäre wissenschaftliche Vorträge, 2. Heft, Braunschweig.

Hemleben, V. 1999: Die Bedeutung der Molekularbiologe für die moderne Evolutionsforschung, in: Th. Junker, E.-M. Engels (Hrsg.): Die Entstehung der Synthetischen Theorie, Berlin, 311–321.

Herschel, J. F. W. 1831: A Preliminary Discourse on the Study of Natural Philosophy London. Faksimile von 1830, hrsg. mit einer neuen Einleitung von M. Partridge, New York, London 1966.

– 1861: Physical Geography, Edinburgh.

Hull, D. 1995: Die Rezeption von Darwins Evolutionstheorie bei britischen Wissenschaftsphilosophen des 19. Jahrhunderts, in: E.-M. Engels (Hrsg.): Die Rezeption von Evolutionstheorien im 19. Jahrhundert, Frankfurt a. M., 67–104.

Huxley, Th. H. 1968: The Origin of Species (1860), in: Darwiniana, Collected Essays II, New York, Reprint von 1893, 22–79.

– 1968: Criticisms on «The Origin of Species» (1864), in: Darwiniana, Collected Essays II, New York, Reprint von 1893, 80–106.

Jacob, F. 1977: Evolution and Tinkering, in: Science 196, 1161–1166.

Jahn. I. ^{3}1998: Biologische Fragestellungen in der Epoche der Aufklärung, in: ders. (Hrsg.): Geschichte der Biologie, Jena, Stuttgart, Lübeck, Ulm, 231–273 (^{1}1982).

Journal of the Proceedings of the Linnean Society III, 1859, 45–62.

Kempski, J. von 1952: Charles Sanders Peirce und der Pragmatismus, Stuttgart, Köln.

Kutschera, U. 2003: A Comparative Analysis of the Darwin-Wallace Papers and the Development of the Concept of Natural Selection, in: Theory in Biosciences 122, 343–359.

Maier, W. 1999: Morphologie, Phylogenie und Synthetische Theorie, in: Th. Junker, E.-M. Engels (Hrsg.): Die Entstehung der Synthetischen Theorie, Berlin, 293–309.

Maynard Smith, J. ^{3}1983: Evolution des Verhaltens, in: Evolution. Spektrum der Wissenschaft, Heidelberg, 162–172.

Mayr, E. 1984: Die Entwicklung der biologischen Gedankenwelt, Berlin u. a. (The Growth of Biological Thought, Cambridge, Mass., London 1982).

– 1994: … und Darwin hat doch recht, München, Zürich (One Long Argument, Cambridge, Mass. 1991).

Mill, J. St. 1868: System der deduktiven und induktiven Logik, übers. von J. Schiel, 2 Bde., Braunschweig.

– 1972: The Later Letters of John Stuart Mill 1849–1873, Coll. Works XVII, hrsg. von F. E. Mineka, D. N. Lindley, Toronto, Buffalo.

Owen, R. 1860: Rez. On the Origin of Species by Means of Natural Selection, or the Preservation of Favoured Races in the Struggle for Life 1859, in: The Edinburgh Review, or Critical Journal CXI, 487–532.

Peirce, Ch. S. 1991: Schriften I. Zur Entstehung des Pragmatismus, hrsg. von K.-O. Apel, Frankfurt a. M..

Preyer, W. 1891: Briefe von Darwin. Mit Erinnerungen und Erläuterungen, in: Deutsche Rundschau LXVII, 356–390.

Pulte, H. 1995: Darwin in der Physik und bei Physikern des 19. Jahrhunderts. Eine vergleichende wissenschaftstheoretische und -historische Untersuchung, in: E.-M. Engels (Hrsg.): Die Rezeption von Evolutionstheorien im 19. Jahrhundert, Frankfurt a. M., 105–146.

Reif, W.-E. 2006: Darwin on picking, sorting, separating, isolating, etc.: The development of his theory of natural selection, in: Neues Jahrbuch für Geologie und Paläontologie 240, 153–205 (2006a).

– 2006: Problematic issues of cladistics, in: Neues Jahrbuch für Geologie und Paläontologie 239, 183–238; 240, 81–120 (2006b).

Ruse, M. (Hrsg.) 1996: But is it Science? The Philosophical Question in the Creation/Evolution Controversy, New York.

Schleiden, M. J. 1863: Das Alter des Menschengeschlechts, die Entstehung der Arten und die Stellung des Menschen in der Natur, Leipzig.

Sebeok, Th. A., Umiker-Sebeok, J. 1982: «Du kennst meine Methode.» Charles S. Peirce und Sherlock Holmes, Frankfurt a. M. (You know my method).

Sebright, J. S. 1809: The art of improving the breeds of domestic animals, London.

Sedgwick, A. 1845: Rez. Vestiges of the Natural History of Creation. London 1845, in: The Edinburgh Review, or Critical Journal LXXXII, 1–85.

Shermer, M. 2002: In Darwin's Shadow. The Life and Science of Alfred Russel Wallace, Oxford.

Sigwart, Ch. [2]1889: Der Kampf gegen den Zweck, in: ders.: Kleine Schriften, Freiburg.

Spencer, H. 1864: The Principles of Biology, 2 Bde., London.

Todhunter, I. 1876: William Whewell, D.D. An Account of his Writings, Vol. II, London.

Wallace, A.R. 1855: On the Law which has regulated to Introduction of New Species, in: Annals and Magazine of Natural History, Zoology, Botany and Geology, 2nd Series, 16, 184–196.

– 1859: On the Tendency of Varieties to depart indefinitely from the Original Type, in: Journal of the Proceedings of the Linnean Society III, 53–62.

– 1905: My Life. A Record of Events and Opinions, 2 Bde., London.

Whewell, W. 1840: The Philosophy of the Inductive Sciences, 2 Bde., London.

Wilberforce, S. 1860: Darwin's Origin of Species, in: ders.: Essays contributed to the «Quarterly Review», 2 Bde., London 1874, I, 52–103.

Young, R. 1988: Darwin's Metaphor. Nature's Place in Victorian Culture, Cambridge ([1]1985).

IV. Die evolutionäre Anthropologie

Anon. 1871: Rezension: The Descent of Man and Selection in relation to Sex. By Charles Darwin, M.A., F.R.S. 2 vols. London: 1871 et al., in: The Edinburgh Review, or Critical Journal CXXXIV, 195–235.

Bartels, A. 2005: Kognitive Ethologie: Repräsentationale Theorien des Verstehens, in: ders. (Hrsg.): Strukturale Repräsentation, Paderborn, 156–186.

Bell, Ch. [3]1844: The Anatomy and Philosophy of Expression as Connected with the Fine Arts, London ([1]1806).

– 1837: The Hand its Mechanism and Endowments as evincing Design, London.

Bischoff, Th. 1868: Die Großhirnwindungen des Menschen mit Berücksichtigung ihrer Entwicklung bei dem Fötus und ihrer Anordnung bei den Affen, München.

Bradie, M. 1999: The Moral Status of Animals in Eighteenth-Century British Philosophy, in: J. Maienschein, M. Ruse (Hrsg.): Biology and the Foundations of Ethics, Cambridge, 31–51.

Büchner, L. [2]1869: Die Stellung des Menschen in der Natur in Vergangenheit, Gegenwart und Zukunft, Leipzig ([1]1868).

Cassirer, E. 1990: Versuch über den Menschen. Einführung in eine Philosophie der Kultur, Frankfurt a. M. (An Essay on Man, New Haven 1944).

Cobbe, F. P. 1871: Darwinism in Morals. The Descent of Man. By Charles Darwin, M.A., F.R.S. Two vols. 8vo. London: Murray. 1871, in: The Theological Review XXXIII, 167–192.

Conard, N. J. (Hrsg.) [2]2006: Woher kommt der Mensch?, Tübingen ([1]2004).

Damasio, A. R. [4]2003: Ich fühle, also bin ich. Die Entschlüsselung des Bewusstseins, München (The Feeling of what Happens, New York 1999).

– 2004: Descartes' Irrtum. Fühlen, Denken und das menschliche Gehirn, München (Descartes' Error: Emotion, Reason and the Human Brain, New York 1994.)

Daston, L., Mitman, G. (Hrsg.) 2005: Thinking with Animals. New Perspectives on Anthropomorphism, New York.

Dennett, D. 1995: Darwin's Dangerous Idea. Evolution and the Meanings of Life, New York, London (Darwins gefährliches Erbe, Hamburg 1997).

Dohrn, A. 1871: Englische Kritiker und Anti-Kritiker über den Darwinismus, in: Das Ausland 49, 1153–1157.

Everett, C. C. 1878: The New Ethics, in: The Unitarian Review and Religious Magazine X Oct., 408–431.

Franck, D. [2]1985, [3]1997: Verhaltensbiologie, Stuttgart, New York ([1]1979).

Gillespie, N. C. 1977: The Duke of Argyll, Evolutionary Anthropology, and the Art of Scientific Controversy, in: Isis 68, 40–54.

Haeckel, E. 1868: Natürliche Schöpfungsgeschichte, Berlin.

Hauser, M. 2001: Wilde Intelligenz. Was Tiere wirklich denken, München (Wild Minds, New York 2000).

– 2005: Our chimpanzee mind, in: Nature 437, 60–63.

Herder, J.G. 1985: Über den Ursprung der Sprache (1772), Werke, Bd. 1, hrsg. von U. Gaier, Frankfurt a. M.

– 1989: Ideen zur Philosophie der Geschichte der Menschheit (1784–1791), Werke, Bd. 6, hrsg. von M. Bollacher, Frankfurt a. M.

Huxley, Th. H. 1863: Evidences as to Man's Place in Nature, London.

Junker, Th. 2006: Die Evolution des Menschen, München.

Kirby, W. 1853: On the Power, Wisdom, and Goodness of God, as Manifested in the Creation of Animals, and in their History, Habits, and Instincts, 2. Aufl., 2 Bde., London (1835[1]).

Lyell, Ch. 1859: On the Occurrence of Human Art in Post-Pliocene Deposits, in: Report of the Meetings of the British Association for the Advancement of Science 29, 93–95.

– 1863: The Geological Evidences of the Antiquity of Man with Remarks on Theories of the Origin of Species by Variation, London.

– [11]1872: Principles of Geology or the Modern Changes of the Earth and its Inhabitants considered as illustrative of Geology, 2 Bde., London.

Mandeville, B. 1980: Die Bienenfabel oder Private Laster, öffentliche Vorteile, Frankfurt a. M. (The Grumbling Hive or Knaves turn'd Honest, 1705, London 1714).

Müller, M. 1873: Lectures on Mr. Darwin's Philosophy of Language, in: Fraser's Magazine VII-XLII. New Series, 524–541, 659–678.

– 1887: Science of Thought, London.

Nature 2005: The Chimpanzee Genome, Special Section, 437, Sept., 47–108.

Pääbo, S. 2003: The mosaic that is our genome, in: Nature 421, 409–412.

Perler, D., Wild, M. (Hrsg.) 2005: Der Geist der Tiere. Philosophische Texte zu einer aktuellen Diskussion, Frankfurt a. M.

Pope, A. 1993: Essay on Man (London 1734). Vom Menschen, Hamburg.

Pouchet, G. 1870: L'Instinct chez les Insectes, in : Revue des Deux Mondes 85, 682–703.

Richards, R. 1981: Instinct and Intelligence in British Natural Theology: Some Contributions to Darwin's Theory of the Evolution of Behavior, in: Journal of the History of Biology 14, 193–230.

– 1987: Darwin and the Emergence of Evolutionary Theories of Mind and Behavior, Chicago, London.

Rolle, F. 1866: Der Mensch, seine Abstammung und Gesittung, im Lichte der Darwin'schen Lehre von der Art-Entstehung und auf Grundlage der neuern geologischen Entdeckung dargestellt, Frankfurt a. M..

Schaaffhausen, H. 1869: On the Development of the Human Species, and the Perfectibility of its Races, in: The Anthropological Review VII, 366–375.

Spencer, H. 1855: The Principles of Psychology, London.

Stephen, L. 1873: Darwinism and Divinity, in: L. Stephen: Essays on Freethinking and Plainspeaking, London, 72–109.

Vogel, Ch. 1982: Charles Darwin, sein Werk «Die Abstammung des Menschen» und die Folgen, in: Ch. Darwin: Die Abstammung des Menschen, Stuttgart, VII-XLII.

Vogt, C. 1863: Vorlesungen über den Menschen, seine Stellung in der Schöpfung und in der Geschichte der Erde, Gießen.

– 1867: Ueber die Microcephalen oder Affen-Menschen, in: Archiv für Anthropologie II, II, 129–284.

Waal, Frans de 2005: A century of getting to know the chimpanzee, in: Nature 437, 56–59.

Wallace, A. R. 1864: The Origin of Human Races and the Antiquity of Man deduced from the theory of «Natural Selection», in: Journal of the Anthropological Society of London May, clviii-clxx, Diskussion clxx-clxxxvii.

– 1871: The Limits of Natural Selection as applied to Man, in: Contributions to the Theory of Natural Selection. A Series of Essays, hrsg. von A. R. Wallace, 2nd ed. London, 332–371 (1870[1]).

– 1873: Rez: The Expression of the Emotions in Man and Animals, in: The Quarterly Journal of Science, January, 113–118.

Whately, R. 1861: On the origin of civilisation, in: ders.: Miscellaneous Lectures and Reviews, London, 26–57.

Wundt, W. 1877: Ueber den Ausdruck der Gemüthsbewegungen, in: Deutsche Rundschau XI, 120–133.

V. Der Mensch – das moralfähige Tier

Abbot, F. E. 1884: The Moral Creativeness of Man, in: The Journal of Speculative Philosophy 18, 138–152.

Anon. 1869: Rez..: History of European Morals from Augustus to Charlemagne. By W. E. H. Lecky, M. A. London 1869, in: The Westminster and Foreign Quarterly Review, 494–581.

Aristoteles 1972: Nikomachische Ethik, hrsg. von G. Bien, Hamburg.

Arnhart, L. 1984: Darwin, Aristotle and the biology of human rights, in: Social Science Information 23, 493–521.

Axelrod, R. [3]1995: Die Evolution der Kooperation, München, Wien (amerikan. [1]1984).

Bain, A. 1865: The Emotions and the Will, London.
– 1868: Mental and Moral Science, London.
Bayertz, K. 1998: Darwinismus als Politik. Zur Genese des Sozialdarwinismus in Deutschland 1860–1900, in: Welträtsel und Lebenswunder. Ernst Haeckel – Werk, Wirkung und Folgen. Hrsg. von E. Aescht, G. Aubrecht, E. Krauße, F. Speta (Red.): Stapfia 56, zugleich Katalog des OÖ. Landesmuseums, Neue Folge 131, Linz, 229–288.
Braubach, W. 1869: Religion, Moral & Philosophie der Darwin'schen Artlehre und ihrer Natur und ihrem Charakter als kleine Parallele menschlich geistiger Entwicklung, Neuwied, Leipzig.
Browne, J. 1985: Darwin and the Expression of the Emotions, in: D. Kohn (Hrsg.): The Darwinian Heritage, Princeton, 307–326.
Darwin, G. H. 1875: Marriages *between* First Cousins in England *and their* Effects, in: Journal of the Statistical Society XXXVIII, 153–184.
Dawkins, R. [7]2005: Das egoistische Gen, Reinbek bei Hamburg (The Selfish Gene, Oxford 1976).
Engels, E.-M. 1993: Herbert Spencers Moralwissenschaft – Ethik oder Sozialtechnologie?, in: Evolution und Ethik, hrsg. von K. Bayertz, Stuttgart, 243–287.
– 1995: Evolutionsbiologische Konstruktionen von Ethik im 19. Jahrhundert, in: Konstruktivismus und Ethik, hrsg. von G. Rusch, S. J. Schmidt, Frankfurt a. M., 321–355 (1995b).
Erny, N. 2003: Darwin und das Problem der evolutionären Ethik, in: Zeitschrift für philosophische Forschung 57/1, 53–73.
Fehr, E., Fischbacher, U. 2003: The nature of human altruism, in: Nature 425, 785–791.
Galton, F. 1865: Hereditary Talent and Character, in: MacMillan's Magazine 12, 157–166, 318–327.
– 1869: Hereditary Genius. An Inquiry into its Laws and Consequences, London.
Gizycki, G. von 1876: Philosophische Consequenzen der Lamarck-Darwin'schen Entwicklungstheorie. Ein Versuch, Leipzig, Heidelberg.
– 1885: Darwinismus und Ethik, in: Deutsche Rundschau XLIII, 261–281.
Gräfrath, B. 1997: Evolutionäre Ethik? Philosophische Programme, Probleme und Perspektiven der Soziobiologie, Berlin, New York.
Greg, W. R. 1868: On the Failure of «Natural Selection» in the Case of Man, in: Fraser's Magazine, 353–362.
Haldane, J. 1955: Population Genetics, in: New Biology 18, 34–51.
Hamilton, W. 1964: The Genetical Evolution of Social Behaviour, I, II, in: Journal of Theoretical Biology 7, 1–52.
Hecht, G. 1937: Biologie und Nationalsozialismus, in: Zeitschrift für die gesamte Naturwissenschaft, 3, 280–290.
Höffding, H. 1910: The Influence of the Conception of Evolution on Modern

Philosophy, in: Darwin and Modern Science, hrsg. von A. C. Seward, Cambridge, 446–464.

Hoßfeld, U. 2005: Geschichte der biologischen Anthropologie in Deutschland, Stuttgart.

Hume, D. 1739/40: A Treatise of Human Nature, Reprint von Originalausg., hrsg. von L.A. Selby-Bigge, Oxford 1975.

– 1777: An Enquiry concerning the Principles of Morals (1751), in: ders.: Enquiries concerning Human Understanding and concerning the Principles of Morals. Reprint von 1777, Oxford ³1975, 12th impression 1992.

– 1978: Ein Traktat über die menschliche Natur, 2 Bde., übers. von Th. Lipps, hrsg. von R. Brandt, Hamburg.

– 1984: Die Naturgeschichte der Religion, übers. und hrsg. von L. Kreimendahl, Hamburg.

– ³2002: Eine Untersuchung über die Prinzipien der Moral, übers. und hrsg. von G. Streminger, Stuttgart (¹1984).

Huxley, Th. H. 1989: Evolution and Ethics, Prolegomena, 1894; Evolution and Ethics, [The Romanes Lecture, 1893], in: Evolution & Ethics. T. H. Huxley's Evolution and Ethics. With New Essays on Its Victorian and Sociobiological Context, hrsg. von J. Paradis, G. C. Williams, Princeton, 104–174.

Jäger, G. 1869: Die Darwin'sche Theorie und ihre Stellung zu Moral und Religion, Stuttgart.

Jonas, H. 1973: Philosophische Aspekte des Darwinismus, in: H. Jonas: Organismus und Freiheit. Ansätze zu einer philosophischen Biologie, Göttingen, 60–91.

Kant, I. 1968: Kritik der praktischen Vernunft, Kants Werke (1788), Akademie Textausgabe, Bd. V, Berlin.

Kohlberg, L. 1996: Die Psychologie der Moralentwicklung, Frankfurt a. M.

Lecky, W. E. H. 1869: History of European Morals from Augustus to Charlemagne, 2 Bde., London.

Lubbock, J. ³1872: Pre-Historic Times, London (¹1865).

– 1868: On the origin of Civilization and the Early Condition of Man, in: Report of the Thirty-Seventh Meeting of the British Association for the Advancement of Science, London, 118–125.

Mackintosh, J. ²1837: Dissertation on the Progress of Ethical Philosophy Chiefly during the Seventeenth and Eighteenth Century, mit einem Vorwort von W. Whewell, Edinburgh (¹1836), Reprint der 1. Aufl. Bristol 1991.

Maier, W. 2004: Die Evolution der Halbaffen und Affen. Biologische Grundlagen der Menschwerdung, in: N. J. Conard (Hrsg.): Woher kommt der Mensch?, Tübingen, 266–292.

McGinn, C. 1979: Evolution, Animals, and the Basis of Morality, in: Inquiry 22, 81–99.

Mill, J. St. 1985: Der Utilitarismus, Stuttgart (Utilitarianism, 1861).

Peters, H. M. 1972: Historische, soziologische und erkenntniskritische Aspekte der Lehre Darwins, in: Biologische Anthropologie, hrsg. von H. G. Gadamer, P. Vogler, Bd. 1, Stuttgart, 326–352.

Rauprich, O. 2004: Natur und Norm. Eine Auseinandersetzung mit der Evolutionären Ethik, Münster.

Schallmayer, W. 1902: Natürliche und geschlechtliche Auslese bei wilden und bei hochkultivierten Völkern, in: Politisch-Anthropologische Revue 1, 245–272.

– 1903: Vererbung und Auslese im Lebenslauf der Völker. Eine staatswissenschaftliche Studie auf Grund der neueren Biologie, Jena.

Schmid, R. 1876: Die Darwin'schen Theorien und ihre Stellung zur Philosophie, Religion und Moral, Stuttgart.

Schüßler, R. 1997: Kooperation unter Egoisten: Vier Dilemmata, München.

Sidgwick, H. 1872: Rez. Darwinism in Morals, and other Essays. By Frances Power Cobbe, in: The Academy III, 50, 230–231.

Smith, A. 1985: Theorie der ethischen Gefühle, Hamburg (Theory of Moral Sentiments, London 1759).

Sommer, V. 1992: Lob der Lüge. Täuschung und Selbstbetrug bei Tier und Mensch, München.

Spencer, H. 1868: Letter to J. St. Mill, in: A. Bain: Mental and Moral Science, London 1868, 721–722.

Tille, A. 1894: Charles Darwin und die Ethik, in: Die Zukunft 8, 302–314 (1984).

– 1895: Von Darwin bis Nietzsche. Ein Buch Entwicklungsethik, Leipzig.

Todes, D. 1989: Darwin without Malthus. The Struggle for Existence in Russian Evolutionary Thought, New York, Oxford.

– 1995: Darwins malthusische Metapher und russische Evolutionsvorstellungen, in: Die Rezeption von Evolutionstheorien im 19. Jahrhundert, hrsg. von E.-M. Engels, Frankfurt a. M., 281–308.

Tort, P. 1996: Effet réversif de l'évolution, in: ders. (Hrsg.) : Dictionnaire du Darwinisme et de l'Évolution, I, 1334–1335.

Trivers, R. 1971: The Evolution of Reciprocal Altruism, in: The Quarterly Review of Biology 46, 35–57.

Vogt, M. 1997: Sozialdarwinismus. Wissenschaftstheorie, politische und theologisch-ethische Aspekte der Evolutionstheorie, Freiburg, Basel, Wien.

Wallace, A. R. 1871: The Limits of Natural Selection as applied to Man, in: Contributions to the Theory of Natural Selection. A Series of Essays, hrsg. von A. R. Wallace, 2nd ed. London, 332–371 (1870[1]).

Wright, Ch. 1870: Rez. Contribution to the Theory of Natural Selection. A Series of Essays. By Alfred Russell Wallace, in: The North American Review CXI, 229, 282–311.

VI. Rezeption

Die Literaturhinweise zu diesem Kapitel stehen unter
http://www.uni-tuebingen.de/bioethik/engels.htm zur Verfügung.

3. Abbildungsnachweis

Abb. 1: akg-images, Berlin
Abb. 2: Abdruck mit freundlicher Genehmigung des Darwin Heirlooms Trust
Abb. 3: Cambridge University Library, DAR 225: 129. Abdruck mit freundlicher Genehmigung der Cambridge University Library
Abb. 4: Notebook B 26, 1837, Cambridge University Library, Notebook B, DAR 121: 26. Abdruck mit freundlicher Genehmigung der Cambridge University Library
Abb. 5: Notebook B 36, 1837, Cambridge University Library, Notebook B, DAR 121: 36. Abdruck mit freundlicher Genehmigung der Cambridge University Library
Abb. 6: aus: Jonathan Swift: Gullivers Reisen, München 1958
Abb. 7: Cambridge University Library, DAR 80: B 91. Abdruck mit freundlicher Genehmigung der Cambridge University Library
Abb. 8: aus: Ernst Haeckel: Anthropogenie, Leipzig 1. Aufl. 1874
Abb. 9: aus: Charles Darwin: Descent of Man, Bd. 1, London 1871

4. Personenregister

5. Sachregister